准噶尔盆地油气勘探开发系列丛书

页岩油“甜点”微观表征评价技术

——以吉木萨尔页岩油为例

覃建华　李映艳　谭先锋　李　庆　邓　远　等著

石 油 工 业 出 版 社

内 容 提 要

本书在于针对当前非常规油气勘探开发热点之一的页岩油储层，展开微观实验表征和测井综合评价，集合了最新的岩心岩石物理实验测试分析技术、测井资料特殊处理方法、人工智能识别测井解释技术等，可作为石油地质、地球物理测井及相关专业高年级本科生或研究生的参考书籍，也可作为地质和测井工作者非常规油气储层评价和测井处理解释的工具书。

本书可供从事油田开发的科研工作者及石油院校师生参考，特别适合于从事页岩油开发的工程技术人员阅读。

图书在版编目（CIP）数据

页岩油"甜点"微观表征评价技术：以吉木萨尔页岩油为例 / 覃建华等著 .—北京：石油工业出版社，2023.12

（准噶尔盆地油气勘探开发系列丛书）

ISBN 978-7-5183-6516-6

Ⅰ.①页… Ⅱ.①覃… Ⅲ.①油页岩－油气勘探－研究－新疆 Ⅳ.① P618.130.8

中国国家版本馆 CIP 数据核字（2023）第 231954 号

出版发行：石油工业出版社

（北京安定门外安华里 2 区 1 号楼　100011）

网　址：www.petropub.com

编辑部：（010）64523708

图书营销中心：（010）64523633

经　销：全国新华书店

印　刷：北京中石油彩色印刷有限责任公司

2023 年 12 月第 1 版　2023 年 12 月第 1 次印刷

787 × 1092 毫米　开本：1/16　印张：13

字数：320 千字

定价：120.00 元

（如出现印装质量问题，我社图书营销中心负责调换）

#《页岩油“甜点”微观表征评价技术——以吉木萨尔页岩油为例》编写人员

覃建华　李映艳　谭先锋　李　庆　邓　远　彭寿昌

张　景　何吉祥　徐东升　赖富强　丁　艺　张　方

高偎博　宋斯宇　刘函汐　杜戈峰　赵秋霞　彭　宇

前言

近年来，中国原油对外依存度持续高居不下，国家能源安全面临严峻挑战。而常规石油探明程度越来越高，老油田稳产难度加大，难以支撑规模效益增产。页岩油作为储量丰富的非常规油气资源，逐渐成为勘探和开发的热点，并受到世界各国的高度重视。吉木萨尔凹陷是中国石油新疆油田公司在准噶尔盆地开展页岩油开发的重要区域，具有非常可观的页岩油气储量。近几年来，新疆油田联合多家科研单位对吉木萨尔凹陷二叠系芦草沟组构造特征、沉积环境、地层特征，尤其是页岩油储层“甜点”微观实验表征和评价预测技术等方面开展了创新性研究，在页岩油储层矿物组分最优化反演及复杂岩性识别、孔隙结构实验表征及孔隙结构参数定量评价、岩电实验及含油性和可动性评价、岩石力学实验及可压性评价和“甜点”综合分类及评价等方面积累了特色鲜明的方法技术和研究成果，取得了良好的应用效果。

本书共分九个章节，第一章由覃建华、谭先锋编写，详细介绍国内外页岩油勘探开发现状和吉木萨尔凹陷芦草沟组页岩油的研究进展；第二章由李映艳、李庆编写，介绍页岩油储层矿物组分检测实验及评价技术；第三章由邓远、高偎博编写，介绍页岩油甜点生烃潜力及原油地球化学特征评价技术；第四章由覃建华、彭寿昌、张景编写，介绍页岩油储层复杂岩性特征及测井识别技术；第五章由谭先锋、何吉祥、徐东升编写，介绍页岩油储层物性测试及解释参数建模研究；第六章由邓远、赖富强、丁艺编写，介绍页岩油储层微观孔隙结构表征及参数反演研究；第七章由谭先锋、赖富强、张方、宋斯宇编写，介绍页岩油储层含油性及可动性评价；第八章由覃建华、刘函汐、杜戈峰编写，介绍页岩油储层岩石力学特征及可压性评价；第九章由李映艳、赵秋霞、彭宇编写，阐述页岩油“甜点”综合分类及评价；最后由覃建华统一审定。

由于笔者水平有限，书中难免有不妥之处，敬请读者批评指正。

CONTENTS 目 录

第一章　绪　　论

第一节　国内外页岩油勘探开发研究现状

一、页岩油的基本概念及其基本特征

页岩油是指以吸附或游离状态赋存于生油岩中，或是存在于与生油岩互层、紧邻的致密储层中的石油能源（车长波等，2008；李玉喜等，2011；马永生等，2012），页岩油不仅指赋存于富有机质的泥岩和页岩的油气资源，还包括互层和相邻的有机质储层中的油气资源（张金川等，2012；邹才能等，2013a）。页岩油是21世纪油气勘探开发的重要接替资源，需采用特殊工艺措施才能获得工业石油产量。

在页岩油成藏系统中，页岩既是生油的烃源岩，又是原油的储集岩。作为非常规油气资源，有利的页岩油分布区一般具有以下特点：

（1）形成条件：一般为沉积于深水—半深水环境中的富有机质泥页岩，有机质类型以Ⅰ型干酪根和Ⅱ型干酪根为主，热演化程度适中；

（2）页岩储层的物性相对致密，传统意义上的圈闭不是油气的聚集的必要因素；同时，薄（夹）层和微裂缝可作为勘探开发的“甜点”；

（3）原油未发生运移或仅存在初次运移或短距离二次运移，呈源储一体、原地成藏的聚集模式；

（4）常具有异常高的地层压力；

（5）有利的分布区主要为盆地沉积—沉降中心及斜坡带；

（6）赋存状态以游离、溶解或吸附态为主，基质微孔微裂缝及薄夹层为主要的赋存介质（邹才能等，2013b；姜在兴等，2014）。

根据岩性与裂缝发育程度，页岩油系统通常可划分为三种类型，即裂缝型、混层型和基质型。其中裂缝型页岩油系统由于裂缝发育，储层的孔隙度和渗透率等物性条件较好，页岩油可采性较好；混层型页岩油系统由富有机质的泥页岩与贫有机质的粉砂岩或碳酸盐岩夹层组成，比如美国巴肯（Bakken）页岩油、我国江汉盆地的古近—新近系潜江组页岩油（Jarvie et al.，2012；Li et al.，2018）；基质型页岩油系统的以厚层泥页岩为特征，裂缝不发育，储集物性较差，如美国的巴内特（Barnett）页岩、我国的松辽盆地青山口组页岩（Han et al.，2015；Liu et al.，2017）。不同类型页岩油资源按地质储量和可开采程度呈金字塔形分布，其中裂缝型页岩油可开发程度最大，但资源量较小；而基质型页岩油资源量最大，但可开发程度最低；混层型页岩油介于二者之间（曾维主，2020）。

页岩油是非常规油气资源重要的组成部分，主要赋存于泥页岩基质组成矿物粒间、粒内及有机质等各类孔隙和裂缝中。将高分辨率扫描电子显微镜下观察到的页岩孔隙分为有机质孔、黄铁矿粒间孔和生物化石中矿物微裂缝等类型（Sondergeld et al.，2010）。根据孔

隙赋存位置将泥质岩石孔隙类型分为矿物质及晶体之间的粒间孔、矿物颗粒中的粒内孔和有机质内部的有机质孔三大类（Loucks et al.，2012）。概括页岩储集空间为四大类，即粒间孔、粒内孔、有机质孔隙和裂缝（姜在兴等，2014）。显微镜下观察到四种孔隙类型，分别为与脆性矿物有关的粒间孔和粒内孔、与有机质或黏土矿物有关的粒间孔，以及在有机质和碳酸盐岩矿物内的粒内孔（Chen et al.，2016）。通过场发射扫描电子显微镜观察四川盆地南部地区龙马溪组页岩，发现其纳米孔隙结构可分为无机孔隙、有机质孔隙和微裂缝三种类型（Zhou et al.，2016）。其中有机质孔隙被确定为页岩油气重要赋存的孔隙系统，可以出现在干酪根和沥青中（Pommer et al.，2015）。

按照页岩形成环境可分为海相、海陆过渡相和湖相，从中元古代到新生代，中国共发现35个重要的富有机质页岩层段（Zou et al.，2019），陆相页岩及海陆过渡相页岩发育了不同的页岩油气资源类型。有机质热演化的不同程度影响了页岩油气的资源品质，沉积期、埋藏期及回返期构造格局又决定了页岩油气资源特点。就孔隙孔径分布而言，海相页岩集中在细介孔中，而陆相和过渡相页岩集中在粗介孔和大孔中。在孔隙形态上，海相页岩以“墨水瓶”状孔为主，为有机质孔，而陆相页岩和过渡相页岩则以裂隙状孔隙或楔形孔隙为主，为黏土矿物的层间孔隙。近年来，对于页岩油储层微观孔隙结构特征，孔隙度和孔径分布等页岩油气资源潜力和储集空间关键参数得到了广泛的研究，同时对孔隙成因及控制因素有了一定的认识。

二、国外页岩油勘探开发现状

1996年，Bakken页岩区块成功完成第一口钻井，钻遇Bakken组中段。2006年，发现了巴歇尔（Parshall）油田（Sonnenberg et al.，2009）。鹰滩（Eagle Ford）区块位于得克萨斯州南部，覆盖墨西哥部分地区（Jia et al.，2019）。截至2009年，美国累计钻页岩油气井40000余口。Bakken页岩和Eagle Ford页岩地质参数见表1-1（Zou et al.，2017）。随着北美地区海相页岩油产量获得大幅度提高，美国页岩油革命深刻地改变了原油供需格局，其产量爆发式增长推动了该国从能源进口转变为出口大国。美国能源信息署（EIA）预计到2021年美国页岩油产量将达到480×10^4bbl/d，约占美国原油产量的51%，将成为美国原油供应的重要力量。

表1-1　主要页岩油储层地质参数（据Zou et al.，2017）

盆地	时代	沉积相	岩性	孔隙度（%）	渗透率（mD）	孔喉直径（nm）	TOC（%）	R_o（%）	S_1 [mg（HC）/g]
威利斯顿	Bakken组沉积时期	陆棚海相	页岩	< 3	< 0.1	< 200	10~14	0.6~0.9	3~5
墨西哥湾	Eagle Ford组沉积时期	陆棚海相	泥灰岩	< 3	< 0.1	< 150	3~7	0.7~1.3	/
松辽	白垩纪	半深湖—深湖相	页岩	3~6	< 0.15	< 200	0.7~8.7	0.5~2.0	1~3
鄂尔多斯	三叠纪	半深湖—深湖相	页岩	< 4	< 0.1	< 150	3~28	0.6~1.0	1~6
渤海湾	沙河街组沉积时期	半深湖—深湖相	页岩	< 6	< 0.5	< 200	2~17	0.35~1.5	1~10
准噶尔	二叠纪	半深湖—深湖相	页岩和白云质泥岩	< 5	< 0.1	< 150	1.4~6.9	0.6~1.5	1.6
四川	侏罗纪	半深湖—深湖相	页岩	< 3	< 0.1	< 100	1.8~17	0.9~1.5	1~7

注：TOC为总有机碳含量；R_o为镜质组反射率；S_1为游离油。

页岩革命给美国石油天然气产量带来了巨大增长，缓解了常规油气资源紧缺的压力。根据美国能源信息署报告表明，美国的七大主要页岩区块（二叠盆地的 Wolfcamp/Bone Spring 页岩区块、威利斯顿盆地的 Bakken 页岩区块、墨西哥湾盆地的 Eagle Ford 页岩区块、阿纳达科盆地的 Woodford 页岩区块、阿巴拉契亚盆地的 Marcellus 页岩区块、丹佛盆地的 Niobrara 页岩区块和沃斯堡盆地的 Barnett 页岩区块）占据了美国原油和凝析油探明储量的 49%。

Bakken 页岩和 Eagle ford 页岩成功实现了页岩油的商业性开发，其中 Bakken 页岩地层较薄，但分布范围广，可分为三个层段，上段、下段为富有机质页岩，总有机碳含量高达 11%，中段为白云质粉砂岩和砂岩，为页岩油主力层段。Bakken 区块储层总厚度最大 50m 左右，深度 2500~3200m，TOC 为 12%，孔隙度介于 7%~12% 之间，渗透率介于 0.01~0.02mD 之间，含油饱和度介于 70%~80% 之间。

受美国的影响，加拿大也大力发展页岩油气，目前莫尼塔（Montney）和霍恩河（Horn River）两大页岩油气聚集带都已投入商业开发。其中 Montney 页岩油气资源量约为 $2.46\times10^{12}m^3$，目前页岩油气产量达 $2000\times10^4m^3/d$; Horn River 页岩油气资源量约为 $14.2\times10^{12}m^3$，产量约为 $560\times10^4m^3/d$（毛俊莉，2020）。开发瓶颈技术的突破是页岩油气产量大幅增长的关键，从技术发展水平来看，美国、加拿大处于世界领先水平，掌握了页岩测试分析、页岩储层地质评价、水平井钻完井、页岩储层水平井分级压裂及裂缝监测等关键技术。

三、国内页岩油勘探开发现状

我国页岩油气地质研究较晚，许多学者在 2003 年之前注意到了泥页岩油气藏，并开展了泥岩裂缝成因、裂缝性油气藏成藏条件、裂缝性油气藏特征、裂缝性油气藏富集规律等研究。张金川等（2003）最早注意到页岩气，这一概念被正式引入，并引起了国内学者的关注并得到了迅速发展。2011 年页岩气被列入新矿种，2012 年完成全国页岩气资源评价，2013 年涪陵页岩气田正式获批国家级页岩气产能建设示范区，2016 年全国页岩气累计探明地质储量达 $5441.29\times10^8m^3$，在短短的几年时间内，中国页岩气实现了从理论研究到工业建产、从零产量到产量 $100\times10^8m^3/a$ 的飞跃，海相页岩开发取得了巨大成功，实现了快速起步和高效跨越，极大地鼓励了中国油气工业界寻找页岩油气的信心。

目前我国页岩油技术可采资源量位居世界第三，初步估算我国技术可采页岩油资源量（30~60）$\times10^8t$，主要分布在中—新生代陆相沉积盆地内（邹才能等，2013b）。已在渤海湾盆地古近系沙河街组、鄂尔多斯盆地三叠系延长组、松辽盆地白垩系青山口组、准噶尔盆地二叠系芦草沟组等地层中不同程度地获得了页岩油流显示（图 1-1），其中渤海湾盆地页岩主要发育于沙河街组，单层厚度 2~15m，地质储层约 4.1×10^8t（2020 年），鄂尔多斯盆地页岩主要发育在延长组，单层厚度 20~60m，地质储量约 30.76×10^8t（2016 年），松辽盆地页岩油主要发育于青山口组，单层厚度 2~10m，地质储量为 12.68×10^8t（2022 年），准噶尔盆地二叠系芦草沟组页岩油气资源岩性复杂，单层厚度较薄（0.5~5.0m），地质储量为 14.99×10^8t（2017 年），各盆地页岩地质参数见表 1-1。

中国页岩油分布区域较广，针对页岩油研究热点及难点问题，国内研究学者们取得了一定的认识。例如邹才能等（2013b）综合了前人对页岩油形成机制所提出理论观点，提出了页岩层系油气聚集模式和页岩内部的页岩油滞留聚集模式（图 1-2），并认为分布于有机

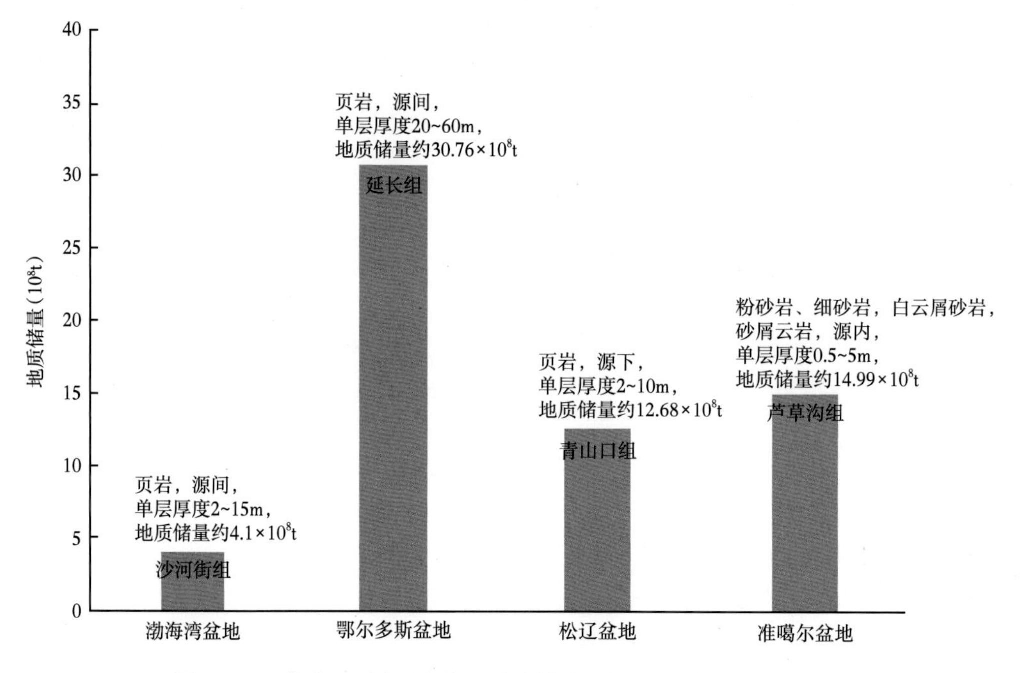

图 1-1　四大盆地页岩油气资源分布统计柱状图（据邹才能，2013b）

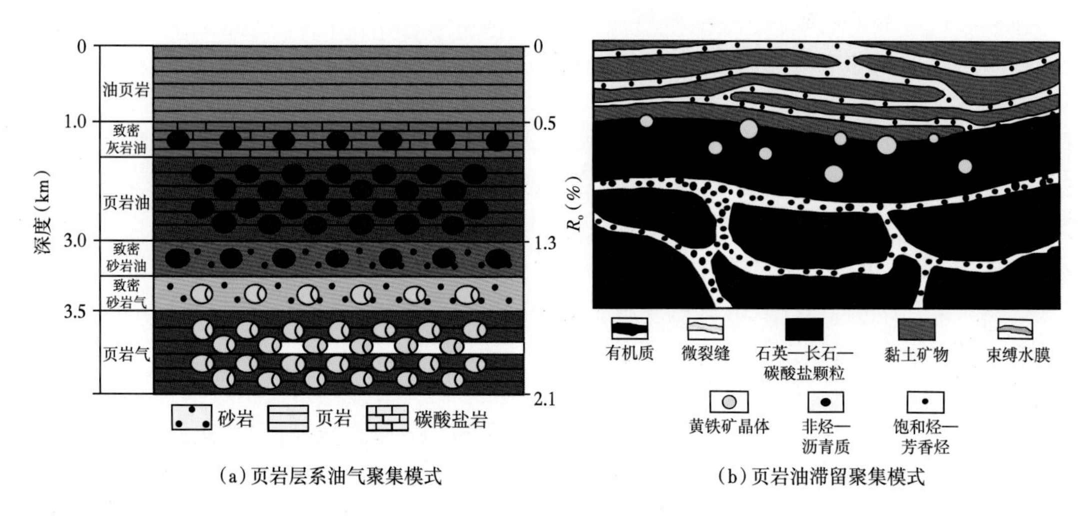

（a）页岩层系油气聚集模式　　（b）页岩油滞留聚集模式

图 1-2　页岩油气成藏模式示意图

质表面和内部网络结构中的残留液态烃主要呈吸附态，而存在于黄铁矿晶间孔内的残留液态烃则主要呈游离和吸附态。柳波（2012）、吴红烛（2014）等在三塘湖盆地马朗凹陷页岩油研究过程中，分析和探讨了页岩油地球化学特征、形成机理、运移机制、富集机理及页岩油储层成岩演化、含油性特征、溶蚀孔隙形成机制等内容。Fang 等（2016）通过压汞法和气体吸附实验对鄂尔多斯盆地中生界三叠系延长组非海相页岩孔隙特征进行研究，并对页岩样品的水平面和垂直面的 SEM 图像进行了观察和分析，表征样品微孔结构，描述孔隙的几何结构和连通性，研究认为非海相页岩孔隙以介孔发育为主，其次为大孔，微孔甚微，氮气吸附实验在测定页岩孔径特征上优于压汞法。陈国军（2014）采用线性、分段非线性刻度等转换方法，结合核磁数据和压汞实验分析数据，建立储层孔隙结构参数计算模型。肖忠祥（2008）根据 Swanson 参数模型提出了核磁数据构造毛细管压力曲线的方法，建立了基于核磁资料计算储层孔隙结构参数的模型，效果较好。

与美国海相页岩地层相比，我国陆相盆地地质条件非常复杂，非均质性较强，在横向和纵向上都存在明显的岩性变化（Liu et al.，2019），不能完全照搬美国页岩油开发方案。近年来，中国石油等对于中（高）成熟度页岩油，主要攻关预测页岩油“甜点”区、钻井完井降低成本并提高产量等关键技术，积极开展开发试验，在多层系页岩油勘探开发方面取得很大进展。对于中（低）成熟度页岩油，主要进行页岩油原位改质技术攻关与先导性试验。由于我国页岩油庞大的资源量与实际可开发程度非常低的矛盾，陆相页岩油富集机理的研究显得非常重要，如何有效预测页岩油资源有利富集区、探明页岩油资源潜力是我国陆相页岩油勘探开发实践需要解决的首要问题。

四、页岩油孔隙表征技术

微纳米孔隙是页岩油气聚集的空间，其大小、分布、形状及连通性十分复杂。由于页岩大部分是由微纳米孔隙组成，因此按照国际理论与应用化学学会（IUPAC）基于孔隙大小的分类原则（Sing et al.，1985），将纳米孔分为三类：孔径小于 2nm 的为微孔，孔径介于 2nm~50nm 的称为介孔，孔径大于 50nm 的为宏孔。

现今，实验室测试页岩孔隙的方法较多且测试范围差异大（Zhao et al.，2014），主要分为两类（图 1-3）：

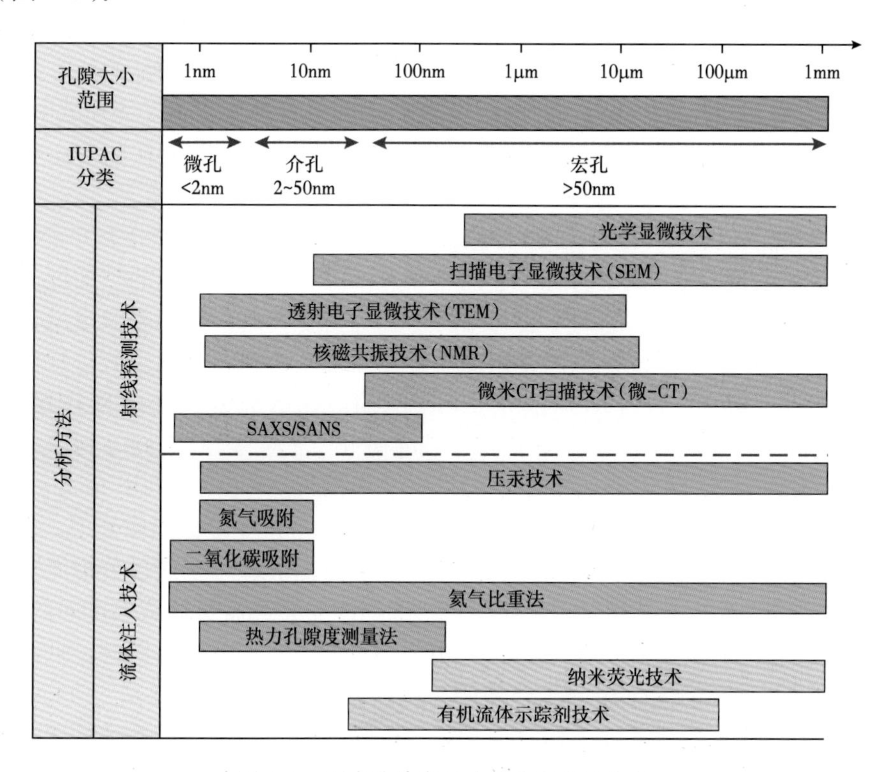

图 1-3 页岩孔隙度及孔径分布表征技术

（1）射线探测技术，包括光学显微镜、核磁共振技术（NMR）、场发射扫描电镜（FE-SEM）、原子力显微镜（AFM）、纳米 / 微米 CT、透射电子显微镜（TEM）、小角度 / 超小角度中子散射（SANS/USANS）、小角度 X 射线（SAXS）等（田华等，2012；Anovitz et al.，2015）；

（2）流体注入技术，包括饱和流体（盐水、酒精等）、气体膨胀法（氦气孔隙度法）、高压压汞法、气体吸附法（低温 N_2 和 CO_2 吸附）（Wang et al.，2016；Ye et al.，2017；Zhang et al.，2017；Xu et al.，2018）。

恒速压汞、高压压汞、核磁共振技术和低温氮吸附等可定量表征致密油储层微观孔径分布、比表面积等数据信息。恒速压汞技术是在维持界面张力和接触角不变的情况下，以非常低的进汞速度将汞注入岩样中的孔隙体积之中，此过程保证了准静态进汞过程的发生，可通过进汞压力的升降来获取岩样的微观孔喉结构参数信息，能够直接获取孔隙和喉道的半径分布曲线，也可以分别提供孔隙与喉道的毛细管压力曲线，给出孔隙、喉道半径和孔喉半径分布等岩石微观孔隙结构特征参数，提供反映孔隙、喉道发育程度及孔隙、喉道之间的配套发育程度（孔喉半径比）等信息（杨正明，2012）。但应用此方法测试孔喉半径范围有限，不能够测试 0.12μm 以下的孔喉（吴浩，2017）。高压压汞技术在常规压汞的基础上增大进汞压力，实际测试的是岩石中喉道的分布。但此技术由于进汞压力过高，在实验过程中可能会造成人工裂隙，且其在大孔隙的测量中存在信息丢失现象（Pittman，1992；Clarkson，2013）。核磁共振可以进行致密油储层微观孔隙结构的无损检测，但是容易受到岩心中磁性物质及温度等的影响（刘标，2017）。

五、微观表征评价技术研究进展

随着科技发展的进步，一些先进的技术手段逐渐被引进到微观特征的研究当中。目前微观表征技术受到国内外许多学者的关注，在材料力学、石油化工等工程领域中应用广泛。微观表征技术在石油行业领域中常被用于储层孔隙结构、岩石力学、矿物形态和粒度分布及煤体结构等方面的研究。

进入 21 世纪后，针对页岩储层的相关概念体系和系统的储集空间分类方案逐步建立起来，同时对于微观孔隙成岩演化的研究也初见成效。页岩油储层运用的扫描电子显微镜图像研究仍停留在描述微纳米孔隙的形态与结构定性分析上，高分辨率图像定量分析的研究还处于探索阶段。许多学者也曾尝试将扫描电子显微镜图像和图像识别分析软件联用建立孔隙的定量识别。Liu 等（2013）、焦堃等（2014）利用 PCAS 软件进行 SEM 图像定量分析，并应用到页岩和黏土矿物 SEM 图像的孔隙、裂缝研究。王宝军等（2008）利用 GIS 软件对 SEM 图像进行三维可视化分析。Keller 等（2013）、徐祖新等（2016）利用 Image J 软件处理和分析 SEM 图像和 Ar-SEM 图像，在伪颜色增强基础上进行二值化图像处理。近年来，低温气体等温吸附法在非常规泥页岩孔隙研究领域得到广泛的应用，通过分析泥页岩中孔隙的分布和比表面积，建立孔隙特征与矿物组分、有机碳含量和有机质成熟度间的相互关系，探索微观孔隙演化的控制因素（刘国恒等，2015；赵婧舟等，2016）。同时，低温气体等温吸附法与其他微观孔隙研究手段的综合使用，也达到了良好的表征效果（杨峰等，2014）。高压压汞实验主要用以获取孔隙结构特征参数，也是国内外用以测定毛细管压力最常用的方法，其优势是能根据进汞和退汞毛细管压力曲线综合反映岩石孔隙结构特征，较好地研究储层的孔喉分布特征。Keller 等（2011）、Dewers 等（2012）、Bai 等（2013）根据高分辨率电子显微镜图像获取的平整截图对一定区域构建孔隙空间三维模型，实现了储层的三维结构表征。国内外许多学者还利用 Micro-CT 对储层三维结构特征进行表征，在泥页岩及致密储层微孔三维空间展布研究中取得了较好的结果。

微观表征技术除了在页岩油储层孔隙结构方面研究较多，还在岩石力学、岩石矿物形态与粒度分布及煤体结构等方面应用广泛。于庆磊等（2007）依据数字图像处理理论，研发出一种基于数字图像的岩石非均质性表征技术，对两种常规试验（单轴压缩和单轴直接拉伸）进行数值模拟，再现花岗岩试件在荷载作用下的真实破裂过程；殷志强等（2009）利用激光粒度分析仪对黄土、沙漠砂、湖泊、河流等细粒沉积物的粒度进行了对比研究，总结了各种风成水成沉积物的粒度分布特征，并区别了各种沉积物的粒度特征及组分间差异；李锋燕等（2019）为了探讨风积砂中的矿物组分、矿物形态与粒度分布特征，采用多尺度微观结构分析技术对西北地区典型沙漠风积砂进行测定，并分析了风积砂中石英、硅酸盐矿物和碳酸盐矿物的形态与粒度分布特征。田兴旺等（2021）应用 X 射线衍射、CT 扫描成像与数字岩心技术对川中磨溪—龙女寺台内地区震旦系灯影组四段白云岩岩溶储层进行了定性和定量的系统表征。张开仲（2020）分别从微观孔裂隙形态学、微晶化学形态学、微观连通拓扑学、微观分形几何学等方面开展了构造煤和原生煤大分子尺度、纳米尺度、微米尺度、毫米尺度等多尺度、多维度的系统研究，构建了能综合描述煤体微观结构复杂程度的归一化评价体系及分形输运模型。

第二节　吉木萨尔凹陷芦草沟组页岩油研究进展

一、区域地质概况

吉木萨尔凹陷是在中石炭统褶皱基底上沉积的一个东高西低呈“箕状”凹陷的二级构造单元，其边界特征明显，三面被逆断层封割。西以西地断裂和青 1 井南 1 号断裂与北三台凸起相接，北以吉木萨尔断裂与沙奇凸起相邻，南面为三台断裂，向东则表现为一个逐渐抬升的斜坡，最终过渡到古西凸起上，凹陷中心位于西地断裂附近（王小军，2019）（图 1-4）。

吉木萨尔凹陷经历了海西、印支、燕山、喜马拉雅等多期构造运动，但凹陷内构造活动相对较弱，芦草沟组缺乏构造圈闭（赖仁，2016）。石炭纪末期该区北部沙奇凸起、东部古西凸起表现为活动上升，吉木萨尔凹陷断裂开始形成，吉木萨尔凹陷与博格达山前凹陷、西部阜康凹陷水体相连。中二叠世早期，吉木萨尔凹陷发生强烈的构造沉降，并作为一个相对独立的沉积单元，接受了较厚的井井子沟组沉积，厚度在 50~750m 之间。中二叠世晚期发育一套湖相沉积，形成了本区最重要的芦草沟组烃源岩，最厚处约 400m，主体区厚度约 200~350m。二叠纪晚期吉木萨尔凹陷作为博格达山前凹陷的东北斜坡，上二叠统梧桐沟组—下三叠统韭菜园组沉积稳定，厚度为 250~500m。二叠纪末期—三叠纪，三台凸起隆升作用减弱，沉积水体将三台凸起自西向东逐渐淹没，水体不断加深，地层沉积范围不断扩大，整体相对下降，发育一套三角洲—滨浅湖沉积，此时吉木萨尔凹陷为一箕状凹陷。三叠纪末期印支构造运动使凹陷东部古西凸起强烈上升，造成凹陷东斜坡三叠系、二叠系也遭受不同程度的剥蚀，侏罗系与下伏地层呈不整合接触。侏罗纪末期的燕山运动Ⅱ幕使古西凸起快速强烈隆升，吉木萨尔断裂强烈活动，构造运动使侏罗系遭受严重剥蚀。白垩纪独立的凹陷格局消失，受燕山Ⅲ幕构造运动的影响，吉木萨尔凹陷东南部逐渐抬升，白垩系在吉 5 井—吉 15 井一线以东剥蚀尖灭。进入新生代，喜马拉雅构造运动造成凹陷整体由东向西掀斜，地层向东逐渐减薄（图 1-5）。

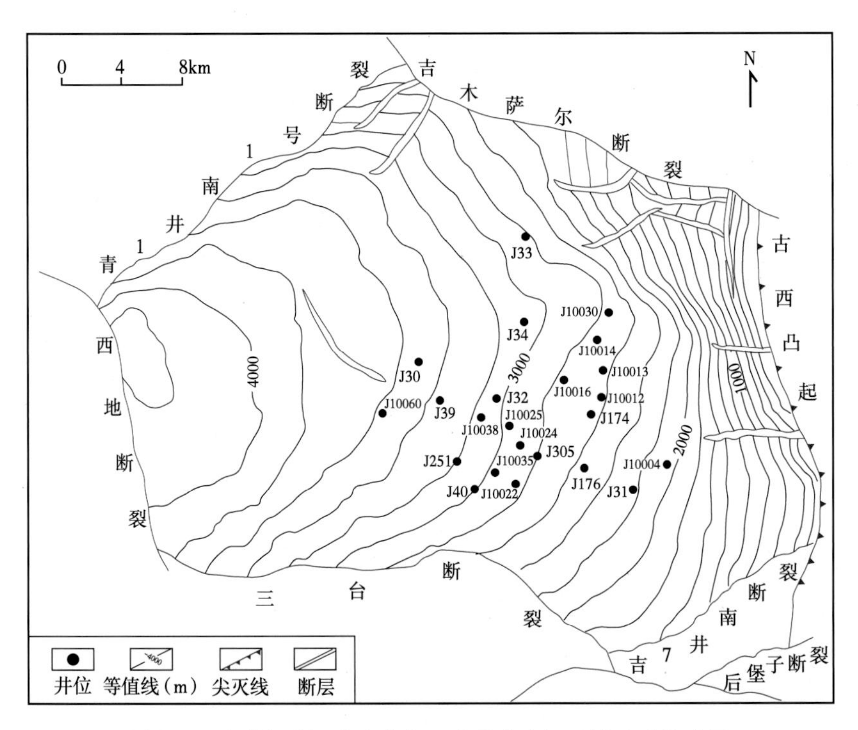

图 1-4 准噶尔盆地吉木萨尔凹陷芦草沟组区域地质构造图

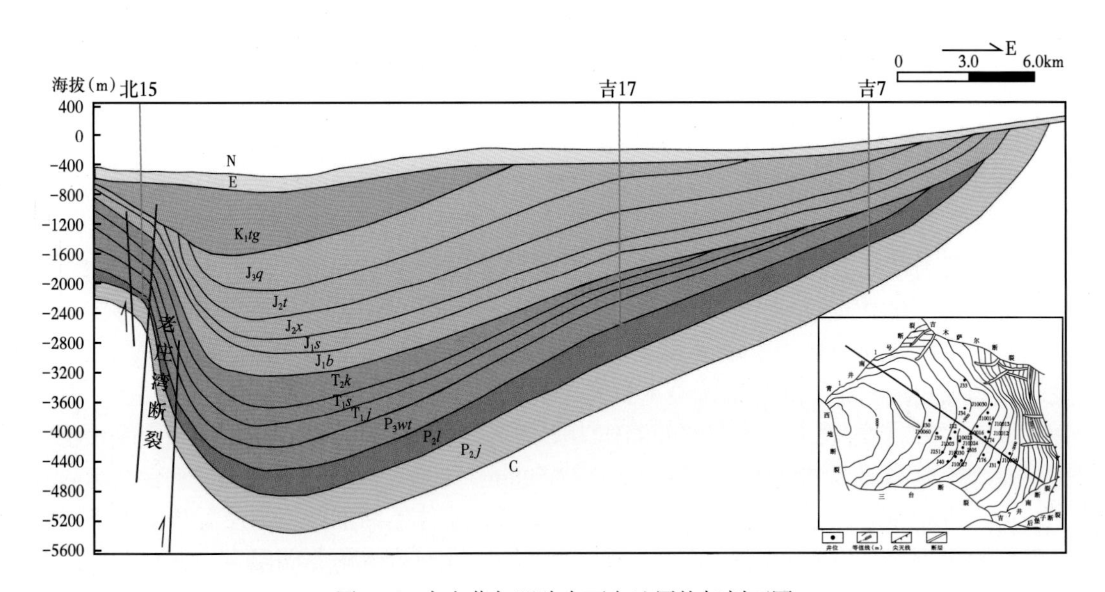

图 1-5 吉木萨尔凹陷东西向地层格架剖面图

依据钻井地质录井资料，吉木萨尔凹陷自上而下钻遇的地层有第四系（Q），新近系（N），古近系（E），白垩系吐谷鲁群（K_1tg），侏罗系齐古组（J_3q）、头屯河组（J_2t）、西山窑组（J_2x）、三工河组（J_1s）、八道湾组（J_1b），三叠系克拉玛依组（T_2k）、烧房沟组（T_1s）、韭菜园组（T_1j），二叠系梧桐沟组（P_3wt）、芦草沟组（P_2l）、井井子沟组（P_2j）和石炭系（C）。自上而下缺失侏罗系喀拉扎组（J_3k），三叠系郝家沟组（T_3hj）、黄山街组（T_3h），二叠系泉子街组（P_3q）、红雁池组（P_2h）。经多期构造运动，产生四个区域性不整合，即石炭系与上覆地层之间不整合，二叠系梧桐沟组与下伏芦草沟组之间不整合，侏罗系八道湾组与下伏地层之间不整合，古近系与下伏地层之间不整合。

吉木萨尔凹陷整体呈“南厚北薄、西厚东薄”的特征，最大厚度分布区在中南部吉251井、吉015井附近。向南、向东及东北部地层快速减薄，向西北部减薄较缓（图1-6）。

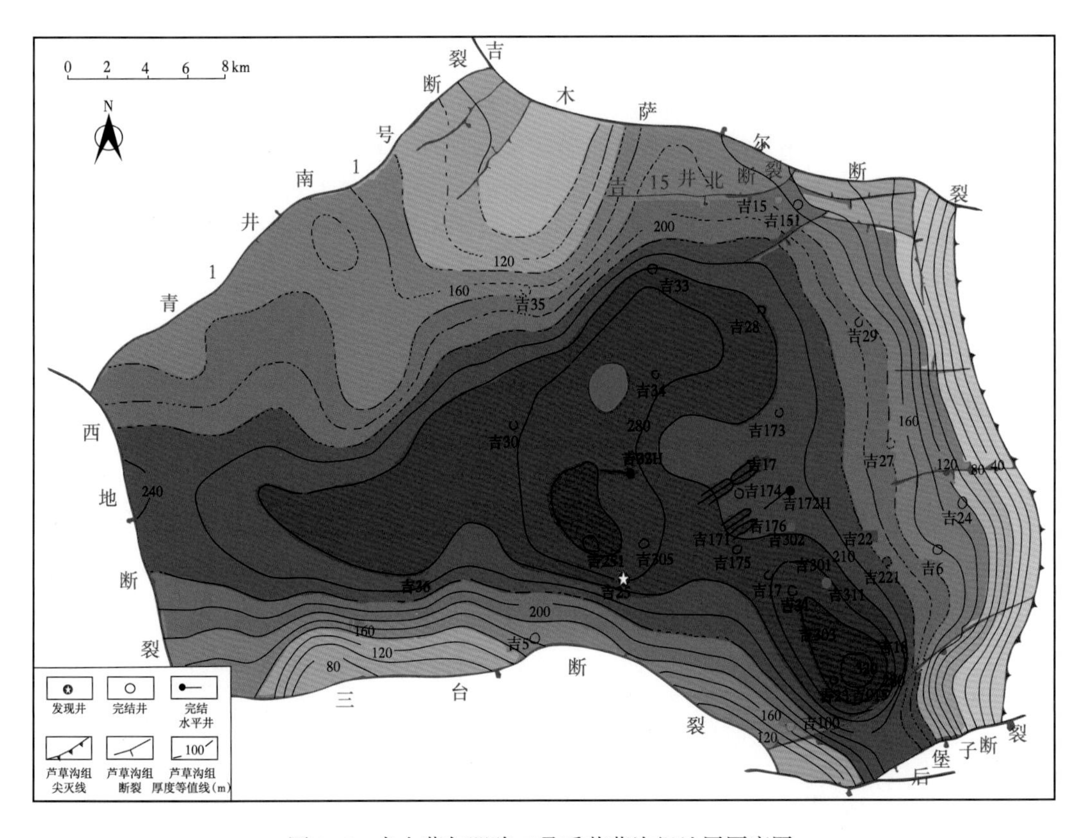

图1-6 吉木萨尔凹陷二叠系芦草沟组地层厚度图

芦草沟组自下而上划分为芦草沟组一段（P_2l_1，简称芦一段）和芦草沟组二段（P_2l_2，简称芦二段），可细分为$P_2l_1^2$、$P_2l_1^1$、$P_2l_2^2$、$P_2l_2^1$四个亚段。其中芦草沟组二段一亚段（$P_2l_2^1$）是区域泥岩盖层，基本不含油，其余各亚段均有“甜点”发育，$P_2l_1^2$、$P_2l_2^2$储层物性含油性更好，纵向分布更集中。

芦一段（P_2l_1）地层发育范围遍布整个凹陷，受盆地周边断裂控制，北部受吉木萨尔断裂、青1井南1号断裂控制，南部受三台断裂、后堡子断裂封隔，西部受西地断裂切分，东部受地层控制而削蚀尖灭。芦二段（P_2l_2）地层受剥蚀作用影响，在凹陷内存在尖灭现象，呈南—西北—西带状展布特征，东部、北部、南部地层均剥蚀尖灭，东南与西部地层与断裂相接。

吉木萨尔凹陷芦草沟组为咸化湖泊沉积环境，发育咸化湖泊—三角洲沉积体系，其物源主要来自周边的古隆起。芦草沟组沉积时期，气候干旱炎热，湖盆水体较深，水动力较弱，盐度高，水体咸化，湖盆底部为一个还原环境，有利于有机质富集和白云石的化学沉淀（高阳，2020）。

芦草沟组一段（P_2l_1）主要发育辫状河三角洲和湖泊沉积，在凹陷中南部发育席状砂、远沙坝等有利微相，岩性主要为白云质粉砂岩，向周缘逐渐过渡为白云泥坪、浅湖、半深湖等微相类型，泥质含量增高、颗粒粒度变细，岩性主要为泥质粉砂岩、泥晶云岩、白云质页岩、粉砂质泥岩等（图 1-7）。芦草沟组 P_2l_2 主要发育湖泊沉积，纵向发育两类沉积环境，中下部（$P_2l_2^{2-3}$）发育砂质滩坝、白云沙坪、白云坪、云泥坪—浅湖—半深湖—深湖等微相，以砂质滩坝、白云沙坪为有利微相，主要分布在凹陷中部与东南部（图 1-8），储层岩性主要为白云屑 / 白云质粉砂岩；中部（$P_2l_2^{2-2}$）陆源输入强度大，受南北两个物源影响，在凹陷南北两侧发育水下分流河道、席状砂、远沙坝等有利微相（图 1-9），储层岩性主要为粉砂岩、泥质粉砂岩；顶部（$P_2l_1^{2-1}$）在凹陷内由东南向中部发育远沙坝、白云沙坪、白云坪，向东西过渡为云泥坪、浅湖、半深湖等微相，局部为远沙坝、白云沙坪为有利微相，岩性主要为白云质 / 白云屑粉砂岩（图 1-10）。

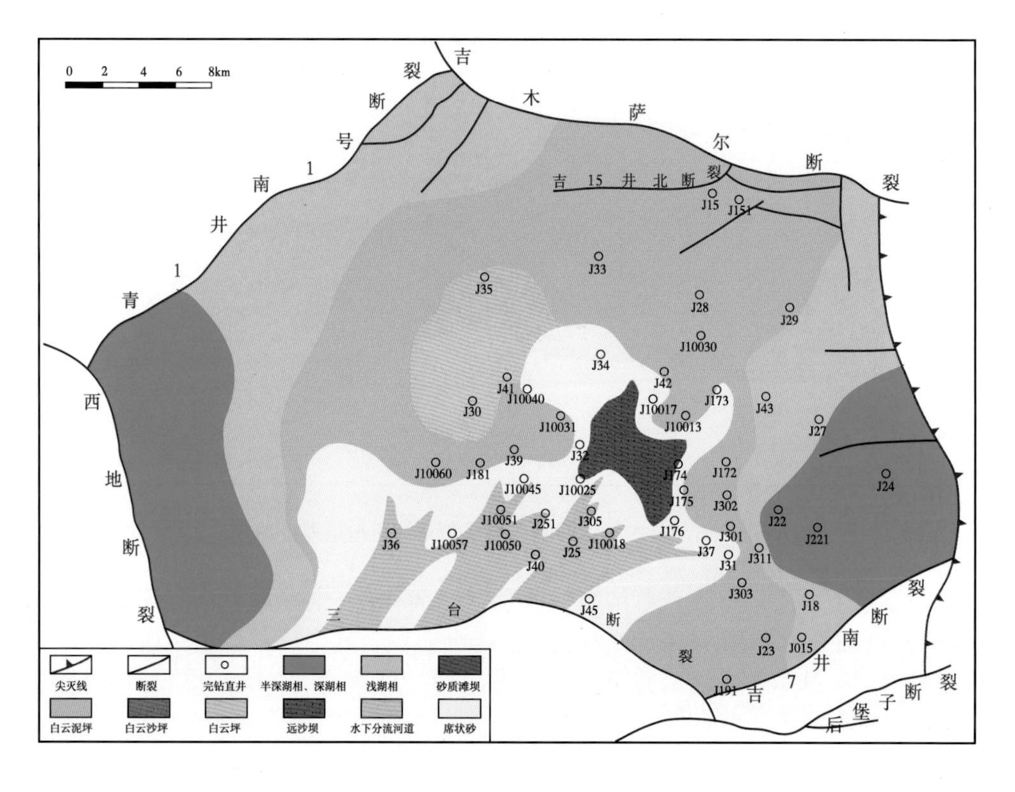

图 1-7 吉木萨尔芦草沟组 $P_2l_1^{2-2}$ 沉积相图

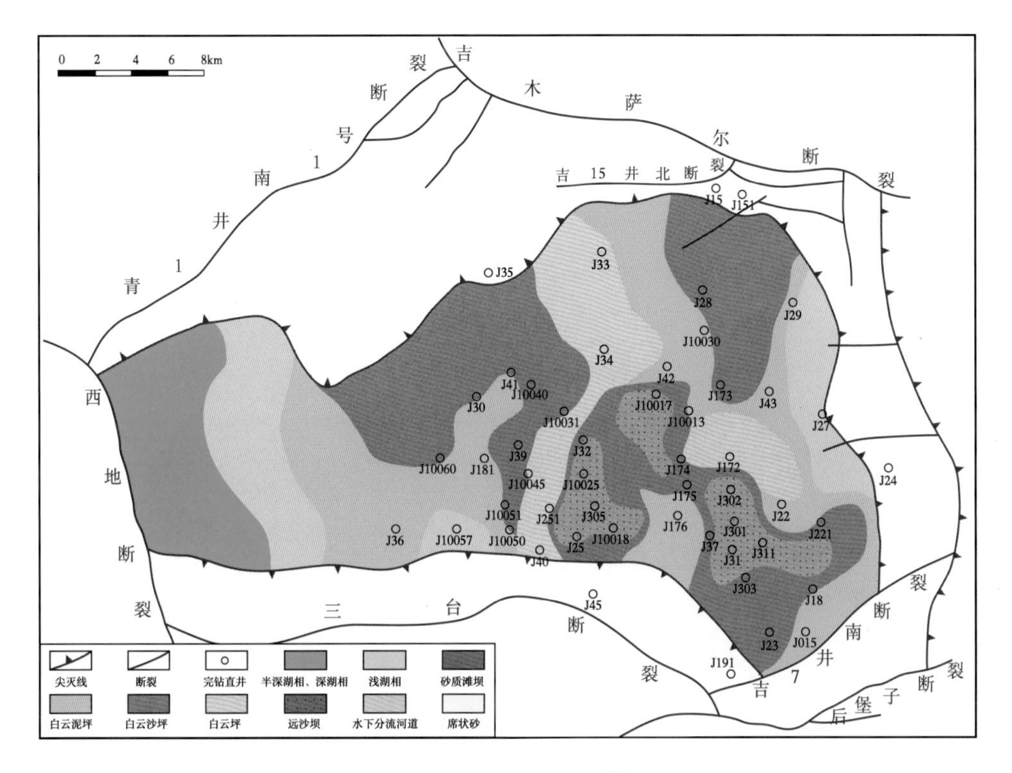

图 1-8 吉木萨尔芦草沟组 $P_2l_2^{2-3}$ 沉积相图

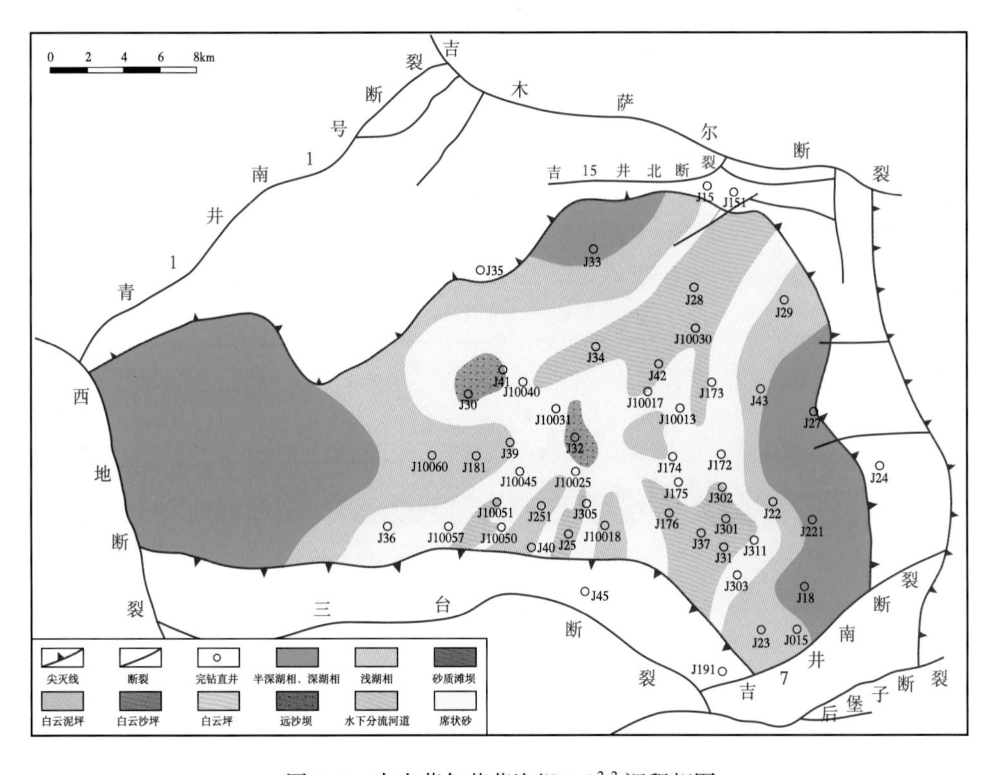

图 1-9 吉木萨尔芦草沟组 $P_2l_2^{2-2}$ 沉积相图

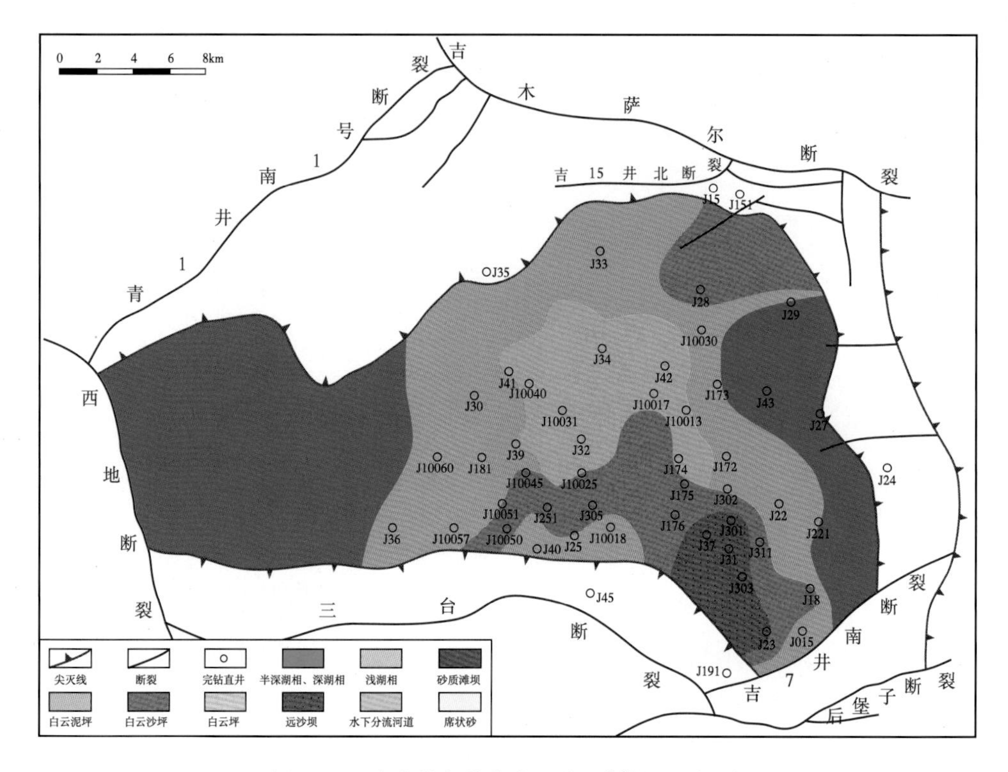

图 1-10 吉木萨尔芦草沟组（$P_2l_2^{2-1}$）沉积相图

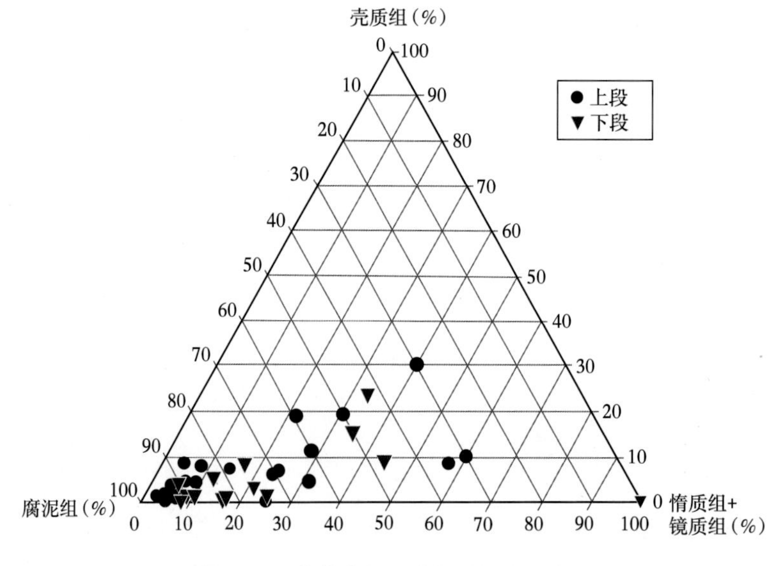

图 1-11 芦草沟组显微组分组成三角图

二、烃源岩特征

1. 有机质类型

吉木萨尔凹陷烃源岩组分以腐泥组为主，其次是镜质组和惰性组（图 1-11）。芦草沟组二段烃源岩腐泥组百分含量最高达 80%，芦草沟组一段烃源岩腐泥组百分含量约为 70%。芦草沟组二段烃源岩有机质类型以 II_1 型、Ⅰ型为主，II_2 型和Ⅲ型各占 10%。芦草沟组一段有机质类型以 II_1 型为主，Ⅰ型约占 25%，Ⅲ型占 10%。

为吉木萨尔芦草沟组主要岩性氢指数与深度关系图，如图 1-12 所示，芦草沟组泥岩类氢指数的分布范围为 53.03~788.39mg/g，平均值为 446.44mg/g，烃源岩的母质类型主要为 II_1 型、Ⅰ型；白云质类氢指数的分布范围为 28.78~798.51mg/g，平均值为 322.34mg/g，母质类型主要为 II_1 型、II_2 型；粉砂岩类氢指数的分布范围为 27.27~730.86mg/g，平均值为 223.37mg/g，母质类型主要为 II_2 型。总的来看，芦草沟组烃源岩母质类型主要为 II_1 型，其次为 II_2 型和Ⅰ型，属于较好有机质类型（图 1-12）。

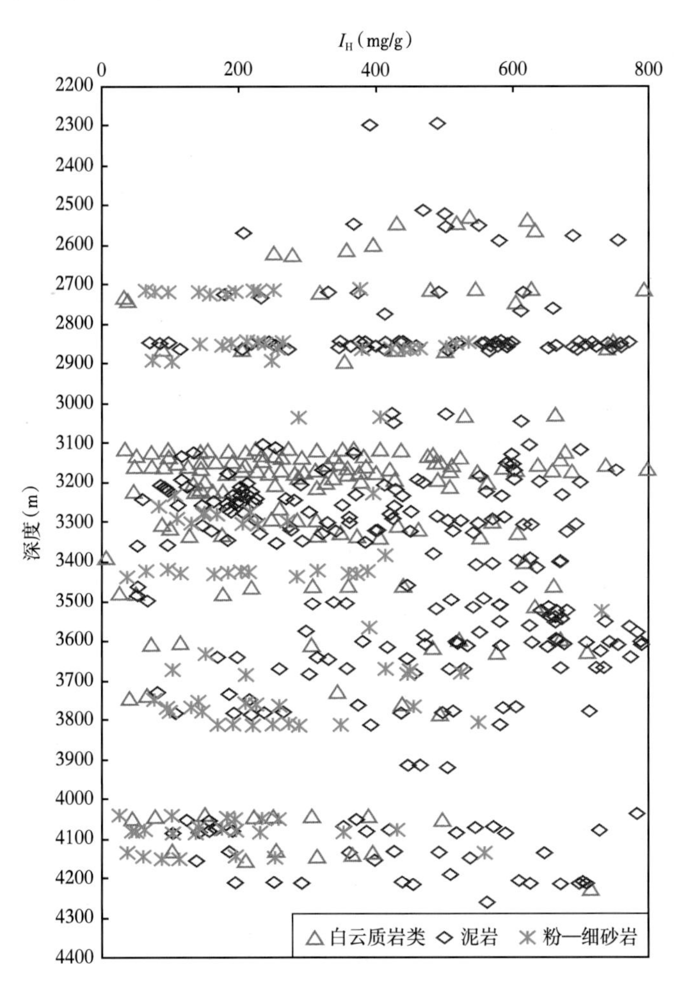

图 1-12 J10025 等井氢指数（I_H）—深度关系图

2. 有机质丰度

芦草沟组烃源岩有机质丰度较高，生油条件较好。从不同岩性 TOC 与深度关系图中可以看出（图 1-13），整体上芦草沟组烃源岩 TOC 值比较高，其中，泥岩的有机质丰度最高，白云岩次之，属于好—最好的生油岩类型。

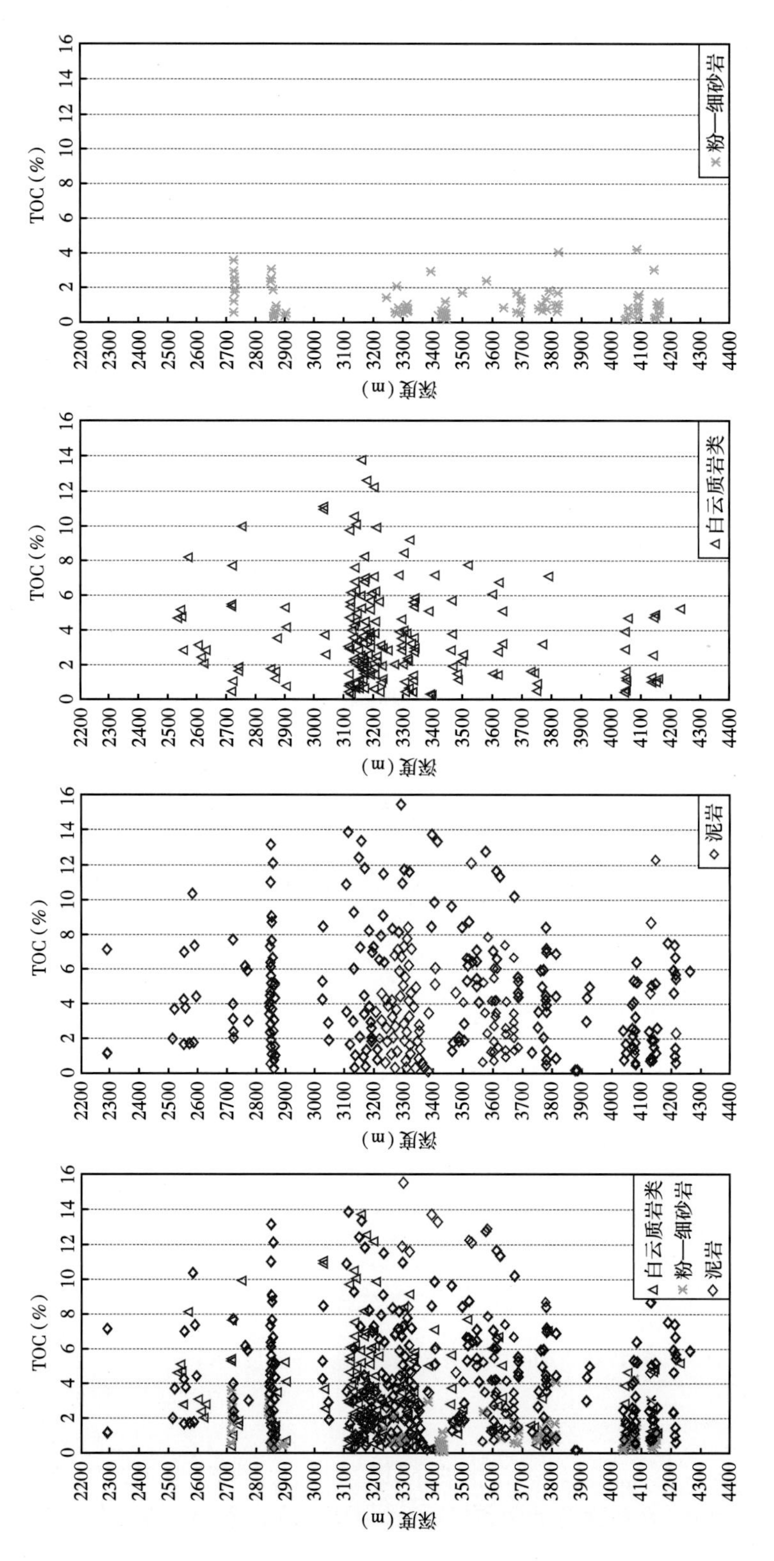

图1-13 芦草沟组不同岩性样品TOC—深度关系图

通过可溶有机质氯仿沥青“A”和 S_1 含量与深度的关系图可以看出（图 1-14），可溶有机质含量在碳酸盐岩和粉细砂岩基本相当，总体高于泥岩；$P_2l_1^2$ 可溶有机质含量明显高于 $P_2l_2^2$。说明“甜点”段含油性优于泥岩段，$P_2l_1^2$ 含油性优于 $P_2l_2^2$。

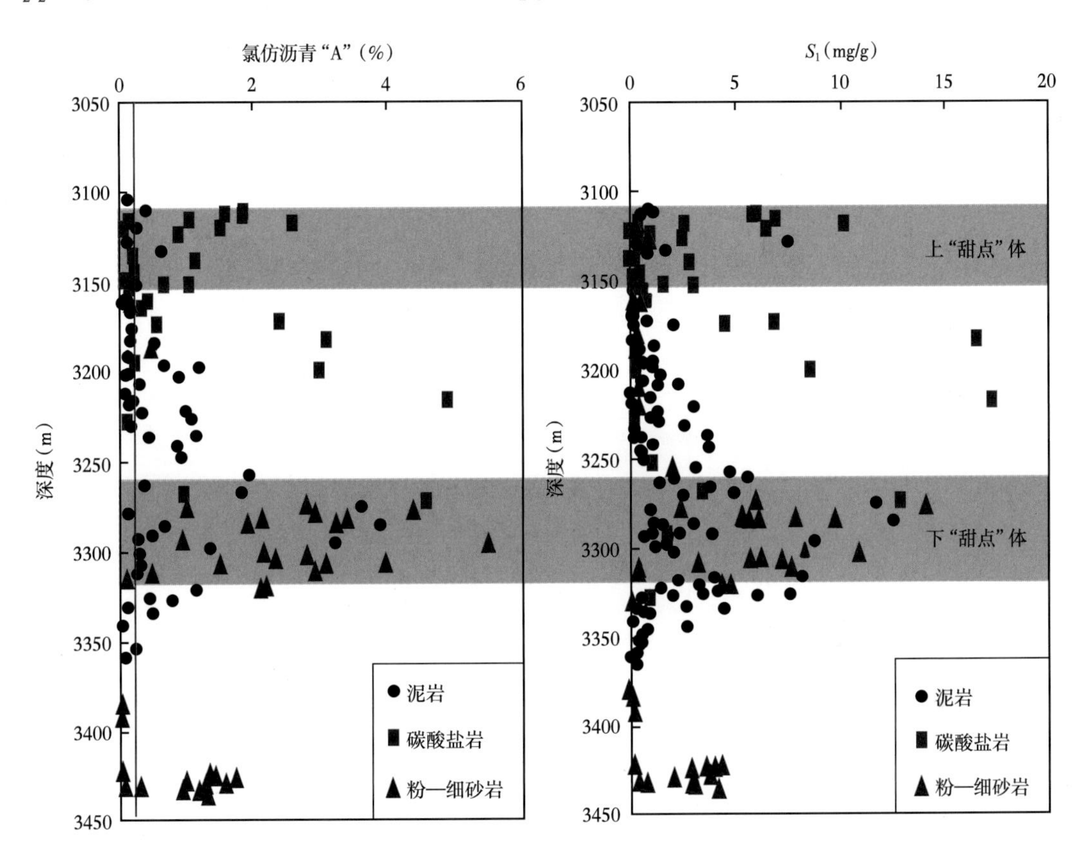

图 1-14　P_2l 垂向氯仿沥青“A”、S_1 含量对比图

综上所述，芦草沟组整段均为较好的烃源岩，有机质丰度较高。

3. 有机质成熟度

吉木萨尔芦草沟组有效烃源岩的 TOC 高，母质类型好，厚度占地层厚度近 50%，丰度高，源储互层、源储一体为页岩油富集提供了有利条件。烃源岩的 R_o 值分布在 0.78%~1.18%，已处于成熟阶段，随着深度的增加有机质的成熟度也增加，在凹陷深处有机质的成熟度更高（图 1-15）；T_{max} 值分布在 436~460℃ 之间，反映出有机质进入低成熟—成熟演化阶段（图 1-16）。

三、储层特征

1. 岩石类型

岩石类型总体上可以归结为碎屑岩和碳酸盐两大类，储层岩性主要为粉砂岩、白云质粉砂岩、粉砂质云岩、泥晶云岩，隔（夹）层岩性主要为白云质泥岩和粉砂质泥岩、含少量碳质泥岩。

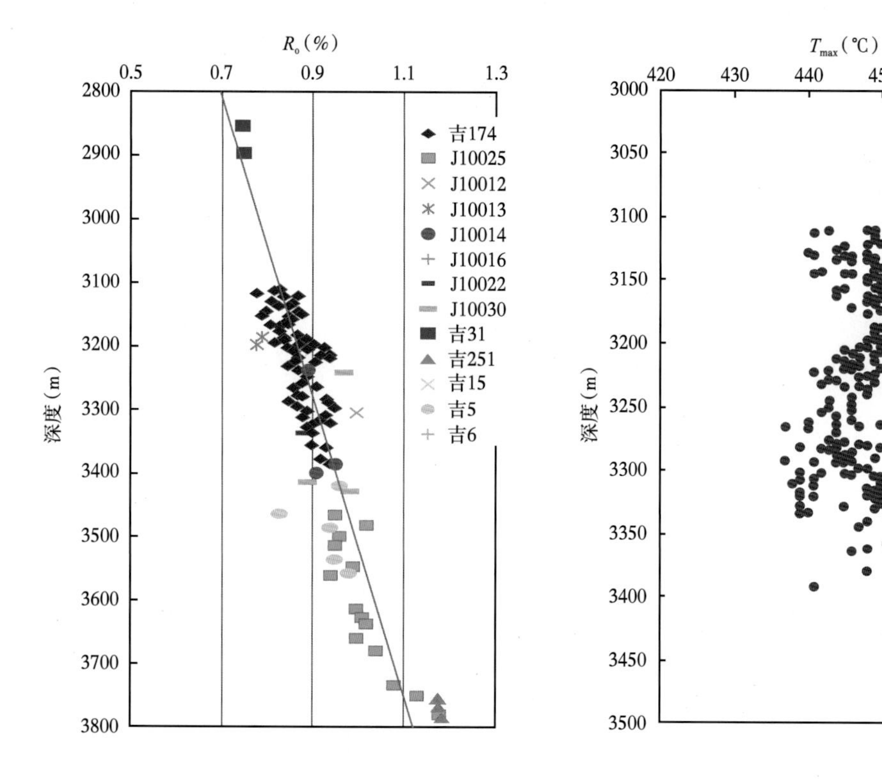

图 1-15　芦草沟组 R_o—深度关系图

图 1-16　芦草沟组 T_{max}—深度关系图

2. 储集空间类型

储集空间类型根据铸体薄片资料确定，从成因上来看，以粒间溶孔为主，其次为剩余粒间孔、粒内溶孔，晶间孔、微裂缝等含量低（表 1-2）。P_2l_1 粒间溶孔含量高于 P_2l_2，$P_2l_1^{2-2}$ 粒间溶孔最发育。

表 1-2　吉木萨尔凹陷芦草沟组页岩油储层孔隙类型统计表

层位	晶间孔（%）	铸模孔（%）	粒内溶孔（%）	粒间溶孔（%）	剩余粒间孔（%）	收缩孔（%）	体腔孔（%）	微裂缝（%）
P_2l_2	0.64	0.84	11.47	71.41	12.71	0.83	0.44	1.66
P_2l_1	0	0.36	3.31	90.15	3.36	0	0	2.82

另外，通过岩心观察、铸体薄片和场发射扫描电子显微镜分析，芦草沟组页岩油储层可识别出毫米级、微米级、纳米级三种尺度孔隙，储层以微米—纳米级孔隙为主（图 1-17），其中纳米级孔隙占比达 56%，但因孔隙尺寸小、连通性差，对“甜点”储层孔隙空间的贡献较低；微米级孔隙占比中等，含量约 38%，但孔隙相对较大，对页岩油“甜点”储集空间起到主要的贡献。

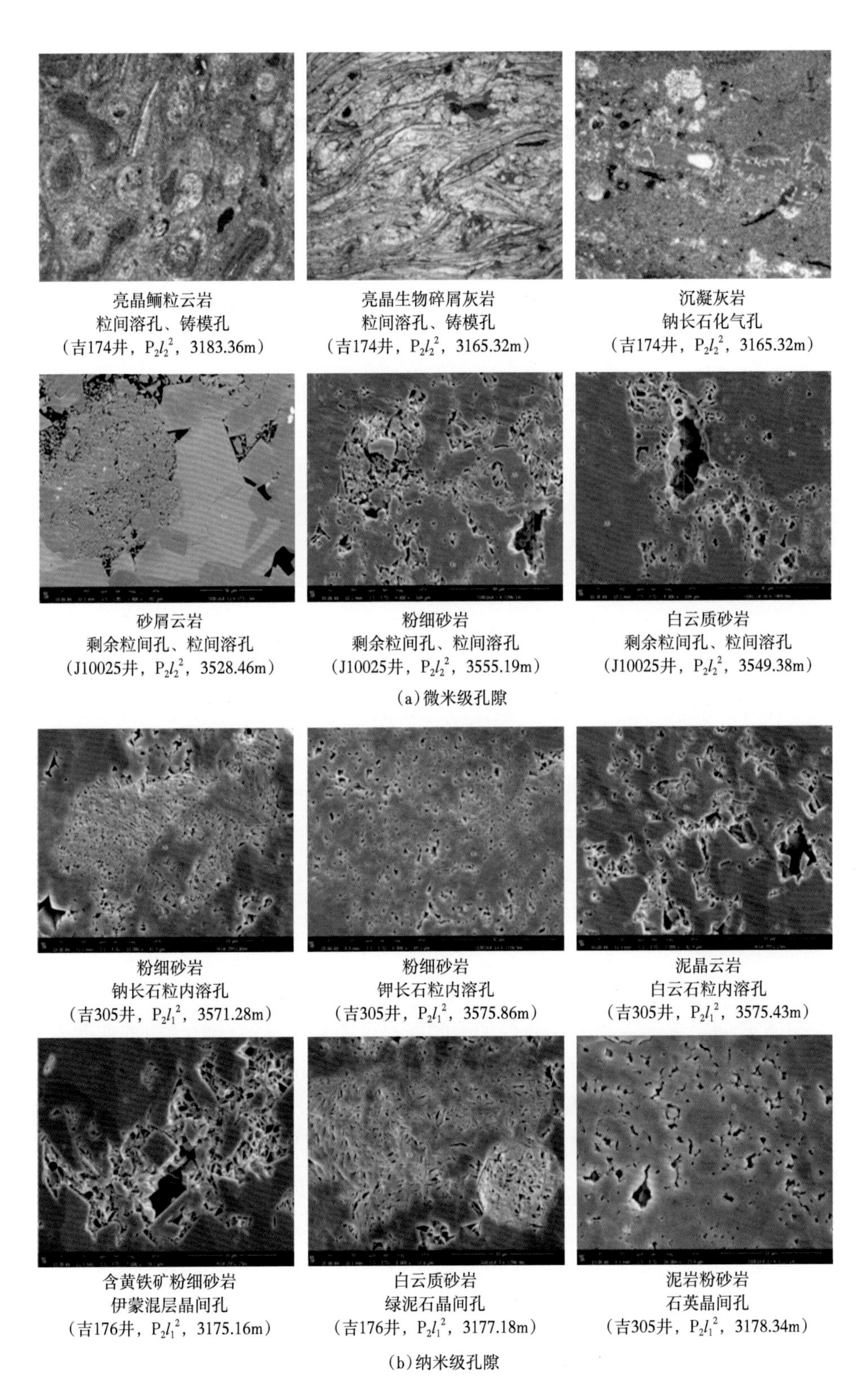

亮晶鲕粒云岩
粒间溶孔、铸模孔
（吉174井，$P_2l_2^2$，3183.36m）

亮晶生物碎屑灰岩
粒间溶孔、铸模孔
（吉174井，$P_2l_2^2$，3165.32m）

沉凝灰岩
钠长石化气孔
（吉174井，$P_2l_2^2$，3165.32m）

砂屑云岩
剩余粒间孔、粒间溶孔
（J10025井，$P_2l_2^2$，3528.46m）

粉细砂岩
剩余粒间孔、粒间溶孔
（J10025井，$P_2l_2^2$，3555.19m）

白云质砂岩
剩余粒间孔、粒间溶孔
（J10025井，$P_2l_2^2$，3549.38m）

（a）微米级孔隙

粉细砂岩
钠长石粒内溶孔
（吉305井，$P_2l_1^2$，3571.28m）

粉细砂岩
钾长石粒内溶孔
（吉305井，$P_2l_1^2$，3575.86m）

泥晶云岩
白云石粒内溶孔
（吉305井，$P_2l_1^2$，3575.43m）

含黄铁矿粉细砂岩
伊蒙混层晶间孔
（吉176井，$P_2l_1^2$，3175.16m）

白云质砂岩
绿泥石晶间孔
（吉176井，$P_2l_1^2$，3177.18m）

泥岩粉砂岩
石英晶间孔
（吉305井，$P_2l_1^2$，3178.34m）

（b）纳米级孔隙

图 1-17 芦草沟组页岩油微米—纳米级孔隙特征对比

3. 孔喉结构特征

据高压压汞实验，吉木萨尔页岩油孔喉结构与岩性密切相关，粉—细砂岩、白云质粉砂岩、砂屑云岩、泥晶云岩，最大孔喉半径、平均毛细管半径、最大进汞饱和度逐渐减小，毛细管半径小于 0.1μm 的纳米级孔喉占比逐渐增加，而毛细管半径大于 2μm 的微米级孔喉占比明显减小，对应的排驱压力逐渐增大；进汞曲线、退汞曲线间距逐渐增大，退汞效率逐渐降低（依次分别为 41.11%、35.16%、31.19%、30.70%、24.58%），反映储层孔喉结构逐渐变差（表 1-3，图 1-18）。综合分析，芦草沟组为孔隙大小相差较悬殊、孔喉结构及渗流条件整体较差，以微米级、纳米级孔喉为主的页岩储层。

表 1-3　页岩油有效储层压汞参数对比表

岩性	饱和度中值压力（MPa）	饱和度中值半径（μm）	排驱压力（MPa）	最大孔喉半径（μm）	平均毛细管半径（μm）	最大进汞饱和度（%）
粉砂岩	14.8	0.29	2.8	1.24	0.36	70.5
白云质粉砂岩	20.5	0.27	3.3	0.53	0.18	68.7
粉砂质云岩	26.7	0.19	3.4	0.51	0.16	67.6
泥晶云岩	25.2	0.08	3.7	0.27	0.09	62.3

纳米 CT 反应孔隙半径主要发育在 100~200um 之间，也存在部分半径为 500nm 的亚微米级孔隙，喉道半径小于 200nm 的占 90% 以上，主要分布在 100~200nm 区间内，半径小于 100nm 的约占 40%。整体来看，孔隙连通性较差，配位数集中在 1~5 之间。

4. 物性特征

根据岩心常规孔渗实验分析，P_2l_2“甜点”有效孔隙度 7.8%~25.5%，平均值 13.8%，“甜点”水平渗透率 0.01~9.47mD，平均值为 0.096mD；P_2l_1“甜点”有效孔隙度 7.8%~23.9%，平均值为 13.2%，“甜点”水平渗透率 0.01~8.35mD，平均值为 0.054mD。研究结果表明，物性随岩性中砂质含量的降低呈减小的特点，即砂岩段物性好于白云岩段，优势“甜点”岩性中物性大小关系为：粉砂岩高于白云质粉砂岩和粉砂质云岩。

5. 含油性特征

为评价页岩储层含油饱和度，进行了密闭取心，并采用蒸馏法对含油饱和度进行测量，结果显示，芦草沟组“甜点”含油饱和度总体较高，平均值为 70%，而非“甜点”段含油饱和度低，同时，“甜点”段含油饱和度在垂向上也存在着较强非均质性。物性与含油性相关性差。从矿物成分分析结果来看，黏土矿物含量与含油性成负相关关系，优质“甜点”段黏土矿物含量一般小于 5%。

四、勘探开发现状

2010 年起，中国石油新疆油田公司启动了准噶尔盆地页岩油勘探开发工作，在全盆地烃源岩评价基础上，优选埋深相对较浅、丰度高的吉木萨尔凹陷开展钻探工作。2011 年吉 25 井核磁测井在芦草沟组烃源岩层系内发现物性异常，录井显示含油性较好，同年在芦草沟组二段 3425~3403m 井段试油，压裂（压裂液 436m^3，加砂 31m^3），抽汲、获日产油 18.25t，从而发现了二叠系芦草沟组油藏。

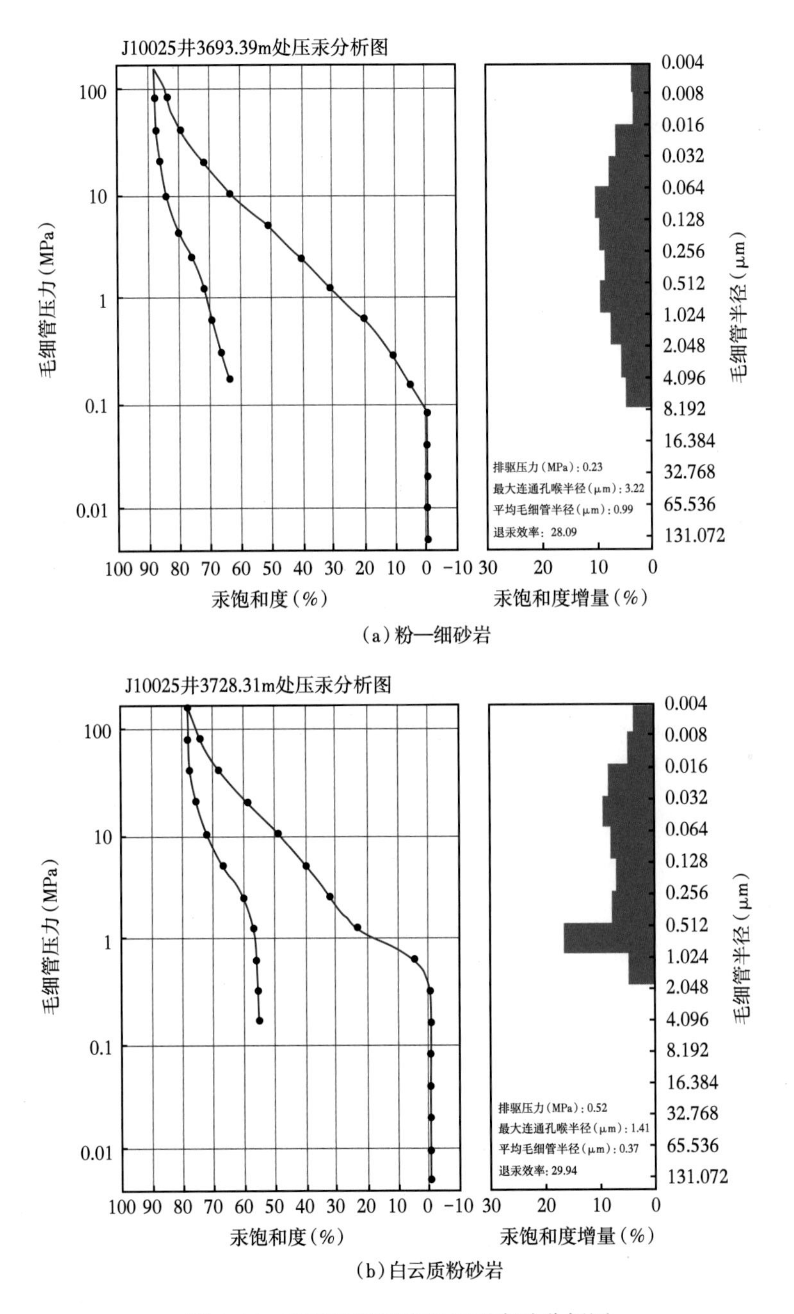

(a)粉—细砂岩

(b)白云质粉砂岩

图 1-18　芦草沟组页岩油压汞实验分析图

页岩油勘探获得发现后，在凹陷内相继部署实施探井、评价井 20 口，试油获油流 15 井、20 层，证实了二叠系芦草沟组油藏大面积广泛分布、满凹含油的特征。但直井产量普遍低于 5t/d，且递减快，因此如何实现经济有效开发，提产提效是吉木萨尔二叠系芦草沟组油藏亟待解决的难题。

2012 年，吉 172_H 水平井在国内帅先实施千立方米砂、万立方米液改造，采取水平井裸眼滑套管外分隔压裂工艺，水平段长度1209.1m，15级压裂，总压裂液量16030m^3，加砂1798m^3，初期最高日产油69.46t，2503天累计产油24286.5t，平均日产油9.7t，吉172_H井的成功提产，坚定了页岩油开发动用的信心。

水平井分段压裂取得突破后，为了进一步探索陆相页岩油有效开发技术途径和主体开发策略，新疆油田公司一方面加强“甜点”评价、部署方式优化等基础研究，一方面积极在现场开展矿场试验，逐步形成了“甜点”评价选区技术、长段水平井小井距立体交错开发设计优化技术、水平井+细分切割压裂技术，水平井开发效果显著提升，第一年产油突破万吨，截至2021年底，累计申报吉木萨尔凹陷二叠系芦草沟组页岩油三级储量4.3×10^8t，钻水平井138口，新建产能115×10^4t，产油42.6×10^4t/a，实现了陆相页岩油规模增储上产。

五、研究难点

与北美地区广海沉积页岩油岩性单一、源储分明、“甜点”集中不同，吉木萨尔凹陷芦草沟组发育咸化湖相沉积成因的页岩油，具有岩性多变、矿物类型多样、厘米级互层、源储一体、微米—纳米级孔隙发育等特征，给“甜点”的评价与表征带领了更多的难点，主要表现在以下三个方面：

（1）储层岩性复杂，矿物成分多变，砂泥岩频繁薄互层，测井受围岩影响较大，常规曲线岩性界线确定困难，只有更细尺度的表征才能解决储层非均质性强这一难点；

（2）页岩的岩石物理性质参数定量表征困难；

（3）微米级孔喉、纳米级孔喉发育，尺度、润湿性及物性差异较大，如何实现基于不同尺度孔隙整体表征、储层含油饱和度和可动油定量评价是关键技术难点。

六、研究特色及创新内容

前人在吉木萨尔凹陷二叠系芦草沟组页岩油储层研究方面作出了许多贡献，综合运用物性测试、高压压汞及有机碳含量分析等手段对吉木萨尔页岩油吉174井岩石类型及特征的精细研究，形成了“四组分三端元”划分命名方案（葸克来等，2015）。结合场发射扫描电子显微镜、高压压汞、核磁共振等实验手段对储层进行表征描述，对不同区间孔喉聚类分析实现了储层分类（王璟明等，2020）。以吉木萨尔凹陷芦草沟组复杂岩性页岩油储层为研究对象，应用常规测井和核磁共振测井方法对储层岩性进行识别，构建了两个岩性敏感参数，建立了岩性识别图版（匡立春等，2013）。王伟等（2019）通过实验数据分析，利用迭代法确定起算核磁时间，实现了研究区页岩油储层有效孔隙度的准确计算，为页岩油储层有效孔隙度评价提供了一种新的技术思路和解决办法。刘冬冬等（2017）应用常规测井和成像测井方法对准噶尔盆地吉木萨尔凹陷芦草沟组页岩油储层裂缝进行了识别和定量表征，系统总结常规测井对裂缝的响应特征，利用成像测井资料划分裂缝成因并进行了分类，将上“甜点”体、下“甜点”体裂缝发育情况进行了对比。穆永利等（2015）依据吉木萨尔凹陷页岩油勘探的最新进展，探讨了测井评价技术在研究区页岩油评价中的应用，建立了吉木萨尔凹陷的岩性识别图版、总有机碳质量分数评价模型，提出P_2l页岩油储层划分标准和饱和度计算方法。目前新疆油田勘探开发研究院形成了一套完整的准噶尔盆地湖相云质岩致密油测井评价技术，提出非常规油气储层“七性参数”概念，形成“七性参数”计算方法，理清了岩性对物性的控制关系，物性对含油性的制约特征。上述研究工作为我国石油非常规油气储量发现及产能建设起到不可替代的作用，但吉木萨尔凹陷页岩油源岩成熟度较低、页岩油流动性差，同时在参数的选择、模型建立、岩—电实验参数等匹配问题，存在测井解释与深部地质情况符合率不高，“甜点”追踪精确度不高等诸多问题亟待解决。

针对研究区主要存在的问题，本次研究将通过多维度—细尺度的定量表征技术方法来有效解决页岩油储层“甜点”微观实验表征和评价预测，主要创新研究内容如下：

（1）针对芦草沟组岩矿成分复杂，岩性识别难度大，结合X射线衍射、薄片鉴定等实验手段，查明研究区目的层矿物组成特征及测井响应规律；

（2）基于岩心实验确立吉木萨尔页岩油储层的多矿物岩石体积模型，采用区域经验约束和最优化方法反演岩石矿物体积含量；

（3）基于岩心精细描述和测井资料，采用测井图版法分析不同岩性的电性特征，研究岩石矿物体积含量转换为岩性的聚类分析法，实现页岩油复杂岩性的自动识别；

（4）理清不同岩性的物性及孔隙结构特征，结合岩心高压压汞实验资料，将核磁共振测井 T_2 谱反演为伪毛细管压力曲线，提取页岩油储层孔隙结构参数；

（5）基于不同岩性的岩—电实验分析，分岩性建立页岩油储层的含油饱和度计算模型和渗透率计算模型，通过岩心实验和试油测试资料验证分析优选模型参数；

（6）基于岩石力学实验，开展地应力及脆性评价，建立脆性指数评价模型，实现可压性评价；

（7）利用试油测试资料，分析页岩油储层有效性的主控因素，建立研究区储层分类评价标准，构建综合评价储层品质因子，实现页岩油储层测井综合评价。

第二章　页岩油储层矿物组分检测实验及评价技术

第一节　矿物组分检测及鉴定实验

吉木萨尔凹陷二叠系芦草沟组的岩石类型复杂多变，矿物成分多样，故本次研究主要采用岩心观察、岩石薄片及全岩X射线衍射等多项实验手段，确定岩石矿物类型及矿物含量，进而对储层岩石进行精确定名，本次研究芦草沟组储层矿物类型及含量见表2-1。通过岩石矿物组分百分含量图及吉174井纵向上分布图发现（图2-1、图2-2），岩石矿物类型主要为碳酸盐组分，陆源碎屑组分和火山碎屑组分，岩石矿物类型主要为石英、长石、方解石、白云石及黏土矿物等多种矿物类型。其中，长石平均含量最高，石英与白云石（包括白云石和铁白云石）平均含量几乎相当，黏土矿物含量相对较低（图2-1）。

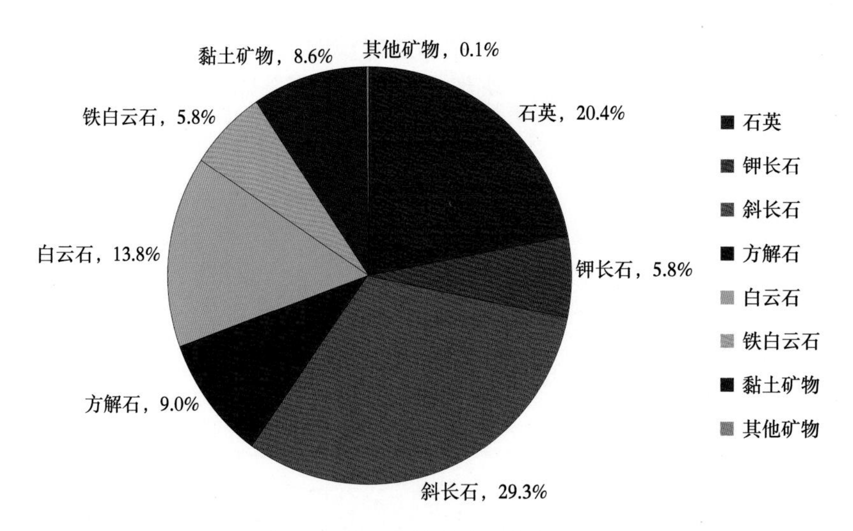

图2-1　岩石矿物组分百分含量图

吉174井岩石矿物组分垂向分布图（图2-2）表明，各种岩石矿物组分在垂向上变化较大，上“甜点”段长石、石英含量整体相对较高，黏土矿物含量较少，碳酸盐岩矿物在上“甜点”段下部含量相对较高；下“甜点”段碳酸盐岩矿物、长石、石英矿物含量对比上“甜点”段的矿物含量都相对较高，黏土含量也普遍较高，而铁白云石含量低。岩石中较高的白云石含量提高了岩石脆性，有利于进行大规模储层改造，但岩石类型及其组合规律复杂多变，不同深度段内各种矿物成分相对含量变化差异较大，不同组分、不同岩性的错综混合，导致储层非均质性强烈，同时也增加了岩性解释及储层评价的难度。

表 2-1 X 射线衍射矿物含量分析表 （单位：%）

井号	井深（m）	石英	钾长石	斜长石	方解石	白云石	铁白云石	菱铁矿	黄铁矿	黏土矿物
吉 174	3114.86	18.5	3.2	26.9		49.2				2.4
吉 174	3116.94	29.2	5.9	45.9		15.3			1.5	2.2
吉 174	3117.75	20.6	3.2	15.4		50.0			1.5	9.3
吉 174	3127.53	27.9	13.1	45.3	2.7			2.2		8.8
吉 174	3142.33	17.0	3.1	41.7	10.0		25.2			3.0
吉 174	3142.77	12.8	1.6	14.9	0.8	67.5				2.4
吉 174	3143.1	17.2	2.9	38.2	9.4		29.1			3.2
吉 174	3143.64	16.1	2.7	47.2	2.2		29.5			2.3
吉 174	3143.82	14.9	2.2	44.8	9.8		25.2			3.1
吉 174	3144.84	27.1	4.6	47.3			17.7			3.3
吉 174	3148.76	52.0	6.7	25.2	6.0				3.0	7.1
吉 174	3152.64	23.7	1.0	7.4	2.6	62.0				3.3
吉 174	3158.68	27.3	4.7	44.7	3.3		5.3			14.7
吉 174	3159.24	12.4	1.0	7.8		66.2				12.6
吉 174	3159.58	12.4	2.0	21.0		53.0				11.6
吉 174	3160.99	16.8	1.8	18.0		51.7				11.7
吉 174	3167.94	28.7	4.7	27.0			25.5			14.1
吉 174	3176.91	25.0	3.5	40.3	8.2		13.9			9.1
吉 174	3191.08	18.4	3.0	20.8	17.0		25.3			15.5
吉 174	3192.14	40.6	4.5	25.4		8.7				20.8
吉 174	3200.73	13.2	1.5	10.9		69.6				4.8
吉 174	3209.61	21.0	3.7	29.2		28.6				17.5
吉 174	3211.65	30.3	5.6	25.8			22.8		0.5	15.0
吉 174	3225.47	25.0	4.9	21.1		33.3				15.7
吉 174	3227.98	31.6	6.7	28.1		22.1				11.5
吉 174	3636.1	36.2	6.8	28.6	2.8		4.0		3.9	17.7
吉 174	3240.22	16.4	2.3	17.1	8.8	43.1				12.3
吉 174	3241.59	13.4	0.8	13.9	1.6	56.2				14.1
吉 174	3242.61	38.2	1.2	10.2	32.9		11.2			6.3
吉 174	3243.23	23.3	3.2	33.4	7.8		21.1			11.2

注：水铵长石（Buddingtonite），也称胺长石，化学式为 NH_4AlSi_3O。

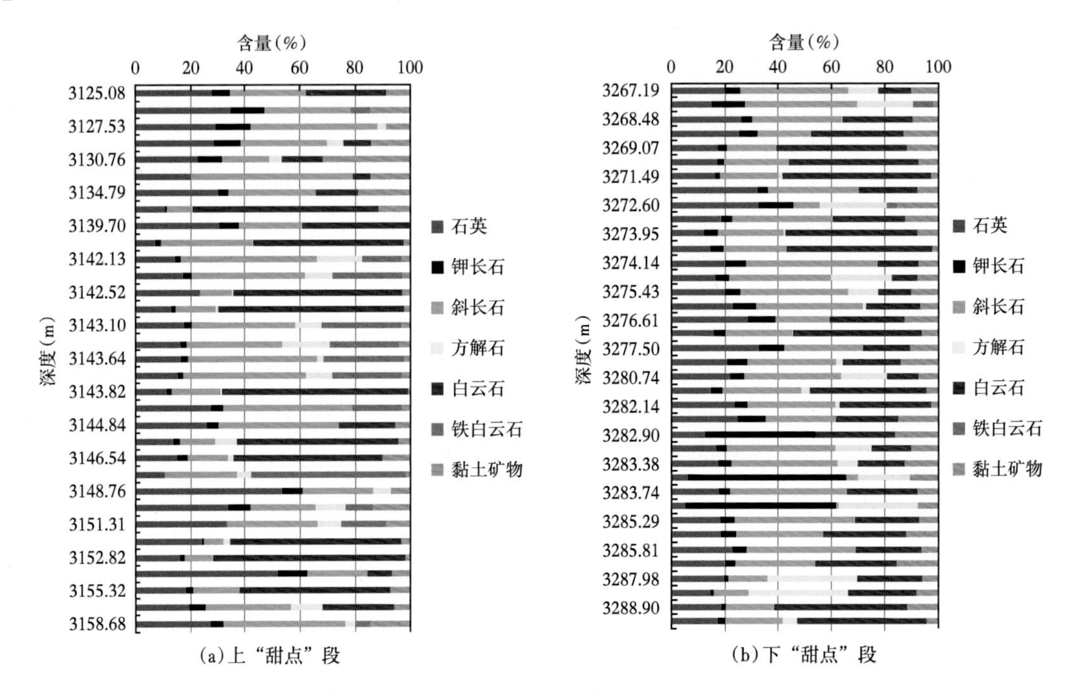

图 2-2 吉 174 井矿物组分纵向分布图

结合吉木萨尔芦草沟组 P_2l、上“甜点”段、下“甜点”段岩石矿物组分含量直方图分析可知(图 2-3 至图 2-5),研究区以长石、石英、方解石、白云石和黏土矿物为主,其中长石、石英和白云石这三类矿物组分的平均百分含量分别为 35.66%、20.27% 和 20.36%,仅这三类岩石矿物组分占据了 76.28%,黏土矿物平均百分含量较低,为 8.31%,菱铁矿、黄铁矿和菱镁矿的平均百分含量分别为 0.12%、0.31% 和 0.05%。上“甜点”段长石、石英、方解石和白云石的平均百分含量相对较高,分别为 20.9%、38.96%、31.02% 和 22.77%,其中方解石平均百分含量比白云石的平均百分含量高,菱铁矿、黄铁矿和菱镁矿的平均百分含量最少,分别为 6.14%、0.73%、0.31%,黏土的平均百分含量为 5.48%;而下“甜点”段的长石、石英、方解石和白云石的平均百分含量分别为 19.08%、39.9%、5.87% 和 26.52%,方解石的平均百分含量比白云石的平均百分含量低,是白云石平均百分含量的四分之一,菱铁矿和黄铁矿的平均百分含量分别为 0.01%、0.38%,黏土矿物平均百分含量 6.42%。总体看来,上“甜点”段方解石和菱铁矿矿物组分平均百分含量相对较高,其余矿物组分的平均百分含量与下“甜点”段矿物组分的平均百分含量相当。

通过岩石薄片和全岩 X 射线衍射实验数据,结合研究区已有认识,芦草沟组上“甜点”段、下“甜点”段优质储层岩性可以分为三类,分别是长石岩屑粉砂岩、砂屑云岩和白云质砂岩。通过这三类岩性样品的矿物组分含量分布直方图可以看出,三类岩石主要以长石、石英、白云石为主,三种矿物含量之和超过 80%;其中长石含量由长石岩屑粉砂岩 → 白云质砂岩 → 砂屑云岩依次降低,白云石含量由砂屑云岩 → 白云质砂岩 → 长石岩屑粉砂岩依次降低,石英在这三类岩石中无明显差异,平均含量为 20%;黏土矿物在长石岩屑粉砂岩中占比最高(为 6.77%),在白云质砂岩中含量最低(为 4.23%),如图 2-6 所示。脆性矿物含量较高使得这三类岩石成为芦草沟组储层的优势岩性。

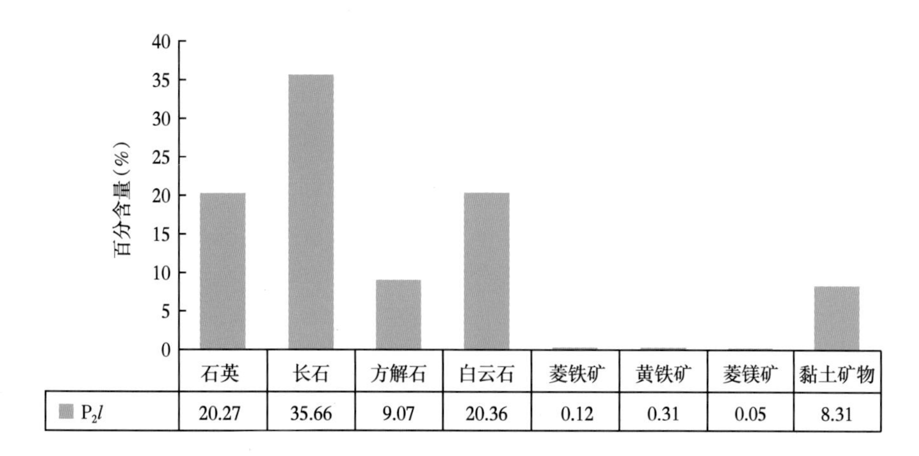

	石英	长石	方解石	白云石	菱铁矿	黄铁矿	菱镁矿	黏土矿物
P_2l	20.27	35.66	9.07	20.36	0.12	0.31	0.05	8.31

图 2-3 吉木萨尔芦草沟组（P_2l）页岩油岩石矿物组分百分含量直方图

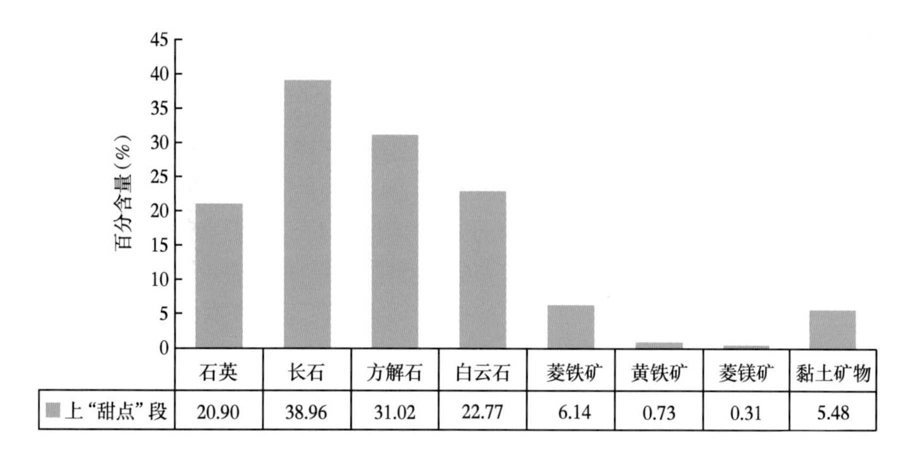

	石英	长石	方解石	白云石	菱铁矿	黄铁矿	菱镁矿	黏土矿物
上“甜点”段	20.90	38.96	31.02	22.77	6.14	0.73	0.31	5.48

图 2-4 芦草沟组上“甜点”段岩石矿物组分百分含量直方图

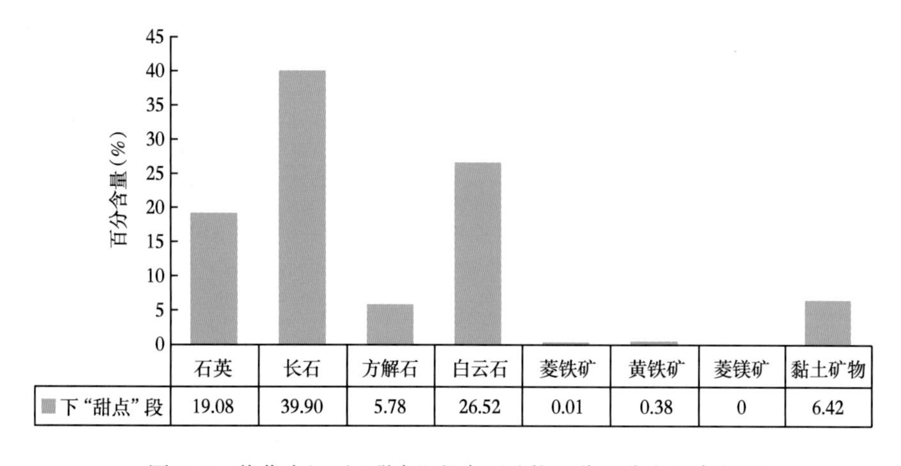

	石英	长石	方解石	白云石	菱铁矿	黄铁矿	菱镁矿	黏土矿物
下“甜点”段	19.08	39.90	5.78	26.52	0.01	0.38	0	6.42

图 2-5 芦草沟组下“甜点”段岩石矿物组分百分含量直方图

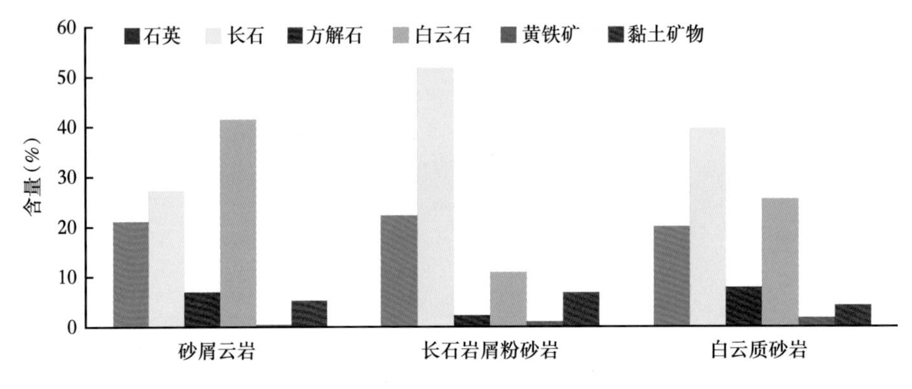

图 2-6　岩石矿物组分含量图

第二节　岩石矿物组分评价技术

一、测井矿物含量体积模型

通过对国内外文献大量调研，结合前人的研究认为中国石化和中国石油大学(华东)建立的针对页岩气、页岩油储层测井“双骨架”岩石矿物体积模型最具代表性(刘琼，2013；李松臣，2011；金力钻等，2015)。其主要思想是提出了有机骨架和无机骨架的概念。其中有机骨架主要是指干酪根，干酪根的含量一定程度上决定了生油生气能力；同时，大量的实验和生产实践经验也表明，残余油与干酪根的含量存在正相关关系，有机质孔隙度与干酪根也成正相关关系。无机骨架主要由碎屑岩和碳酸盐岩组成，X 射线衍射实验表明该区页岩储层含有多种矿物成分(图 2-7)；但从实验分析的结果看，该区页岩油储层段无机骨架主要矿物类型依次是石英、白云石、斜长石、铁白云石及方解石等，在未进行地层元素测井情况下，铁的含量不能得到，因此，针对该区岩性矿物含量计算主要是针对石英、白云石、长石、方解石、泥质及干酪根、孔隙度七类。

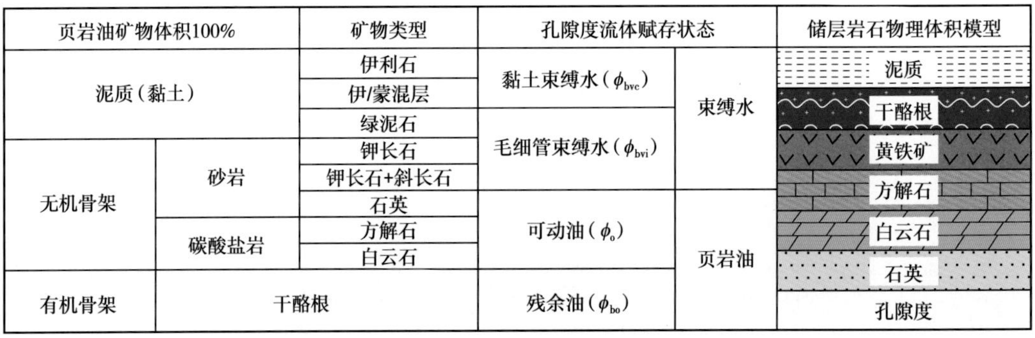

页岩油矿物体积100%		矿物类型	孔隙度流体赋存状态		储层岩石物理体积模型
泥质(黏土)		伊利石	黏土束缚水(ϕ_{bvc})	束缚水	泥质
		伊/蒙混层			干酪根
		绿泥石	毛细管束缚水(ϕ_{bvi})		黄铁矿
无机骨架	砂岩	钾长石			
		钾长石+斜长石			方解石
		石英	可动油(ϕ_o)	页岩油	白云石
	碳酸盐岩	方解石			
		白云石			石英
有机骨架	干酪根		残余油(ϕ_{bo})		孔隙度

图 2-7　页岩油测井岩石矿物含量体积模型

二、测井矿物含量反演模型

1. 基于（DEN）计算有机骨架

用密度计算干酪根的含量（目前采用川渝地区的经验公式）：

$$V_{\mathrm{TOC}}=\frac{\rho_{\log}G_{\mathrm{TOC}}}{\rho_{\mathrm{TOC}}+\left(\rho_{\log}-\rho_{\mathrm{TOC}}\right)G_{\mathrm{TOC}}} \tag{2-1}$$

$$V_{\mathrm{kero}}=\lambda\cdot V_{\mathrm{TOC}}=\frac{\rho_{\log}G_{\mathrm{TOC}}}{\rho_{\mathrm{TOC}}+\left(\rho_{\log}-\rho_{\mathrm{TOC}}\right)G_{\mathrm{TOC}}} \tag{2-2}$$

计算所需参数见表 2-2。

表 2-2　基于（DEN）计算有机骨架所需输入曲线

输入曲线	单位	含义	数据类型	值域	
DEN（ρ_{lg}）	g/cm^3	补偿密度测井值	Float	[1，3]	
U	mg/L	铀	Float	（0，300）	
输出曲线	单位	含义	数据类型	值域	
TOC	100 · g/g	总有机碳含量	Float	[0，20）	
参数名称	单位	含义	与 TOC 单调	定义域	默认值
tocmethod	none	TOC 计算方法	/	[0，2]	2
Whgt_U	none	U 计算 TOC 权系数	↑	[0.5，1.5]	1.2
Whgt_DEN	none	DEN 计算 TOC 权系数	↑	[0.5，1.5]	0.8

2. 三孔隙度曲线泥质与有机碳质骨架（干酪根）校正

（1）泥质含量的计算方法。

$$\mathrm{SH}=\frac{\mathrm{KTH}-\mathrm{KTH}_{\min}}{\mathrm{KTH}_{\max}-\mathrm{KTH}_{\min}}$$

$$V_{\mathrm{SH1}}=\frac{2^{\mathrm{GUC\cdot SH}}-1}{2^{\mathrm{GUC}}-1} \tag{2-3}$$

$$V_{\mathrm{SH2}}=\left(\frac{R_{\mathrm{SH}}}{R_{\mathrm{t}}}\right)^{b_{\mathrm{r}}} \tag{2-4}$$

$$V_{\mathrm{SH3}}=\left(\frac{\mathrm{C_{NL}}-\mathrm{CNL_{MTR}}}{\mathrm{CNL_{SH}}-\mathrm{CNL_{MTR}}}\right)^{b_{\mathrm{cnl}}} \tag{2-5}$$

$$V_{SH}=\begin{cases}V_{SH1}(\text{shmethod}=1)\\V_{SH2}(\text{shmethod}=2)\\V_{SH3}(\text{shmethod}=3)\end{cases} \tag{2-6}$$

计算所需参数见表 2-3。

表 2-3 泥质含量计算所需输入曲线

输入曲线	单位	含义	数据类型	值域	
KTH	API	无铀伽马	Float	[10500]	
R_t	Ω·m	原状地层电阻率	Float	[3500]	
CNL	P.U	补偿中子测井值	Float	[-5100]	
输出曲线	单位	含义	数据类型	值域	
V_{SH}	v/v	泥质含量	Float	[0，100)	
参数名称	单位	含义	与 Vsh 单调	定义域	默认值
shmethod	none	泥质含量计算方法	/	[1，3]	1
KTH_{max}	API	泥岩性层无铀伽马	↓	[10，150]	40
KTH_{min}	API	纯地层无铀伽马	↓	[100，400]	220
GUC	none	与地层相关的因素，老→新	↓	[2.0，3.7]	2.2
R_{sh}	Ω·m	泥质电阻率	↑	[5，25]	8
B_r	none	电阻率计算泥质含量经验参数	↑	[1，2.5]	1.8
CNL_{MTR}	P.U	纯地层中子测井值	↓	[0，15]	8
CNL_{SH}	P.U	纯泥岩层中子测井值	↓	[20，45]	30
b_{cnl}	none	补偿中子孔隙度计算泥质含经验参数	↓	[2，5]	3.5

（2）孔隙度曲线（AC\CNL\DEN\PE）校正。

$$\begin{aligned}AC_{CR}&=AC-AC_{SH}\cdot V_{SH}-\text{KeroCr}\cdot AC_{Kero}\cdot V_{Kero}+AAC\\DEN_{CR}&=DEN-DEN_{SH}\cdot V_{SH}-\text{KeroCr}\cdot DEN_{Kero}\cdot V_{Kero}+ADEN\\CNL_{CR}&=CNL-CNL_{SH}\cdot V_{SH}-\text{KeroCr}\cdot CNL_{Kero}\cdot V_{Kero}+ACNL\\PE_{CR}&=PE-PE_{SH}\cdot V_{SH}-\text{KeroCr}\cdot PE_{Kero}\cdot V_{Kero}+APE\end{aligned} \tag{2-7}$$

计算所需输入参数见表 2-4。

表 2-4 孔隙度曲线校正所需输入曲线

输入曲线	单位	含义	数据类型	值域	
AC	us/ft	补偿声波（声波时差）值	Float	[43.5，140]	
CNL	P.U	补偿中子测井值	Float	[-5，100]	
DEN	g/cm^3	补偿密度	Float	[1，4.9]	
PE	bar/eV	光电吸收截面	Float	[0，100]	
输出曲线	单位	含义	数据类型	值域	
AC_{CR}	μs/ft	声波时差经泥质干酪根校正后	Float	[43.5，100）	
CNL_{CR}	P.U	中子经泥质干酪根校正后	Float	[-5，60）	
DEN_{CR}	g/cm^3	密度经泥质干酪根校正后	Float	[1，2.87）	
PE_{CR}	bar/eV	光电吸收截面经泥质干酪根校正后	Float	[-20，100]	
参数名称	单位	含义	与 XCR 单调	定义域	默认值
KeroCr	none	是否进行干酪根校正：=0 否	↓	Boolean [0，1]	1
AC_{SH}	us/ft	纯泥岩层声波时差测井值	↓	[50，90]	75
CNL_{SH}	P.U	纯泥岩层中子测井值	↓	[20，45]	30
DEN_{SH}	g/cm^3	纯泥岩层密度测井值	↓	[2.45，2.65]	2.55
PE_{SH}	bar/eV	纯泥岩层光电吸收截面测井值	Float	[0，100]	12
AC_{kero}	us/ft	干酪根声波时差测井值	↓	[100，160]	140
CNL_{kero}	P.U	干酪根中子测井值	↓	[20，60]	45
DEN_{kero}	g/cm^3	干酪根密度测井值	↓	[1.2，2.0]	1.4
PE_{kero}	bar/eV	干酪根光电吸收截面测井值	Float	[0，100]	1.2
AAC	us/ft	声波时差附加校正量	Float	[-50，50]	0
ADEN	g/cm^3	密度附加校正量	Float	[-2，2]	0
ACNL	%	中子附加校正量	Float	[-20，20]	0
APE	bar/eV	光电吸收截面附加校正量	Float	[-10，10]	0

3. 无机骨架成分含量的计算

该区致密页岩油储层无机骨架包含成分主要是长石＋石英＋云母＋方解石＋白云石，其中石英＋白云石是占了无机骨架的65%~90%，所以先计算碳酸盐岩（按方解石骨架参数）和石英长石（按石英骨架参数）的体积含量。

采用最优化方法求碳酸盐（V_{CAR}）与长石石英（V_{QFM}）含量及地层孔隙度 ϕ。

在仅测了三孔隙度常规测井情形下，此时采用最优化方法求取碳酸盐岩（V_{CAR}）与长石石英（V_{QFM}）含量，再利用归一化求地层孔隙度 ϕ。

（1）响应方程：

$$\mathrm{AC}=\mathrm{AC}_{\mathrm{SH}}\cdot V_{\mathrm{SH}}+\mathrm{AC}_{\mathrm{Kero}}\cdot V_{\mathrm{Kero}}+\mathrm{AC}_{\mathrm{QFM}}\cdot V_{\mathrm{QFM}}+\mathrm{AC}_{\mathrm{CAR}}\cdot V_{\mathrm{CAR}}+\mathrm{AAC}$$

$$\mathrm{DEN}=\mathrm{DEN}_{\mathrm{SH}}\cdot V_{\mathrm{SH}}+\mathrm{DEN}_{\mathrm{Kero}}\cdot V_{\mathrm{Kero}}+\mathrm{DEN}_{\mathrm{QFM}}\cdot V_{\mathrm{QFM}}+\mathrm{DEN}_{\mathrm{CAR}}\cdot V_{\mathrm{CAR}}+\mathrm{ADEN}$$

$$\mathrm{CNL}=\mathrm{CNL}_{\mathrm{SH}}\cdot V_{\mathrm{SH}}+\mathrm{CNL}_{\mathrm{Kero}}\cdot V_{\mathrm{Kero}}+\mathrm{CNL}_{\mathrm{QFM}}\cdot V_{\mathrm{QFM}}+\mathrm{CNL}_{\mathrm{CAR}}\cdot V_{\mathrm{CAR}}+\mathrm{ACNL}$$

$$\mathrm{PE}=\mathrm{PE}_{\mathrm{SH}}\cdot V_{\mathrm{SH}}+\mathrm{PE}_{\mathrm{Kero}}\cdot V_{\mathrm{Kero}}+\mathrm{PE}_{\mathrm{QFM}}\cdot V_{\mathrm{QFM}}+\mathrm{PE}_{\mathrm{CAR}}\cdot V_{\mathrm{CAR}}+\mathrm{APE} \tag{2-8}$$

（2）矩阵形式：

$$\begin{pmatrix} A_{11} & A_{12} \\ A_{21} & A_{22} \\ A_{31} & A_{32} \\ A_{41} & A_{42} \end{pmatrix}\cdot\begin{pmatrix} V_{\mathrm{QFM}} \\ V_{\mathrm{CAR}} \end{pmatrix}=\begin{pmatrix} B_1 \\ B_2 \\ B_3 \\ B_4 \end{pmatrix} \tag{2-9}$$

$$A_{11}=\left(\mathrm{AC}_{\mathrm{QFM}}-\mathrm{AC}_{\mathrm{W}}\right)\cdot \mathrm{F\_W\_AC},A_{12}=\left(\mathrm{AC}_{\mathrm{CAR}}-\mathrm{AC}_{\mathrm{W}}\right)\cdot \mathrm{F\_W\_AC}$$

$$A_{21}=\left(\mathrm{DEN}_{\mathrm{QFM}}-\mathrm{DEN}_{\mathrm{W}}\right)\cdot \mathrm{F\_W\_DEN},A_{22}=\left(\mathrm{DEN}_{\mathrm{CAR}}-\mathrm{DEN}_{\mathrm{W}}\right)\cdot \mathrm{F\_W\_DEN}$$

$$A_{31}=\left(\mathrm{CNL}_{\mathrm{QFM}}-\mathrm{CNL}_{\mathrm{W}}\right)\cdot \mathrm{F\_W\_CNL},A_{32}=\left(\mathrm{CNL}_{\mathrm{CAR}}-\mathrm{CNL}_{\mathrm{W}}\right)\cdot \mathrm{F\_W\_CNL}$$

$$A_{41}=\left(\mathrm{CNL}_{\mathrm{QFM}}-\mathrm{CNL}_{\mathrm{W}}\right)\cdot \mathrm{F\_W\_CNL},A_{42}=\left(\mathrm{CNL}_{\mathrm{CAR}}-\mathrm{CNL}_{\mathrm{W}}\right)\cdot \mathrm{F\_W\_CNL}$$

$$B_1=\left(\mathrm{AC}-\mathrm{AC}_{\mathrm{SH}}\cdot V_{\mathrm{SH}}-\mathrm{AC}_{\mathrm{W}}\cdot\left(1-V_{\mathrm{SH}}\right)-\mathrm{KeroCr}\cdot\mathrm{AC}_{\mathrm{Kero}}\cdot V_{\mathrm{Kero}}+\mathrm{AAC}\right)\cdot \mathrm{F\_W\_AC}$$

$$B_2=\left(\mathrm{DEN}-\mathrm{DEN}_{\mathrm{SH}}\cdot V_{\mathrm{SH}}-\mathrm{DEN}_{\mathrm{W}}\cdot\left(1-V_{\mathrm{SH}}\right)-\mathrm{KeroCr}\cdot\mathrm{DEN}_{\mathrm{Kero}}\cdot V_{\mathrm{Kero}}+\mathrm{ADEN}\right)\cdot \mathrm{F\_W\_DEN}$$

$$\begin{aligned}B_3=&\left(\mathrm{CNL}-\mathrm{CNL}_{\mathrm{SH}}\cdot V_{\mathrm{SH}}-\mathrm{CNL}_{\mathrm{W}}\cdot\left(1-V_{\mathrm{SH}}\right)-\mathrm{KeroCr}\cdot\right.\\&\left.\mathrm{CNL}_{\mathrm{Kero}}\cdot V_{\mathrm{Kero}}+\mathrm{ACNL}\right)\cdot \mathrm{F\_W\_CNL}\end{aligned}$$

$$\begin{aligned}B_4=&\left(\mathrm{PE}-\mathrm{PE}_{\mathrm{SH}}\cdot V_{\mathrm{SH}}-\mathrm{PE}_{\mathrm{W}}\cdot\left(1-V_{\mathrm{SH}}\right)-\mathrm{KeroCr}\cdot\right.\\&\left.\mathrm{PE}_{\mathrm{Kero}}\cdot V_{\mathrm{Kero}}+\mathrm{APE}\right)\cdot \mathrm{F\_W\_PE}\end{aligned} \tag{2-10}$$

（3）约束条件：

等式约束：

$$V_{\mathrm{QFM}}+V_{\mathrm{CAR}}=1-V_{\mathrm{SH}}-V_{\mathrm{Kero}}-\phi \tag{2-11}$$

非负约束：

$$0<V_{\mathrm{QFM}},\ V_{\mathrm{CAR}}<1 \tag{2-12}$$

地质经验约束：

$$\begin{cases} V_{QFM_{min}} < V_{QFM} < V_{QFM_{max}} \\ V_{CAR_{min}} < V_{CAR} < V_{CAR_{max}} \end{cases} \quad (2-13)$$

$$\phi = 1 - V_{SH} - V_{Kero} - V_{QFM} - V_{CAR} \quad (2-14)$$

约束参数见表 2-5。

表 2-5　约束参数表

参数名称	参数列表别名	单位	含义	定义域	默认值
AC_{QFM}	AC3	μs/ft	石英声波骨架值	[50，60]	53
DEN_{QFM}	DEN3	g/cm^3	石英密度骨架值	[2.5，2.7]	2.65
CNL_{QFM}	CNL3	P.U	石英中子骨架值	[-5，0]	-2
PE_{QFM}	PE3	bar/eV	石英光电吸收截面骨架值	[0，100]	1.806
AC_{CAR}	AC5	μs/ft	碳酸盐或方解石声波骨架值	[50，60]	53
DEN_{CAR}	DEN5	g/cm^3	碳酸盐或方解石密度骨架值	[2.5，2.7]	2.65
CNL_{CAR}	CNL5	P.U	碳酸盐或方解石中子骨架值	[-5，0]	-2
PE_{CAR}	PE5	bar/eV	碳酸盐光电吸收截面骨架值	[0，100]	5.084
AC_{W}	ACWATER	μs/ft	地层水声波时差值	[180，200]	189
DEN_{W}	DENWATER	g/cm^3	地层水密度值	[0.95，1.2]	1
CNL_{W}	CNLWATER	P.U	地层水中子值	[90，100]	100
PE_{W}	PEWATER	bar/eV	地层水光电吸收截面值	[0，100]	0.35
$VQFM_{min}$	LMT_VQUAZ_X	v/v	石英（长石石英）最小含量	[0，0.8]	0.15
$VQFM_{max}$	LMT_VQUAZ_Y	v/v	石英（长石石英）最大含量	[0，0.9]	0.85
CAR_{min}	LMT_VCALC_X	v/v	碳酸盐或方解石最小含量	0	0
CAR_{max}	LMT_VCALC_Y	v/v	碳酸盐或方解石最大含量	[0，0.7]	0.5
PHI_{max}	LMT_POR_Y	v/v	孔隙度最大值	[0.1，0.25]	0.15
F_W_AC	F_W_AC	none	声波等式权系数	[0，1]	1
F_W_DEN:	F_W_DNE	none	密度等式权系数	[0，1]	1
F_W_CNL:	F_W_CNL	none	中子等式权系数	[0，1]	1
F_W_PE:	F_W_PE	none	光电吸收截面等式权系数	[0，1]	1
输出曲线	单位	数据类型	含义	值域	
V_{QFM}	v/v	Float	碳酸盐体积含量	[0，1]	
V_{CAR}	v/v	Float	长石石英含量	[0，1]	
ϕ	v/v	Float	常规孔隙度	[0，1]	

4. 将碳酸盐含量（VCAR）分配为方解石、白云石含量

只有密度测井高于灰岩骨架值时，方解石含量小于碳酸盐含量，其他情况下，计算得到的碳酸盐岩含量即全为方解石含量：

$$V_{\text{clc}} = V_{\text{CAR}} \cdot \frac{\max(0, \text{DEN}_{\text{dol}} - \text{DEN})}{\text{DEN}_{\text{dol}} - \text{DEN}_{\text{car}}} \tag{2-15}$$

$$V_{\text{dol}} = V_{\text{CAR}} \cdot (1 - V_{\text{clc}}) \tag{2-16}$$

计算时所需参数见表 2-6。

表 2-6　方解石、白云石计算时所需参数表

参数名称	参数列表别名	单位	含义	定义域	默认值
AC_{dol}	AC6	μs/ft	白云石声波骨架值	[43，47]	43.5
DEN_{dol}	DEN6	g/cm^3	白云石密度骨架值	[2.81，2.87]	2.87
CNL_{dol}	CNL6	P.U	白云石中子骨架值	[2，4]	2
输出曲线	单位	数据类型	含义	值域	
V_{dol}	v/v	Float	白云石体积含量	[0，0.15]	
V_{clc}	v/v	Float	方解石体积含量	[0，0.80]	

将长石石英（VQFM）含量分配为石英、（钾）长石含量：

$$k_{\text{s}} = \min\left[1, \frac{\max(0, K - K_{\text{mtx}})}{K_{\text{feld}} - K_{\text{quaz}}}\right] \tag{2-17}$$

$$V_{\text{feld}} = V_{\text{QFM}}\left(2^{k_{\text{s}}} - 1\right) \tag{2-18}$$

$$V_{\text{quaz}} = V_{\text{QFM}}\left(2 - 2^{k_{\text{sh}}}\right) \tag{2-19}$$

计算时所需参数见表 2-7。

表 2-7　石英、（钾）长石含量计算时所需参数表

输入曲线	单位	含义	数据类型	值域
K	μg/g	自然伽马能谱 K 含量	Float	[0，10]
输出曲线	单位	含义	数据类型	值域
V_{FELD}	v/v	长石含量	Float	[0，40]

续表

输入曲线	单位	含义	数据类型	值域	
V_{QUAZ}	v/v	石英含量	Float	[0，85]	
参数名称	单位	含义	与 V_{feld} 单调	定义域	默认值
K_{mtx}	μg/g	无机骨架钾测井值	↓	[1.5，4.5]	2.5
K_{feld}	μg/g	钾长石钾测井值	↓	[6，15]	10
K_{quaz}	μg/g	石英钾测井值	↓	[0.5，8]	1

5. 不同岩石矿物骨架值

页岩岩性体积含量模型反演过程中，必须先确定好骨架值才能顺利完成求解。根据川渝地区页岩气处理解释经验，确定典型岩性骨架值见表 2-8。

表 2-8 页岩气储层岩性体积含量反演模型骨架值参考表

地层矿物	GR（API）	DEN（g/cm^3）	CNL（P.U.）	视石灰岩孔隙度差值	声波时差（μs/ft）	LLD（Ω·m）
伊利石	130~235	2.60~2.80	~30	23.57~35.26		特低
蒙脱石	150~200	2.06~2.25	~45	6.99~18.10	77	特低
绿泥石	180~250	2.65~3.30	~50	46.49~84.50		特低
白云石	＜10	2.87	0.5	9.86	49	高
方解石	~10	2.71	0	0	53	高
石英	＜5	2.65	-2	-5.51	55.5	高
钠长石	10~50	2.60~2.64	~-1.3	-7.73~-5.39	55.5	高
钾长石	73.5~220	2.54~2.59	~-1.0	-10.94~-8.02	60	高
干酪根	＞200	1.25~1.40	75	-10.00~-1.00	150	特高

6. 岩性、电性特征

（1）泥页岩：高声波、高中子孔隙度、低密度。

（2）碳质泥岩：高声波、高中子孔隙度、高电阻率。

（3）粉砂岩：中低电阻率，三孔隙度曲线与电阻率曲线呈“盒状”。

（4）砂屑白云岩：低声波、低中子孔隙度、高密度、高电阻率（图 2-8）。

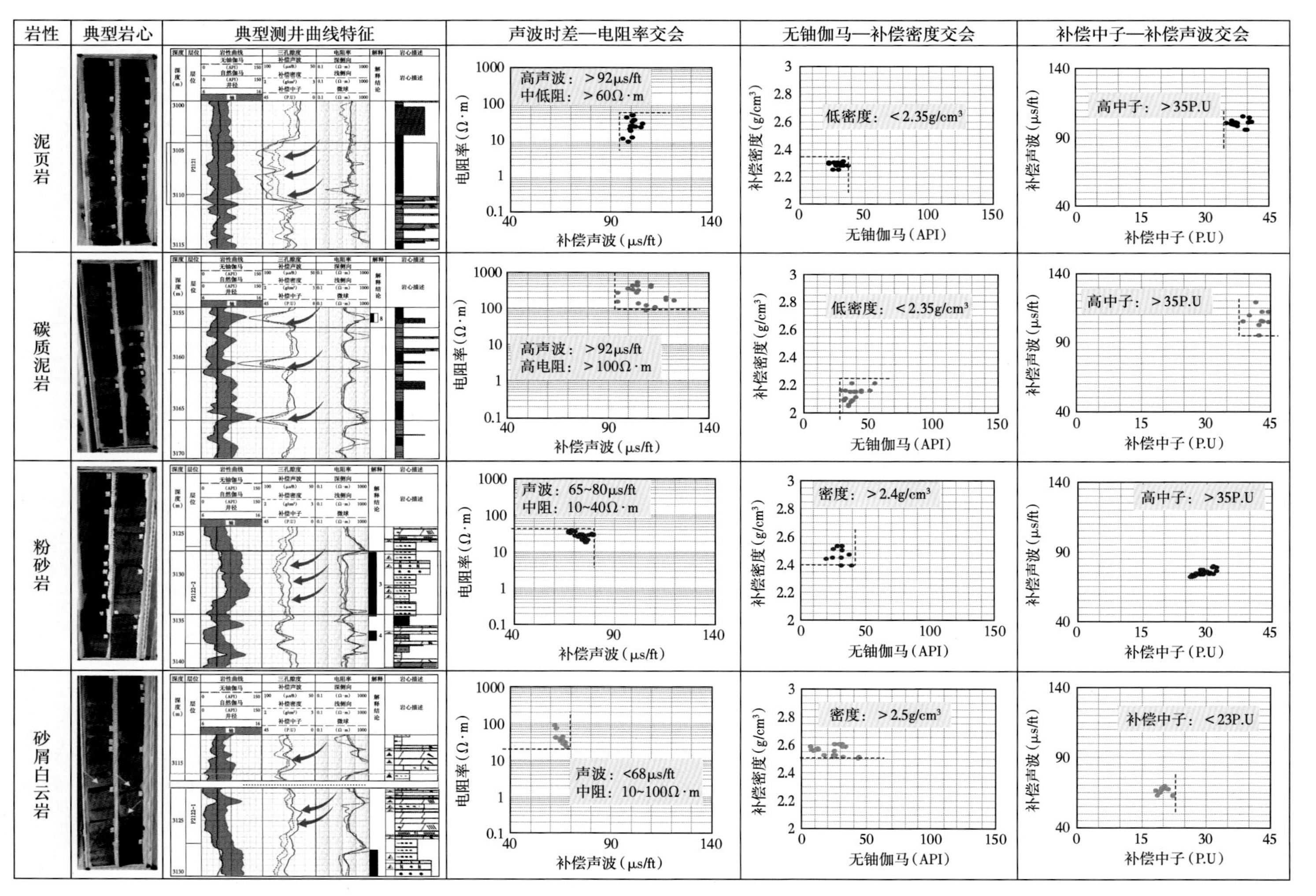

图2-8 页岩油岩性电性特征分析图版

第三节　研究实例分析

一、吉 174 井

对吉 174 井全井段进行了矿物体积含量计算并与岩心分析数据对比（图 2-9），对吉 174 井全井段进行了矿物体积含量计算，计算表明：泥质含量较低，一般在 12% 以内（第 6 道曲线），碳酸盐岩（第 7 道曲线）含量分布范围在 10%~60% 之间，石英长石含量（第 8 道曲线）在 20%~55% 之间；从图 2-9 中可以看出测井计算连续变化的矿物体积含量基本上随深度点沿 X 射线衍射矿物体积含量包络线变化，一致性较好。

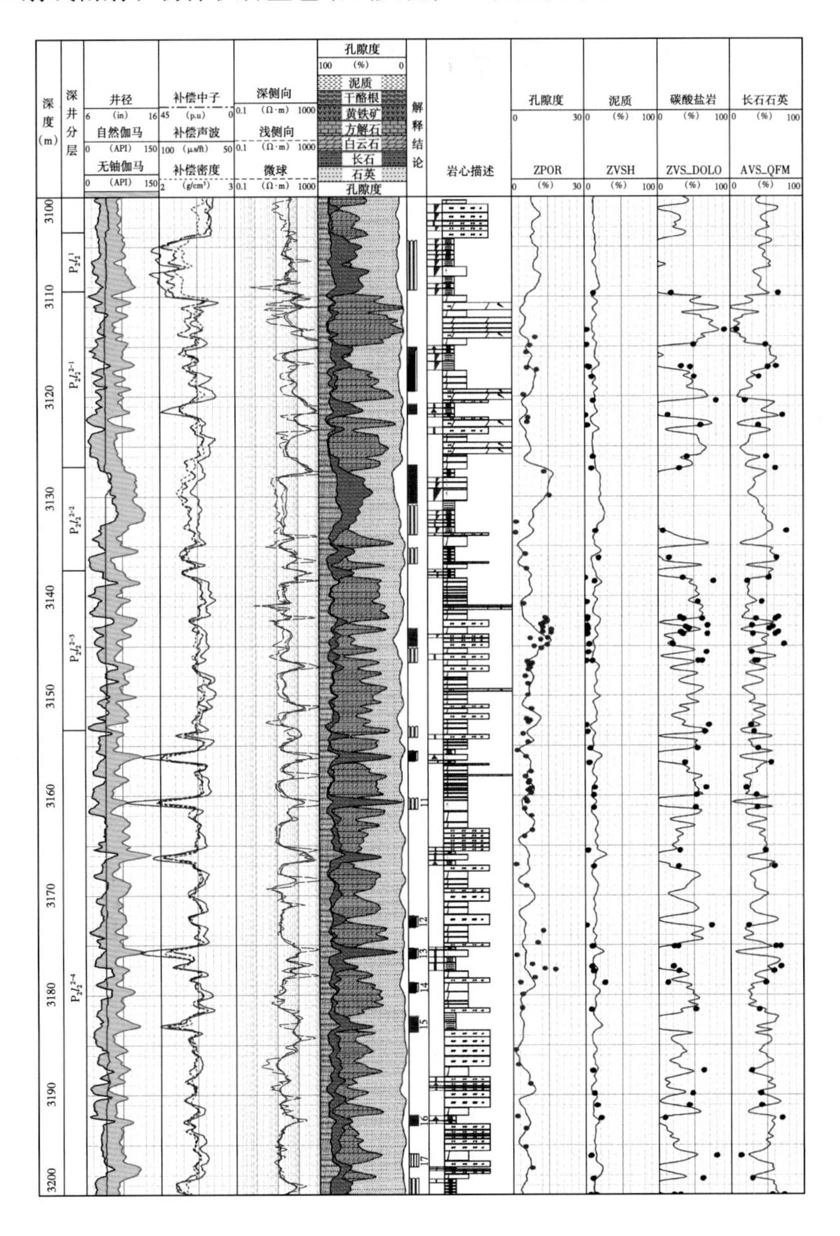

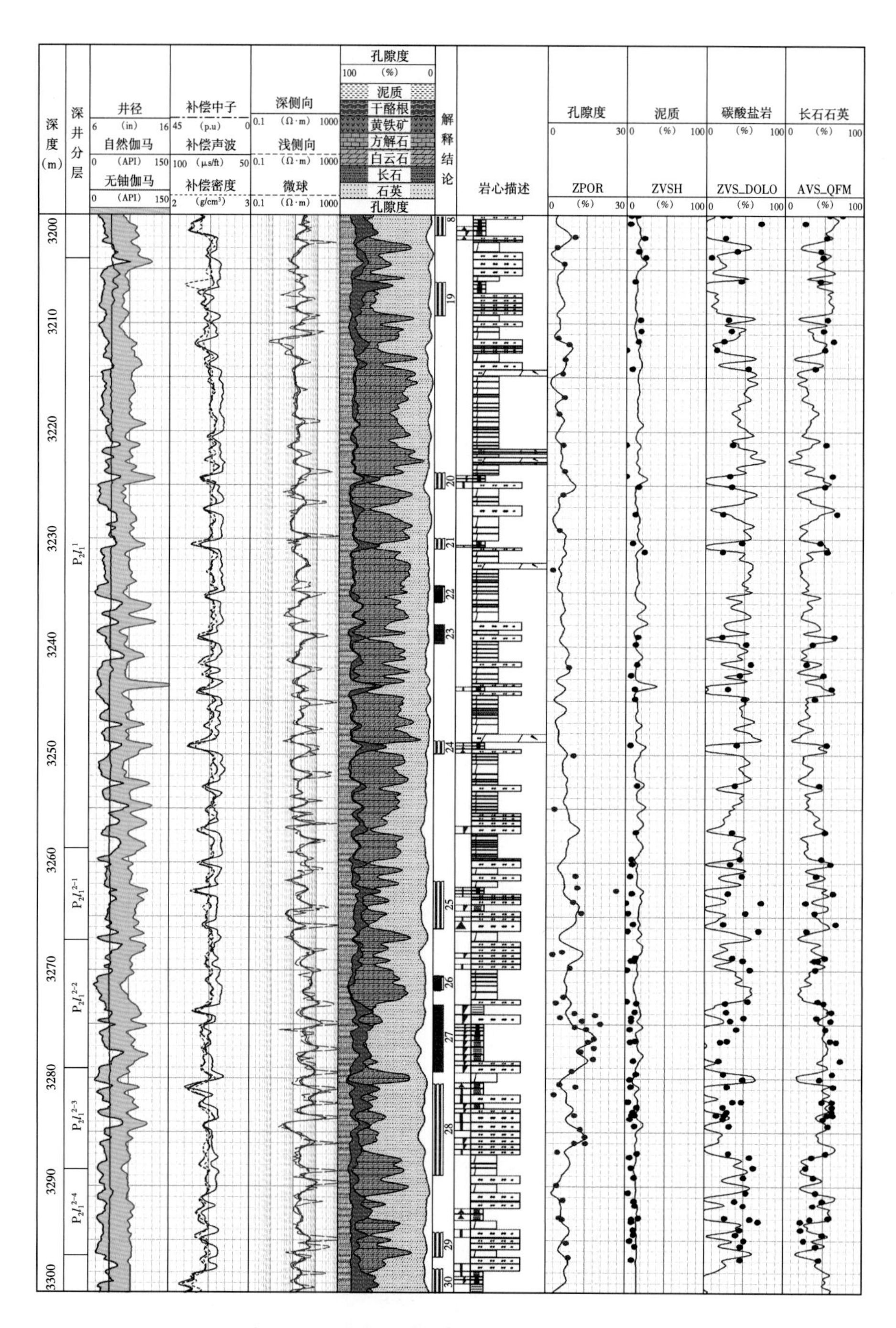

图 2-9 吉 174 井页岩油矿物体积含量计算与岩心分析对比

二、J10013 井

图 2-10 显示，J10013 井密度、电阻率深度移动，岩心深度下移 0.6m，其中泥质、长石石英含量计算效果较好；但由于分析方解石、白云石含量较低，故效果不明显。

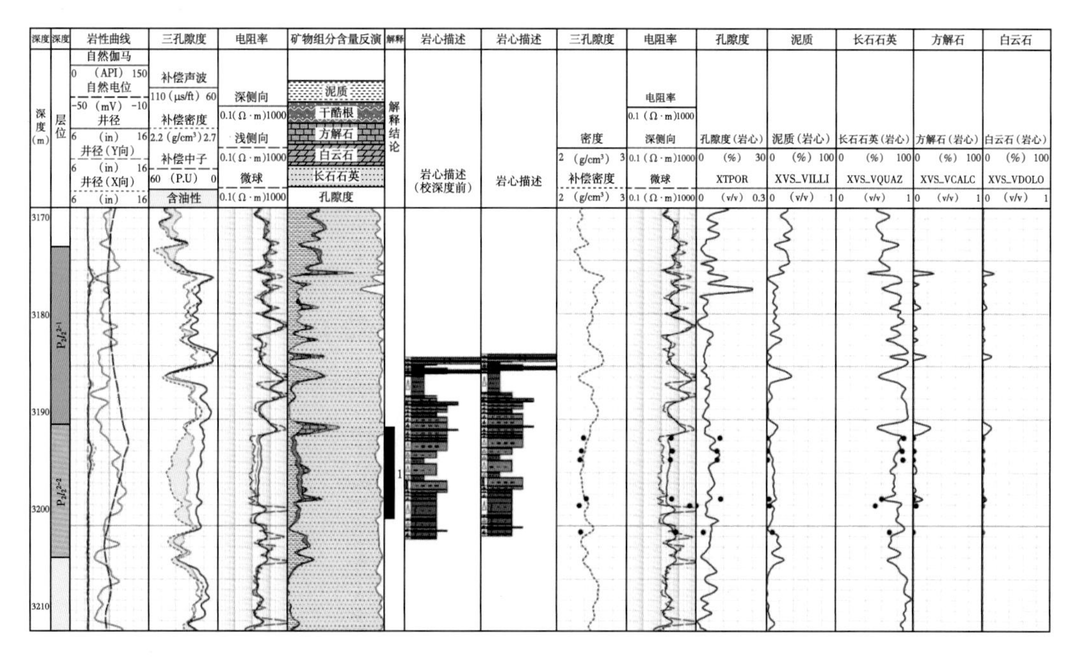

图 2-10 J10013 井页岩油矿物体积含量计算与岩心分析对比

三、J10022 井

图 2-11 显示，J10022 井密度、电阻率深度移动，岩心深度下移 0.3m，泥质、长石石英含量计算效果较好；方解石含量测井计算与岩心匹配较好，白云石含量较岩心偏低。

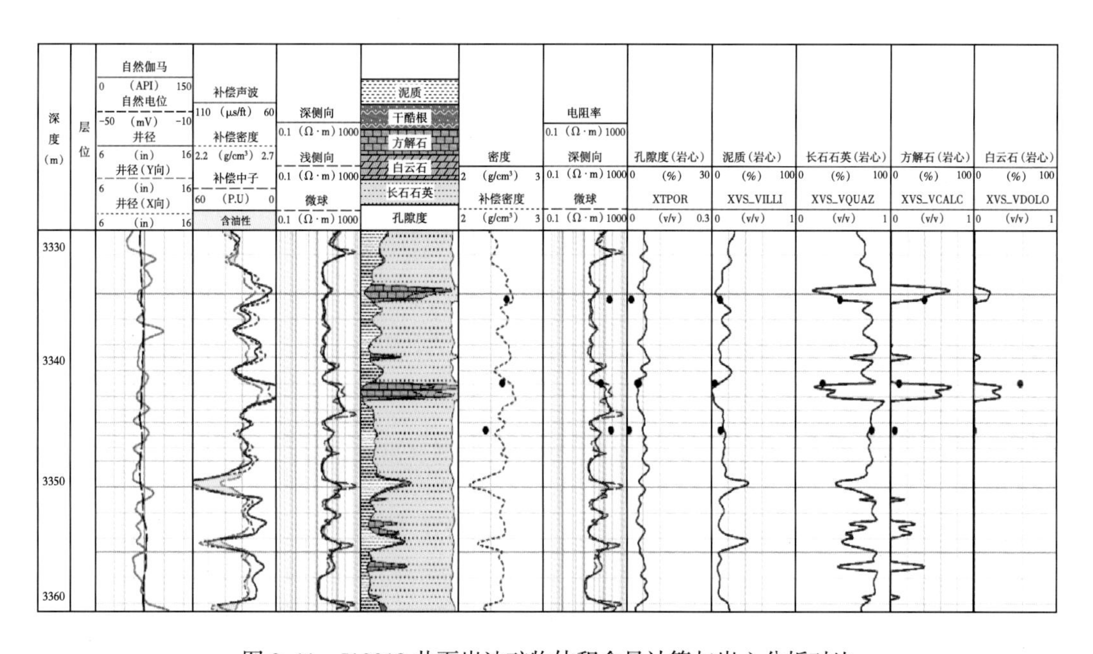

图 2-11 J10012 井页岩油矿物体积含量计算与岩心分析对比

四、J10014 井

图 2-12 显示，J10014 井密度、电阻率深度移动，岩心深度下移 0.2m，泥质、长石石英含量计、孔隙度计算算效果较好；但由于分析方解石、白云石含量较低，故效果不明显。

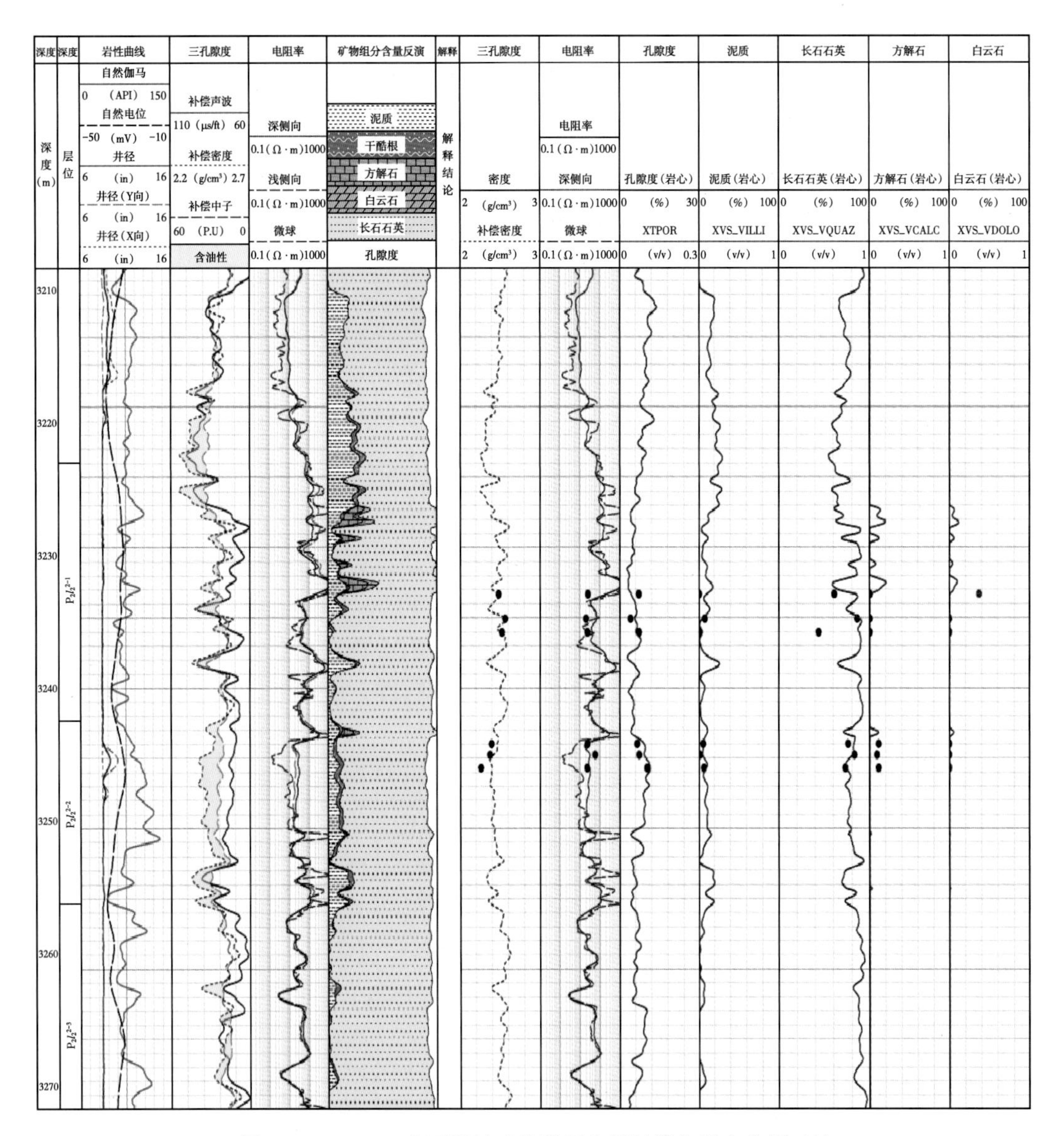

图 2-12　J10014 井页岩油矿物体积含量计算与岩心分析对比

五、岩石矿物体积含量反演与岩心分析误差定量分析

通过岩石矿物体积含量反演与岩心分析误差定量分析表（表 2-9），得出以下结论：

（1）孔隙度相关系数一般在 0.7 以上，绝对误差一般在 1.5 个孔隙度单位以内；

（2）泥质相关系数一般在 0.75 以上，绝对误差一般在 5% 以内；

（3）长石石英含量计算相关系数一般在 0.8 以上，误差一般在 5% 以内。

表 2-9 岩石矿物体积含量反演与岩心分析误差定量分析

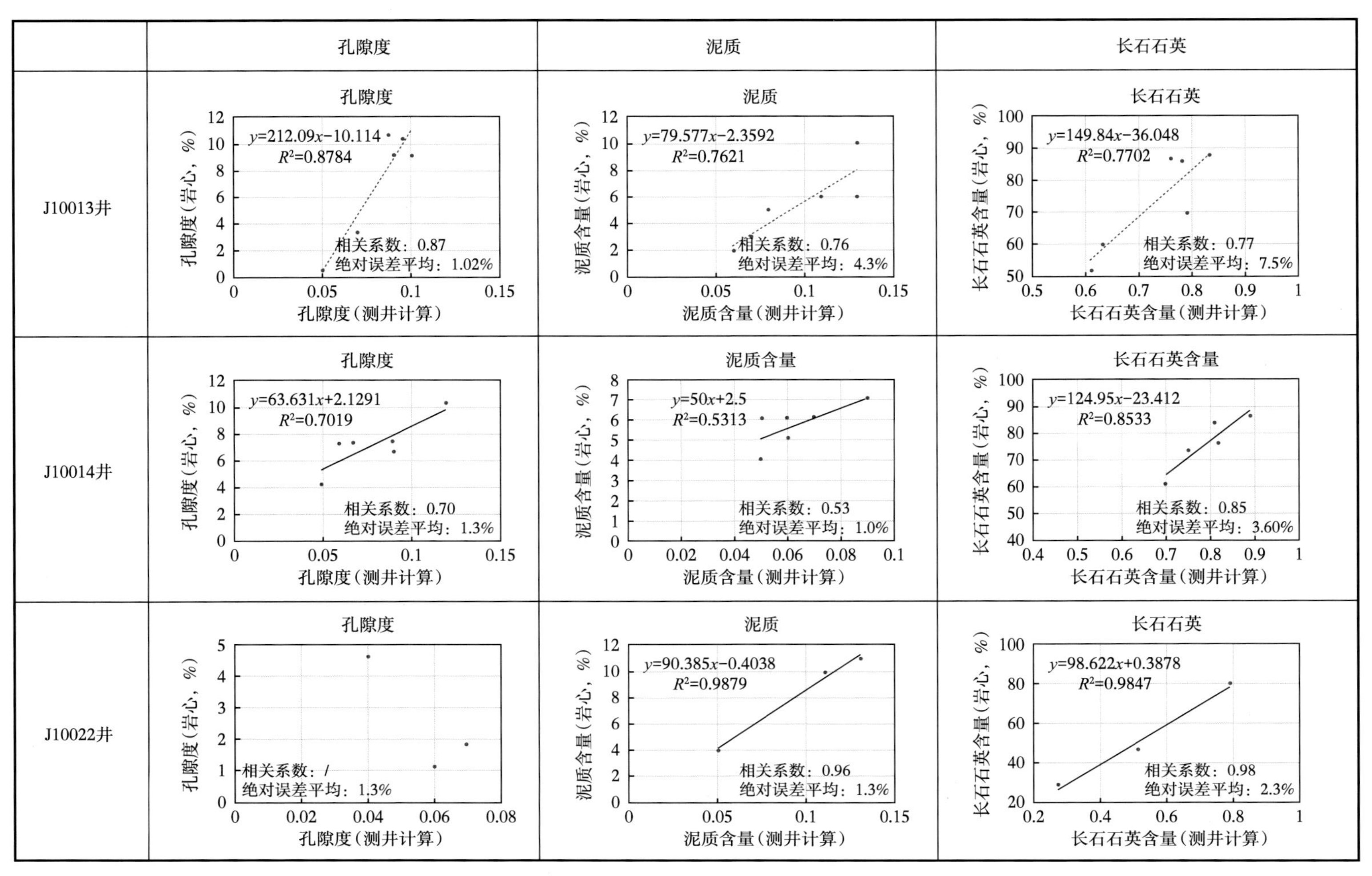

第三章　页岩油“甜点”生烃潜力及原油地球化学特征评价技术

第一节　烃源岩评价

烃源岩的定义是已经生成或具有生成油气潜力的细粒岩石。这既包括泥岩、页岩，又包括碳酸盐岩；既包括油源岩，又包括气源岩。页岩油作为源储一体的非常规油气，烃源岩品质的好坏将直接影响页岩油资源潜力的大小。因此烃源岩评价对于页岩油的勘探开发起着至关重要的作用。目前主要从有机质丰度、有机质类型和热成熟度三方面对烃源岩进行评价。

一、岩石热解实验

20 世纪 70 年代，法国石油研究院 Tissot 等成功地制造了第一台 Rock-eval 仪器。该仪器在 20 世纪 80 年代初期主要用于快速评价生油岩的有机质丰度、有机质类型和成熟度，在油气资源早期评价中起到重要作用。20 世纪 80 年代中后期，该仪器应用于储集岩的含油气性的识别，并取得了良好的效果（Peters et al.，2005；Dewers et al.，2014）。目前岩石热解技术已广泛应用于石油勘探开发，在评价生油岩生烃潜力和储集岩含油性方面具有快速、经济和有效的特点。

1. 岩石热解原理及分析流程

岩石热解实验主要用于定量检测岩石中的含烃量。其原理是在特殊的裂解炉中，对分析样品进行程序升温，使样品中的烃类和干酪根在不同温度下挥发和裂解，然后通过载气的吹洗，使样品中挥发和裂解的烃类气体与样品残渣实现定性的物理分离，分离出来的烃类气体由氢火焰离子化检测器（FID）进行检测；样品残渣则先后进入氧化炉、催化炉进行氧化、催化后送入 FID 检测器进行检测，从而检测岩石样品中的烃类含量，达到评价生油岩和储油岩的目的。

分析流程：将岩石（或干酪根）样品置于仪器的热解炉中，以一定的升温速率（如 20℃/min）将样品从室温加热到 550℃（或 600℃），可以得到图 3-1 所示的 P_1 峰、P_2 峰、P_3 峰（或 S_1、S_2、S_3）。其中，S_1 为游离烃，单位为 mg/g（烃 / 岩石），为升温过程中 300℃ 以前热蒸发出来的、已经存在于烃源岩（岩石）中的烃类产物；S_2 为裂解烃，单位为 mg/g（烃 / 岩石），300℃ 以后的受热过程有机质裂解出来的烃类产物，反映干酪根的剩余生烃潜力，对应储层 300℃ 条件下难以挥发的重烃馏分和 N、S、O 化合物的裂解产物；S_3 为有机质热解过程中 CO_2 的含量，单位为 mg/g（CO_2/ 岩石），反映了有机质含氧量的多少；T_{max} 为最大热解峰温，单位为 ℃，为热解产烃速率最高时的温度，对应着 S_2 峰的峰温。

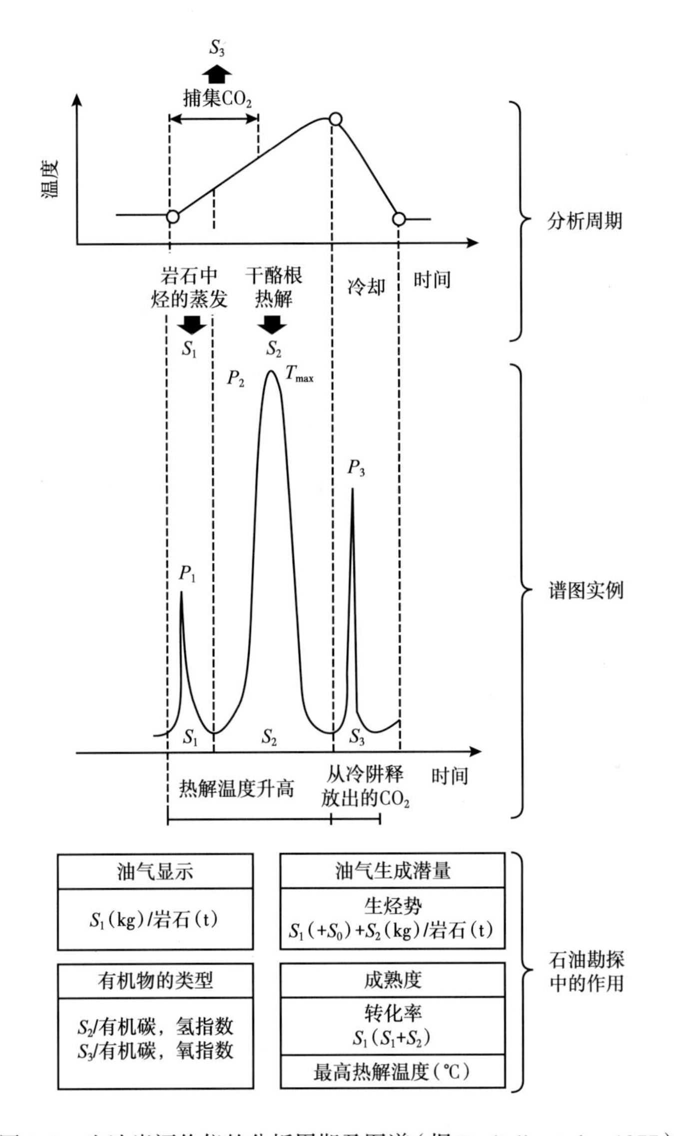

图 3-1 生油岩评价仪的分析周期及图谱（据 Espitalie et al.，1977）

2. 岩石热解相关参数

通过岩石热解实验数据计算后可得以下参数：

（1）总有机碳含量 TOC（%）=0.83（$S_0+S_1+S_2+S_4$）。

（2）氢指数 IH=（S_2/TOC）×100，单位为 mg/g（烃/TOC）。

（3）烃指数 IHC=（S_0+S_1）×100/TOC，单位为 mg/g（烃/TOC）。

（4）有效碳 CP（%）=（$S_0+S_1+S_2$）×0.083。

（5）降解潜力 D（%）=（CP/TOC）×100。

（6）生烃潜力 PG=$S_0+S_1+S_2$，单位为 mg/g（烃/岩石）。对储层样品，反映的则是含油率，代表含油气丰度，可用于识别油气层。

（7）气产率指数 GPI $=S_0/(S_0+S_1+S_2)$。

（8）油产率指数 OPI $=S_1/(S_0+S_1+S_2)$。

（9）油气总产率指数 TPI $=(S_0+S_1)/(S_0+S_1+S_2)$，也可称为油质系数，可用于判别原油性质。

（10）氧指数 IO$=S_3$/TOC×100，单位为 mg/g（CO_2/TOC）。

二、有机质丰度

有机质丰度是指单位质量岩石中有机质的数量，它指示了岩石的生烃能力，是评价烃源岩的重要指标之一。一般来说，岩石中有机质丰度越高，岩石的生烃能力越好（曹怀任，2017）。通过岩石热解分析（Rock-Eval）和族组分分离实验，获得总有机碳含量（TOC）、氯仿沥青“A”、总烃（HC）、生烃潜量（S_1+S_2）等参数都可以作为评价有机质丰度的指标。有机碳指的是岩石有机质中存在的碳，不仅包括干酪根中的碳，还包括可溶性有机质中的碳。氯仿沥青“A”是指不经酸处理通过氯萃取岩石而获得的有机质含量。总烃是指氯仿沥青“A”中饱和烃与芳香烃含量之和。生烃潜量代表岩石的热解参数，指岩石中已产生但未排除的残留烃（S_1）和未转化的裂解烃（S_2）的总和。

根据陆相烃源岩有机质丰度评价标准（表 3-1），非生油岩是指 TOC 小于 0.4%，差生油岩是指 TOC 含量在 0.4%~0.6% 之间或生烃潜量（S_1+S_2）小于 2mg/g，中等生油岩是指 TOC 在 0.6%~1.0% 之间或生烃潜量在 2~6mg/g 之间，好烃源岩是指 TOC 在 1.0%~2.0% 之间或生烃潜量在 6~20mg/g 之间，最好烃源岩是指 TOC 含量大于 2.0% 或生烃潜量大于 20mg/g（曾花森等，2010）。有经济开采价值的页岩油远景区带的页岩必须富含有机质，最低 TOC 含量一般要求大于 2.0%。

表 3-1　陆相烃源岩有机质丰度评价标准（SY/T 3735—1995）

指标	非生油岩	生油岩			
		差	中等	好	很好
TOC（%）	＜0.4	0.4~0.6	0.6~1.0	1.0~2.0	＞2.0
氯仿沥青“A”	＜0.01	0.01~0.06	0.06~0.12	0.12~0.2	＞0.2
HC（$\times10^{-6}$）	＜100	100~200	200~500	500~1000	＞1000
（S_1+S_2）（mg/g）	＜0.5	0.5~2.0	2~6	6~20	＞20

三、有机质类型

有机质的不同来源和不同组成的对生烃潜力也有一定的影响，因此，不仅要评价有机质丰度，还要对有机质的类型进行分析和总结。有机质（干酪根）的类型一般划分为三种类型：腐泥型（Ⅰ型）、腐植型（Ⅱ型）和腐煤型（Ⅲ型）。有机质作为衡量有机质生烃能力的重要参数，意味着成烃的物质基础是具有一定数量的有机质，而生烃量的大小及生成烃类的性质和组成也会受到有机质质量的影响。一般来说，Ⅰ型干酪根和Ⅱ型干酪根主要产油，而Ⅲ型干酪根主要生气（陈云华，2008）。常用的鉴别有机质类型的方法有3种：依据岩石热解参数划分有机质类型、依据干酪根显微组分鉴别有机质类型、依据干酪根的元素组成判识有机质类型。

1. 岩石热解分析

应用氢指数（HI）与岩石最大热解峰温（T_{max}）之间的关系图版判识有机质类型（图3-2）。

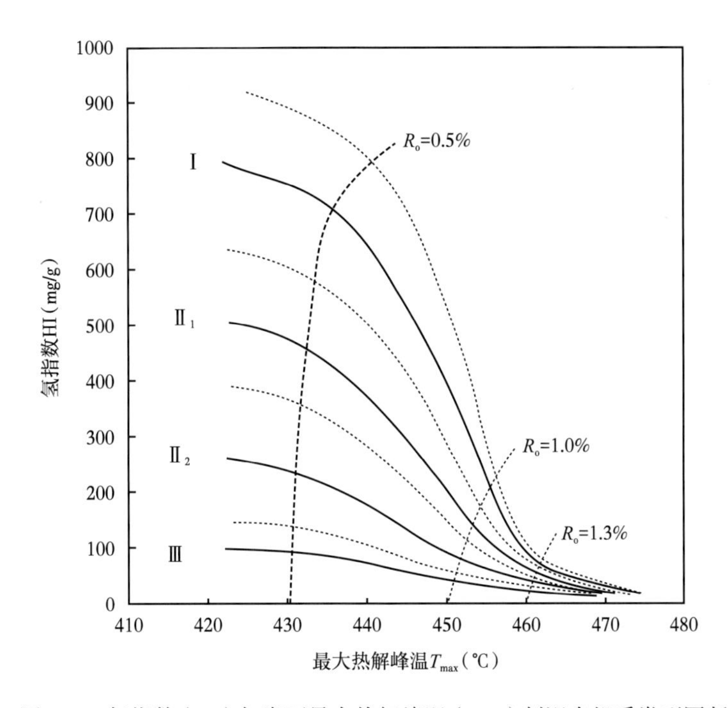

图3-2 氢指数（HI）与岩石最大热解峰温（T_{max}）判识有机质类型图版

2. 干酪根显微组分分析

通过显微观察，可以确定干酪根中不同显微组分的含量，据此可以确定干酪根的类型，一般采用T指数法计算：

$$T=(100A+50B-75C-100D)/100 \tag{3-1}$$

式中 A、B、C、D——分别为腐泥组、壳质组、镜质组和惰质组的含量。

根据T指数的大小来区分干酪根的类型。$T>80$属于Ⅰ型干酪根，$40<T<80$属Ⅱ$_1$型，$0<T<40$属Ⅱ$_2$型，$T<0$属于Ⅲ型。

3. 干酪根元素分析

干酪根元素主要由C、H、O和少量的S、N五种元素组成，来源不同的有机质干酪根元素组成也有所不同，来源于水生生物的干酪根富含类脂组，氢含量相对较高，氧含量相对较低，因此干酪根有机元素可用于确定干酪根类型（靳源，2017）。比较常见的是通过H/C和O/C范式图来判定干酪根类型（图3-3）。

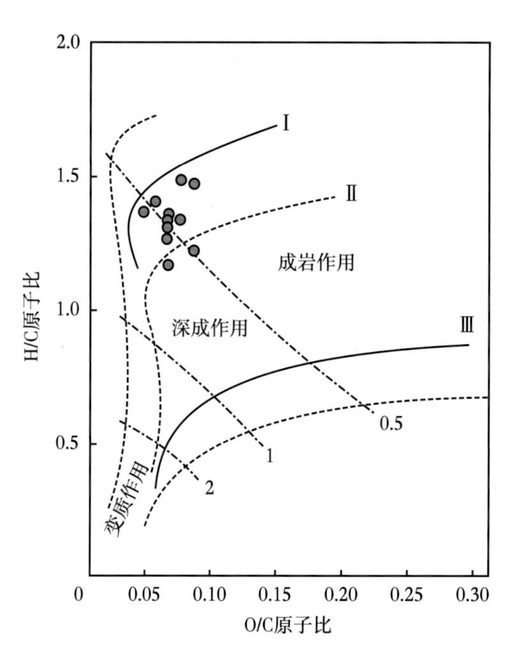

图 3-3　烃源岩元素组成图

四、有机质成熟度

有机质的成熟度作为评价烃源岩的一个非常重要的指标，是从有机质到油气的热演化程度的参数，只有当有机质达到了一定的生烃门限才会开始成熟并且大量生烃，且热演化阶段也会限制油气的富集程度（唐友军等，2006；王浩力，2019）。

现今用来评价有机质的成熟度的最广泛应用且有效的指标是镜质组反射率（R_o），因其随热演化程度的升高而逐步增大，具有相对稳定的可比性。当 $R_o < 0.5\%$ 时，意味着烃源岩处于未成熟阶段，当 $0.5\% < R_o < 0.7\%$ 时，意味着烃源岩处于低成熟阶段，当 $0.6\% < R_o < 1.3\%$ 时，意味着烃源岩处于成熟阶段，为油气主要富集区开始大量生烃，当 $1.3\% < R_o < 2.0\%$ 时，意味着烃源岩处于高成熟阶段，会产生大量的高成熟凝析气和湿气，当 $R_o > 2.0\%$ 时，意味着烃源岩处于过成熟阶段，只产甲烷气体。

干酪根热解最高峰值温度 T_{max} 也是研究烃源岩有机质成熟度的指标之一。温度及生成的烃类总量和产率指数会随着岩石埋藏深度的增加而不断增加。由于热稳定性较小的物质在温度较低时已经裂解，进而将热稳定性较高的干酪根残留下来，使 T_{max} 不断向高温方向移动，T_{max} 随深度变化并出现较明显的拐点，因此利用岩石热解峰顶温度有助于划分有机质演化阶段（王剑等，2020）。

第二节　同位素地球化学

近年来，同位素地球化学快速发展，极大地丰富了地球化学的研究手段与内容。其中，$\delta^{13}C$、δD、$\delta^{18}O$、$\delta^{15}N$、$\delta^{34}S$、$^{87}Sr/^{86}Sr$ 等同位素在古气候、古海洋、古环境及成岩作用等研究方面应用广泛，也是地层划分和对比的常用手段。另一方面，各种传统同位素或非传统同位素研究方兴未艾，具有广阔的开发及应用前景。其中，$\delta^{98}Mo$、$\delta^{56}Fe$、$\delta^{53}Cr$、$^{238}U/^{235}U$、$\delta^{142}Ce$、$\varepsilon^{205}Tl$、$\delta^{82}Se$ 等同位素可用于示踪海洋氧化还原状态，$^{87}Sr/^{86}Sr$、$^{143}Nd/^{144}Nd$、$\delta^{26}Mg$、$\delta^{44}Ca$、$\delta^{7}Li$、$\delta^{53}Cr$、$\delta^{60}Ni$、$^{187}Os/^{188}Os$、$^{206}Pb/^{207}Pb$ 等同位素可用于评估陆地风化作用（如风化程度、类型和陆源输入通量等），$\delta^{15}N$、$\delta^{82}Se$、$\delta^{66}Zn$ 等同位素可用于指示海洋生物生产力变化。此外，上述以及其他同位素（如 $\delta^{30}Si$、$^{88}Sr/^{86}Sr$、$\delta^{137}Ba$、$\delta^{202}Hg$，$\Delta^{199}Hg$、$\delta^{114}Cd$、$\delta^{74}Ge$、^{3}He）的元素循环过程，以及对特征地质过程的识别，也是目前沉积地球化学的重要研究内容与方法。值得注意的是，近年来，$\delta^{18}O$ 可作为古高度计或温度计，Δ^{47}（团簇同位素）可约束流体温度，$\Delta^{33}S$ 可约束早期大气组分特征，$\delta^{11}B$ 可约束水体 pH 值和大气中的 p_{CO_2} 值，具有特殊的应用效力和广阔的发展前景。此外，^{14}C、U−Pb、U−Th、Re−Os、$^{40}Ar/^{39}Ar$、K−Ar 等同位素可对不同材料进行不同时间尺度和精度的年代学分析，是约束沉积地层年代的关键方法。同时，（U−Th）/He、Sm−Nd、Rb−Sr 等同位素可用于约束成岩作用阶段的构造—流体事件及年代，得到一定的应用。此外，碎屑锆石 U−Pb、碎屑磷灰石 Sm−Nd 同位素也是物源分析的重要手段。

第三节 生物标志化合物

生物标志化合物是有机地球化学研究的核心内容，也是示踪沉积岩（物）的生物来源及沉积环境的重要手段。在生物来源研究方面，正构烷烃广泛分布于各种生物体，是最为常见的生物标志物。例如，n−C_{15}、n−C_{17}、n−C_{19} 正构烷烃的选择性富集可反映菌藻类的优势贡献，长链正构烷烃可指示陆源高等植物的输入。同时，蓝细菌的中链甲基烷烃和 2β− 甲基藿烷，绿藻—从粒藻的丛粒藻烷，绿硫细菌的 2，3，6− 三甲基芳基类异戊二烯烷和异海绵烯（*Isorenieratene*），紫硫细菌的 2− 烷基 −1，3，4− 三甲基苯（*Okenane*），沟鞭藻类的 4− 甲基甾烷，嗜甲烷细菌的 3β− 甲基藿烷，海绵动物的 24− 异丙基 − 胆甾烷等，均是各自的特征生物标志物，在研究实践中得到了广泛应用。此外，细菌的 2，6，11，15− 四甲基十六烷（*Crocetane*）、C_{35} 17α、21β（H）藿烷，藻类的 C_{19}—C_{39} 三环萜类、C_{27}—C_{29} 规则甾烷及 C_{30} 24− 正丙基—胆甾烷，古细菌的角鲨烷，高等植物的长链正构烷烃、杜松烷 / 双杜松烷及 18α− 奥利烷等，也常用于指示特定的生物类型。在沉积环境研究方面，长链烯酮类化合物（UK37）甘油二烷基甘油四醚类化合物（GDGTs）及 TEX86 等可对沉积水体温度进行约束；2− 甲基二十二烷、丛粒藻烷、孕甾烷、升孕甾烷、4− 甲基甾烷、伽马蜡烷等化合物则可对沉积水体盐度进行约束；植烷 / 鲢姣烷及厌氧细菌（如绿硫细菌、紫硫细菌、嗜甲烷细菌）生物标志物可指示水体氧化还原状态；这些有机化合物在沉积学研究中得到了广泛的关注与应用。

第四节 元素地球化学

元素地球化学是地球化学的重要支柱学科之一，一般来说包括常量元素地球化学、微量元素地球化学和稀土元素地球化学。随着同位素地球化学的深入研究，学者们提出了微量元素示踪原理，并据此开始运用元素地球化学特征来追踪地球的演化过程，包括复杂的岩浆作用、沉积作用及变质作用等地质作用及各种地质过程，这一时期元素地球化学理论在固体矿产勘探及评价方面应用极其广泛。

近几十年来，元素地球化学方法逐渐开始应用于石油勘探开发，沉积岩成岩过程中其所含元素的迁移、聚集与分布规律可用来判断、恢复沉积古环境。页岩沉积的主要机理是絮凝作用。絮凝作用与水介质的化学、生物化学作用密切相关，因此某些用来判别砂、砾岩沉积环境的物性标志对泥质岩来说成因意义不明显，无机地球化学标志却在泥质岩成因类型分析中有重要作用。元素的迁移富集规律主要取决于元素本身的物理化学性质但又受地质环境的影响。沉积盆地具有基本的地球化学环境，对元素分布起控制作用，且表现出元素分布的规律性。因此可通过研究元素含量及其比值来识别沉积环境。

一、常量元素

常量元素（Si、K、Na、Ca、Mg、Al、Ti、Fe、Mn、P）含量高、易测试，常用于物源分析、风化作用、水体化学组分特征、元素循环及特征地质过程识别等方面的研究。其中，Fe、Mn 元素广泛用于示踪水体氧化还原性质，K、Na、Ca、Mg 等元素可用于重建水体盐度特征。例如，沉积岩中 K_2O/Al_2O_3 值能够反映主要由常量元素控制的矿物的状况，其中黏土矿物中的 K_2O/Al_2O_3 值一般小于 0.3。此外，TOC、P 及 Si（硅藻类生源组分）也常用于生物生产力研究。

二、微量元素

微量元素含量较低，但类型丰富，资源及环境意义显著，是沉积地球化学的重要研究对象。其中，Mo、V、Cr、Co、Se、Cu、Ni、Zn、Cd、U 等元素的富集—亏损情况可较好地示踪沉积环境，尤其是水体氧化还原性质或生物生产力的变化，并有助于识别特征地质过程。另一方面，Ba 元素则常作为生产力相关的指标。B、I、Tl、Hg、Ge、As 等元素的沉积地球化学循环及其环境效应也受到广泛关注。此外，Rb、Zr、Nb、Th、Sc 等元素在一定程度上可用于解析物源和风化作用。总之，微量元素的地球化学循环过程及时空演化特征有助于揭示沉积环境性质和特征地质过程，具有广阔的应用前景。

1. Mn/Ti 值与物质搬运距离

Mn 元素的氧化物化学性质较为稳定，能在盆地内被搬运到离湖岸较远的地方，而 Ti 元素的氧化物稳定性相对较弱，只能被搬运到离岸相对较近的地方，因此 Mn/Ti 值变化往往能够指示物质在盆地内搬运距离的变化（邓宏文等，1993）。通常，Mn/Ti 值的升高指示了搬运距离（离湖岸距离）增大（或者水体的加深）。

2. Sr/Cu 值和 Rb/Sr 值与古气候

沉积岩中的微量元素受母岩、元素性质和气候等因素的影响：一方面沉积岩物质来源于母岩，沉积岩的微量元素很大程度上反映的是母岩的特征；另一方面，元素的分馏、分散、迁移、聚集及岩石的风化强度等地质过程通常也影响着微量元素的变化，而这些过程往往受气候的影响。因此，沉积岩中微量元素的含量及比值的变化在一定程度上能够反映古气候的变化。湖泊沉积中，Sr/Cu 值对气候变化比较敏感，温暖潮湿时，Sr /Cu 值呈现出低值（1.3~5.0）；干旱炎热时，Sr /Cu 值呈现出高值（$>$ 5.0）（刘招君等，2009；彭雪峰等，

2012）。与之相反，气候温暖潮湿时，Rb/Sr 值呈现出高值；气候炎热干旱时，Rb /Sr 值呈现出低值（沈吉等，2001；金章东等，2002）。

3. Sr/Ba 值与盐度

在淡水环境中，水介质的酸化较强而矿化度较低，使得 SO_4^{2-} 含量较小，Sr 和 Ba 能以离子形式保留于水中；在湖水咸化的过程中，矿化度增大，Ba 首先以 $BaSO_4$ 形式沉淀，而湖水的咸化达到一定程度时 Sr 才沉淀。因此，Sr/Ba 值往往被用于判别沉积环境类型和水体盐度（刘春莲等，2005）。Sr/Ba 值越大，反映古盐度越高或气候炎热干旱，通常 Sr/Ba 值小于 0.6 指示陆相淡水环境；Sr/Ba 值介于 0.6~1 之间指示过渡相咸水环境；Sr/Ba 值大于 1 指示海相咸水环境（邓宏文等，1993；吴少波等，2001）。

4. V/（V+Ni）值与氧化还原环境

V/（V+Ni）值常作为恢复水体氧化还原条件的地球化学指标。当 V/（V+Ni）值小于 0.46 时，指示沉积水体处于富氧的沉积环境；0.46~0.54 之间表示沉积水体处于贫氧的沉积环境；当 V/（V+Ni）值大于 0.54 时，指示沉积水体处于厌氧沉积环境。

三、稀土元素

稀土元素（REE+Y）的离子半径相近、化学性质相似，但在一定地质条件下，可产生显著的分异。在沉积地球化学研究中，REE+Y 的含量特征，以及经标准化的分异特征，可用于揭示物源类型、风化作用、水体氧化还原性质（如 Ce 异常）、特征地质过程（如 Eu 异常）及成岩流体示踪等，是常用的研究方法。

第五节 研究实例——吉木萨尔凹陷芦草沟组页岩油烃源岩特征及评价

准噶尔盆地中—下二叠统处于残留海封闭后的咸化湖沉积环境，吉木萨尔凹陷芦草沟组整体为咸化湖细粒沉积，具有形成分布范围广、厚度大、有机质丰度高的烃源岩沉积环境，为吉木萨尔凹陷最主要的一套烃源岩。研究区芦草沟组岩性复杂，多为过渡性岩类，岩性多变，矿物成分多样，除了常规的暗色泥岩、富含有机质的碳酸盐岩具有生烃能力外，主要作为储层的粉砂岩也具有一定的生烃能力。据扫描电子显微镜分析，泥岩、粉砂岩、白云岩与石灰岩样品中均含有机质，碳元素含量高（图 3-4），具有生烃潜质。

一、烃源岩有机质丰度评价

暗色泥岩层发育为烃源岩发育提供了有利条件，但暗色泥岩是否能成为烃源岩，还取决于其有机质丰度的高低。有机质丰度是衡量烃源岩生烃物质基础的指标（表 3-2），主要用总有机碳含量（TOC）、氯仿沥青“A”、总烃（HC）含量和热解生烃潜力（S_1+S_2）四个参数对其进行评价。吉木萨尔凹陷芦草沟组不同岩性样 80 岩石薄片、扫描电子显微镜、有机质能谱特征及有机质丰度统计如图 3-4、图 3-5 所示。

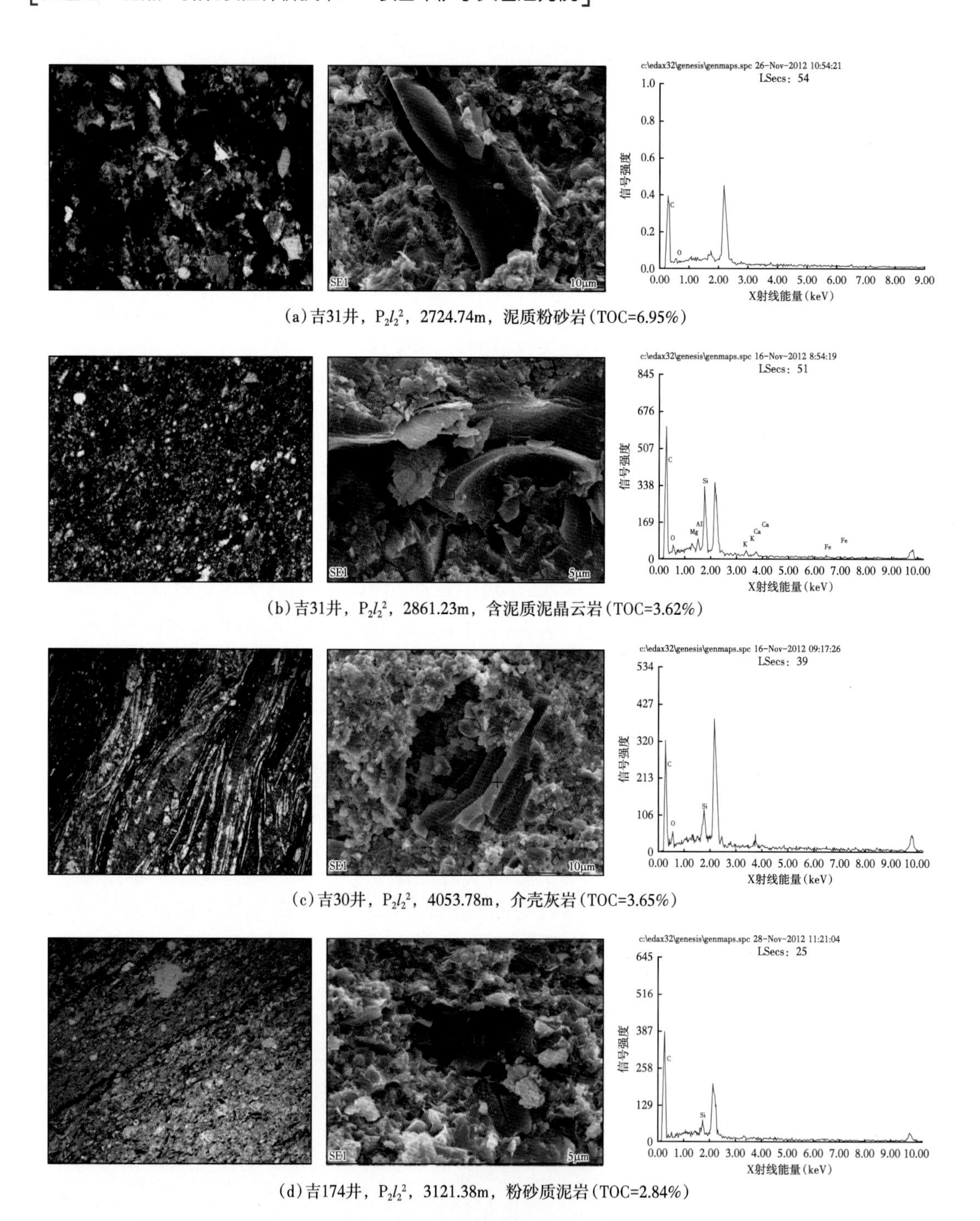

图 3-4 吉木萨尔凹陷芦草沟组不同岩性样品岩石薄片、扫面电子显微镜及有机质能谱特征

沉积环境分析认为，吉木萨尔凹陷芦草沟组为三角洲—半咸湖陆相沉积，具丰富的水生生物及藻类有机质输入。芦草沟组泥质岩丰度高，为较好烃源岩(图 3-5、表 3-2)。

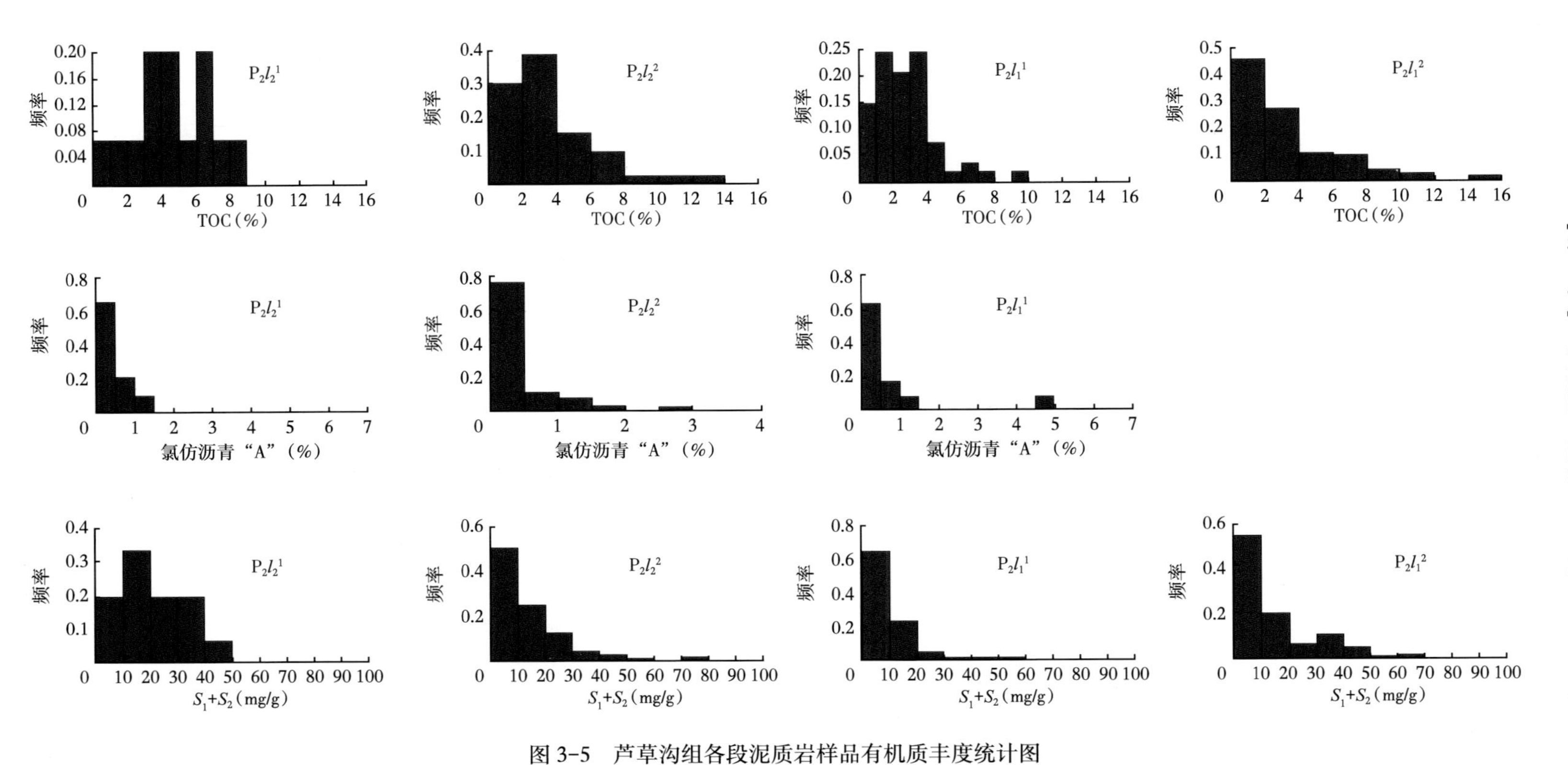

图 3-5 芦草沟组各段泥质岩样品有机质丰度统计图

表 3-2　吉木萨尔凹陷泥质烃源岩的有机质丰度统计表

层位	岩性	TOC（%）	氯仿沥青"A"（%）	S_1+S_2（mg/g）
二叠系芦草沟组	纯泥岩	$\frac{0.21-11.83}{3.72(117)}$	$\frac{0.0067-2.4783}{0.3770(125)}$	$\frac{0.08-76.21}{17.25(117)}$
	白云质泥岩	$\frac{0.44-8.91}{3.36(34)}$	$\frac{0.1224-1.0604}{0.4276(7)}$	$\frac{0.47-40.69}{13.49(34)}$
	石灰质泥岩	$\frac{0.16-13.86}{3.79(40)}$	$\frac{0.0049-4.8664}{1.1780(40)}$	$\frac{0.05-152.76}{17.12(40)}$
	砂质泥岩	$\frac{0.34-10.12}{3.47(56)}$	——	$\frac{0.42-56.82}{14.30(56)}$

芦草沟组上段烃源岩质量相对较好，TOC 分布在 0.84%~13.86% 之间，生烃潜量（S_1+S_2）分布在 5.14 ~254.43mg/g 之间，大部分样品氯仿沥青"A"大于 0.1%。其中，芦草沟组上段上单元质量最好，约 90% 的样品 TOC 大于 2%，平均值为 4.59%，生烃潜量（S_1+S_2）平均值为 24.43 mg/g。芦草沟组下段上单元烃源岩质量相对较差，近一半的样品 TOC 小于 2%，平均值为 2.86%，超过一半的样品生烃潜量（S_1+S_2）小于 10mg/g，平均值为 9.84mg/g（图 3-5、图 3-6）。

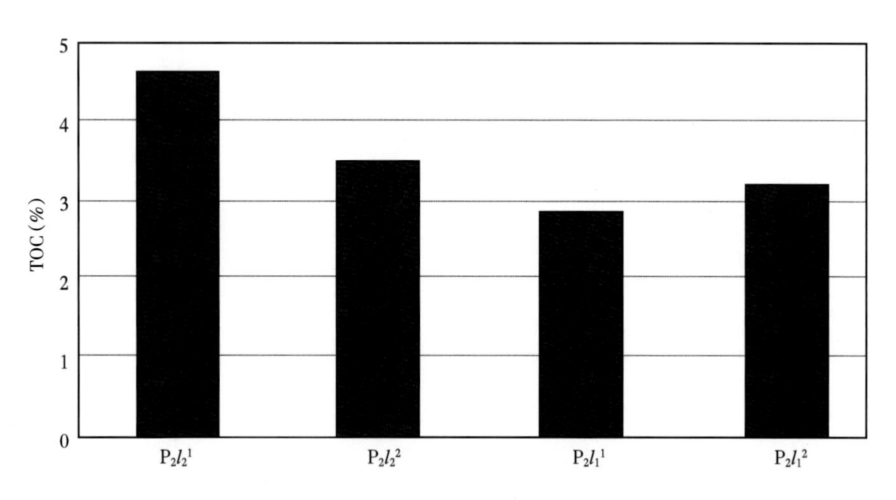

图 3-6　芦草沟组不同层段平均 TOC 柱状图

芦草沟组不同岩性烃源岩有机质丰度总体达到了"好"烃源岩的标准。其中，泥岩绝大部分样品 TOC ＞ 1%，S_1+S_2 ＞ 6mg/g，有机质丰度相对最高；粉砂岩类部分样品达到了"较好 - 好"的标准，部分样品 TOC ＜ 0.6%，S_1+S_2 ＜ 2mg/g，为"较差—非"烃源岩；白云岩类样品与粉砂岩类样品分布区间相似，烃源岩丰度差异性大；石灰岩类样品较少，部分为"好"烃源岩，部分为"非"烃源岩（图 3-7 至图 3-9）。

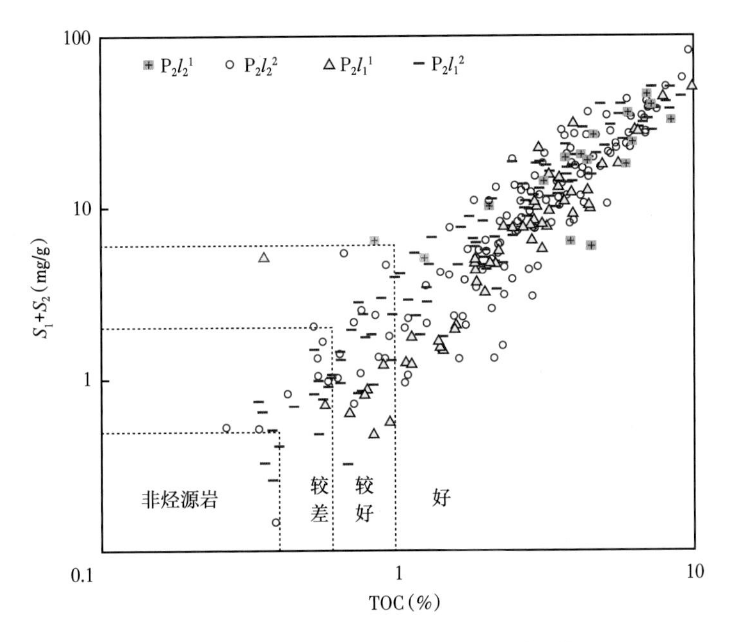

图 3-7　芦草沟组层段烃源岩生烃级别评价图

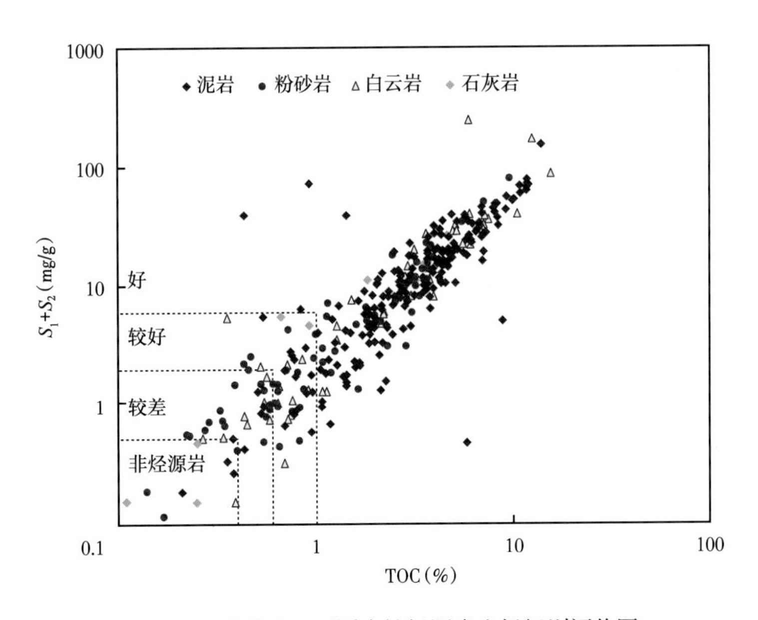

图 3-8　芦草沟组不同岩性烃源岩生烃级别评价图

二、烃源岩有机质类型评价

有机质丰度直接决定了烃源岩生烃物质含量的多少，但一套烃源岩最终到底能生成多少油气，不只取决于烃源岩的有机质丰度，它还与烃源岩中有机质的类型有关。有机质类型决定了烃源岩的生烃潜力。目前，确定有机质类型的评价指标有很多种，主要包括干酪根的元素组成、热解氢指数（HI）—氧指数（OI）、类型指数（S_2/S_3）、干酪根显微组分组成及其类型指数、干酪根碳同位素、饱和烃气相色谱特征和生物标志物参数等。这些方法各有优缺点，故不应分别使用或相互排斥地使用，而应联合使用。

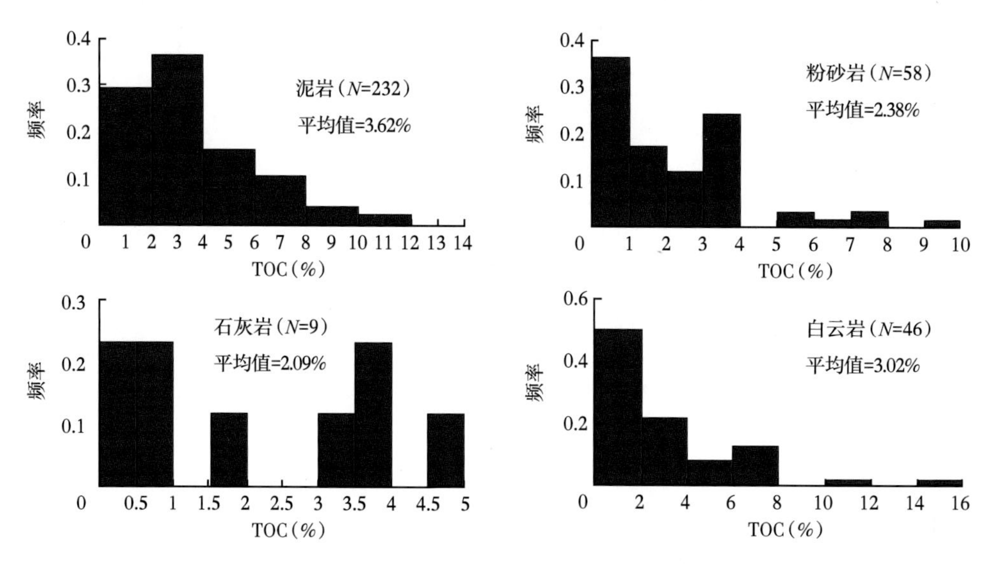

图 3-9　不同岩性烃源岩 TOC（%）频率分布图

用干酪根的 H/C 原子比和 O/C 原子比为纵坐标、横坐标来绘制 Van Krevelen 图以确定干酪根类型是目前应用广泛、行之有效的一种方法。现有干酪根元素分析数据较少，缺少芦草沟组下段下单元的数据。从现有数据分析（图 3-10），芦草沟组有机质干酪根类型均主要为Ⅰ型和Ⅱ型，芦草沟组上段上单元有机质类型相对较好，主要为Ⅰ型干酪根。元素分析缺少粉砂岩样品，石灰岩和白云岩样品较少，总体以Ⅰ型干酪根和Ⅱ型干酪根为主。

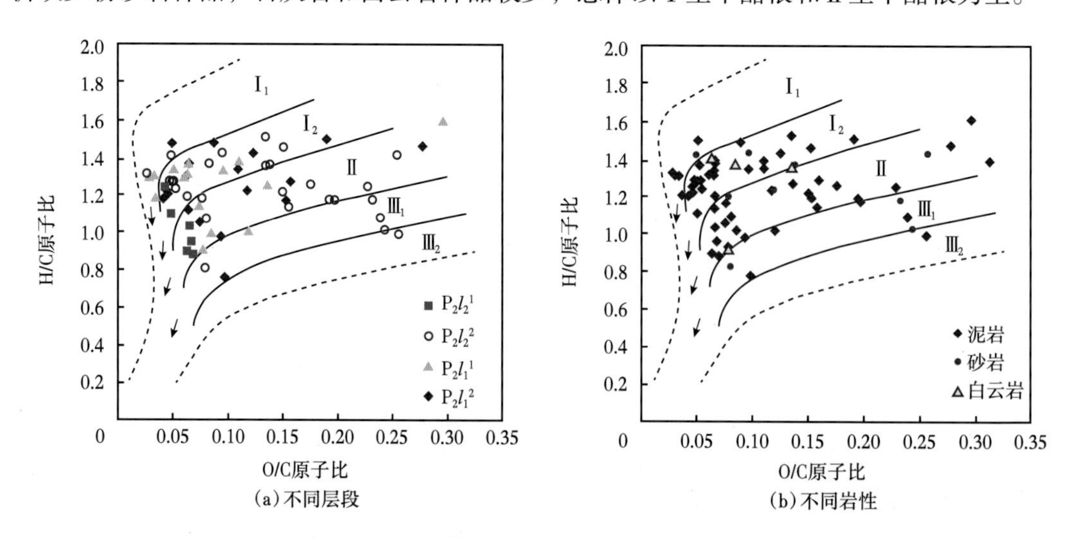

图 3-10　芦草沟组烃源岩干酪根元素分类范氏图

利用氢指数（HI）与最大裂解温度（T_{max}）划分有机质类型，是法国石油研究院根据不同有机质类型、不同成熟度烃源岩中单位重量有机碳的生烃能力的差异提出的有机质类型图示法，其特点是简单明了、实用性强。吉木萨尔凹陷芦草沟组热解资料相对丰富，此次共收集了10口井的236个分析数据，补充测试了三口井14个样品，绘制了HI与T_{max}关系图（图3-11）。由图3-11可见，芦草沟组有机质干酪根类型均主要为Ⅰ型和Ⅱ型，芦草沟组上段上单元有机质类型相对较好，主要为Ⅰ型干酪根和$Ⅱ_1$型干酪根。泥岩以Ⅰ型干酪根和$Ⅱ_1$型干酪根为主，粉砂岩与白云岩以$Ⅱ_1$型和$Ⅱ_2$型干酪根为主，石灰岩部分为Ⅰ型干酪根，部分为Ⅲ型干酪根。

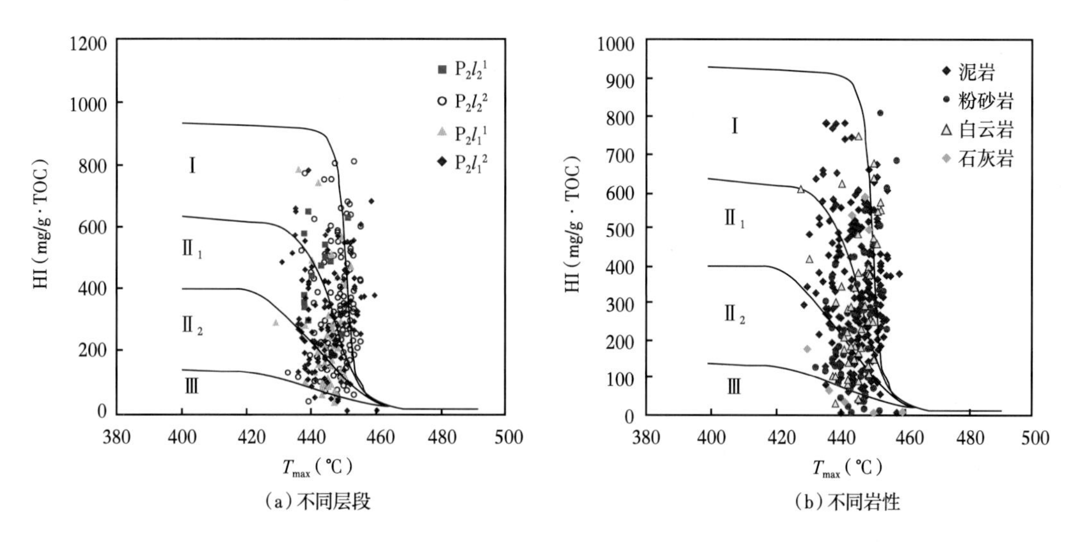

图3-11 芦草沟组不同岩性烃源岩T_{max}与HI关系图

采用光学显微镜研究有机物是有机岩石学最基本的工作方法，由于每一种显微组分生物性质不同，化学组成与结构特征必然有差异，其生烃潜力也各不相同。

从吉木萨尔凹陷芦草沟组泥质岩有机质显微组分三角图可知（图3-12），芦草沟组泥质岩有机质显微组分以腐泥组和壳质组为主，大部分样品含量达60%以上；惰质组含量总体

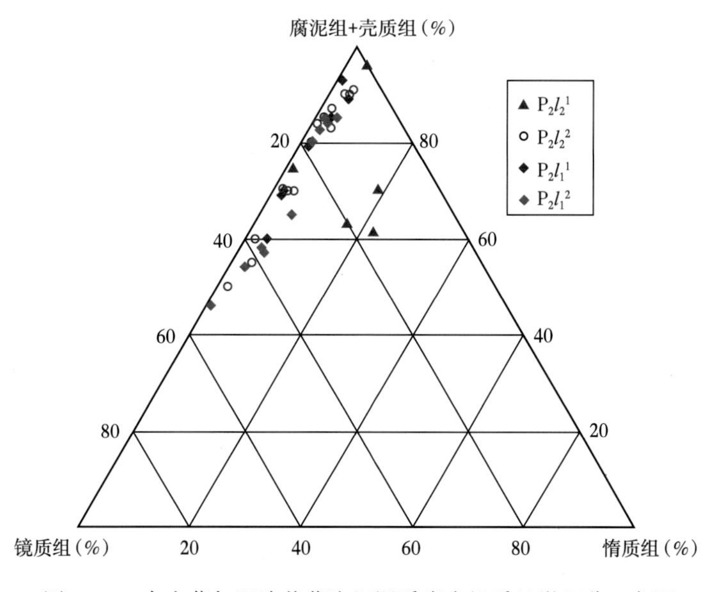

图3-12 吉木萨尔凹陷芦草沟组泥质岩有机质显微组分三角图

极低，均小于 10%，仅芦草沟组上段上单元三个样品含量达到了 20% 左右。腐泥组和壳质组多富氢组分，生烃潜力高，壳质组生烃潜力低。因此，吉木萨尔凹陷芦草沟组烃源岩总体生烃潜力较高。

三、烃源岩热演化特征评价

有机质热演化的实质是，由埋藏作用导致的，持续一定时间的特定温度、压力条件下，有机质化学结构改组与化学成分变化的地质过程。能够反映出有机质受这种地质过程影响的物理化学参数，主要有显微组分光学参数和分子地球化学参数两类（表 3-3）。

表 3-3　烃源岩演化阶段划分及标准

演化阶段	R_o（%）	岩石热解 T_{max}（℃）			生物标志物		H/C 原子比	有机质颜色
		Ⅰ	Ⅱ	Ⅲ	$20S/(20S+20R)$ C_{29} 甾烷	$\beta\beta/(\alpha\alpha+\beta\beta)$ C_{29} 甾烷		
未成熟	＜0.35	—	—	—	＜0.2	＜0.2	＞1.6	浅黄
低成熟	0.35~0.50	＜437	＜435	＜432	0.2~0.4	0.2~0.4	1.6~1.2	黄
成熟	0.5~1.3	437~460	435~455	432~460	＞0.4	＞0.4	1.2~1.0	深黄
高成熟	1.3~2.0	460~490	455~490	460~505			1.0~0.5	浅棕黑
过成熟	＞2.0	＞490	＞490	＞505			＜0.5	黑

1. 镜质组反射率（R_o）演化特征

镜质组反射率是用于划分烃源岩演化阶段指标，它适用于晚古生代以来镜质组普遍发育的沉积物（岩）演化阶段研究。吉木萨尔凹陷二叠系沉积环境为陆相湖盆沉积，仍可将镜质组反射率 R_o 作为其有机质演化的最可靠指标之一。

图 3-13 为吉木萨尔凹陷芦草沟组烃源岩镜质组反射率（R_o）实测数据分布在 0.7%~1% 之间，烃源岩总体处于成熟阶段。

2. 岩石热解参数演化特征

岩石热解（Rock-Eval）是评价烃源岩的常规方法之一。除了可评价有机质丰度和类型外，也可以评价烃源岩成熟度。热解参数中一般用 T_{max} 作为评价烃源岩成熟度的主要指标，$S_1/(S_1+S_2)$ 等参数作为辅助评价指标。

吉木萨尔凹陷芦草沟组泥质岩热解 T_{max} 统计表明（图 3-14），芦草沟组绝大多数烃源岩样品的 T_{max} 值分布在 435~455℃ 之间。由前文分析可知，芦草沟组烃源岩母质类型以Ⅰ型干酪根和Ⅱ型干酪根为主，总体处于成熟阶段。

3. 可溶有机质生标参数演化特征

甾萜烷生物标志化合物的一个重要应用为确定烃源岩成熟度。成熟度参数主要有两类，一类与裂解反应有关，而另一类与不对称碳原子的异构化有关。随着成熟度增加，甾烷的生物构型向地质构型转化。在石油窗之前的未成熟阶段，$\alpha\alpha\alpha20S/(20S+20R)$ C_{29} 甾烷一般小于 0.2，热演化终点即平衡值为 0.55，此时相当于镜质组反射率 R_o 约为 0.8%。C_{31} 藿烷异构体经常用于成熟度评价，该比值在 R_o 大约 0.55%~0.70% 时即已达到平衡值 0.6，进入生油窗后该参数已失去意义，本次研究不予采用。

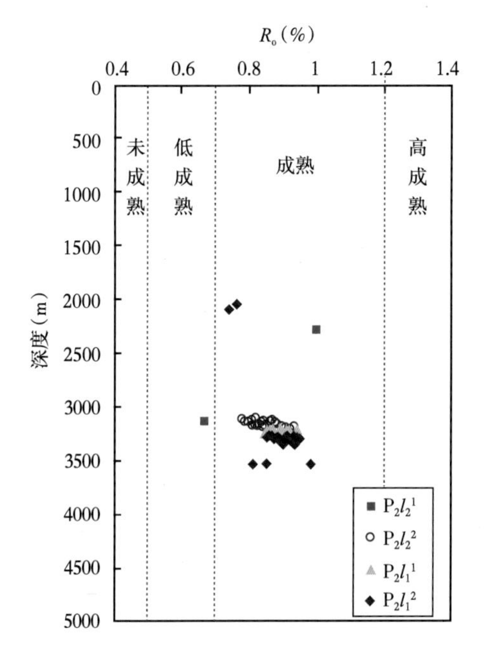

图 3-13 芦草沟组烃源岩 R_o 与深度关系图

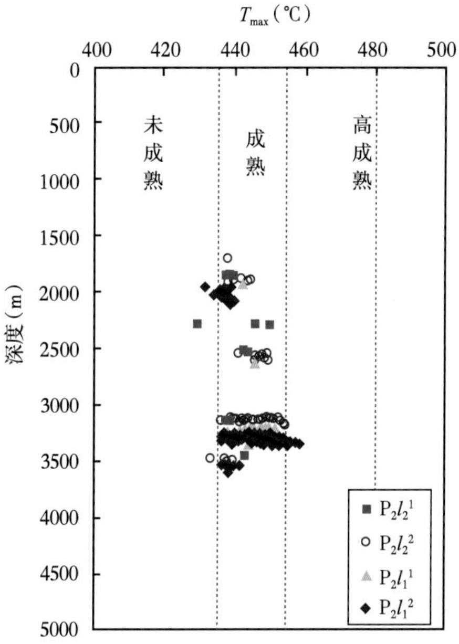

图 3-14 芦草沟组烃源岩 T_{max} 与深度关系图

生物标志物成熟度参数 ααα20*S*/(20*S*+20*R*)C_{29} 甾烷与 ββ/(αα+ββ)C_{29} 甾烷关系图表明(图 3-15),研究区芦草沟组烃源岩 C_{29} 甾烷 ααα20*S*/(20*S*+20*R*)介于 0.30~0.50 之间,ββ/(αα+ββ)C_{29} 甾烷值大多在 0.15~0.35 之间,大多处于低成熟—成熟演化阶段,其中芦草沟组上段上单元烃源岩主要处于低成熟演化阶段。

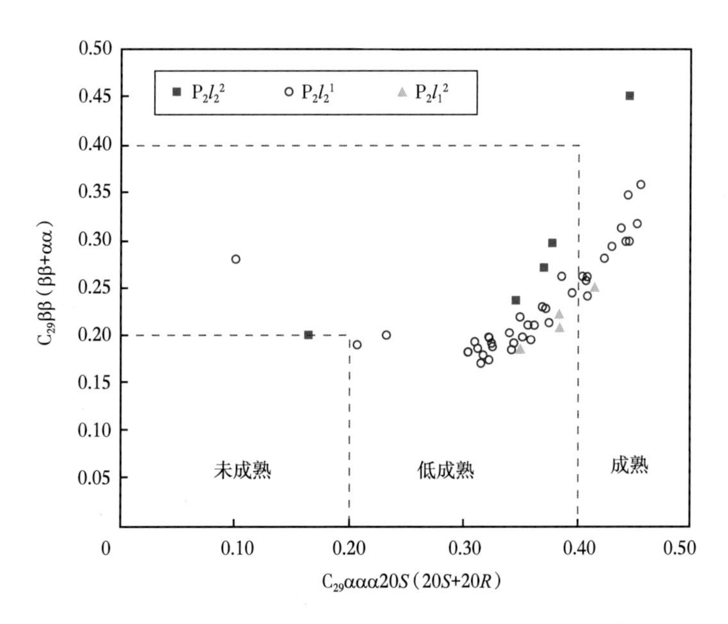

图 3-15 吉木萨尔凹陷芦草沟组源岩可溶有机质 C_{29} 规则甾烷成熟度参数特征图

四、烃源岩生烃潜量评价

对于油气藏来说，烃源岩必须有烃类排出才能形成。由于烃源岩内各种矿物成分与固体干酪根的存在，其生成的石油不可能全部排出，总有一部分要残留于烃源岩中，即烃源岩有一定的饱和吸附烃量，只有生成的烃类含量超过了饱和吸附量才能有多余的烃类排出。研究区致密油为源内成藏、源储一体，但是泥岩物性差，含油性差，不具有储集能力，仍旧需要考虑泥岩排烃问题。

烃源岩已生成的烃量由残留烃量和排出烃量两部分组成，目前烃源岩中的烃类主要是残留烃。通过热解（Rock-Eval）方法得到的 S_1 一般代表烃源岩中已经生成的残留烃量，在未发生排烃的烃源岩中，S_1 可以近似代表已生烃量；通过有机溶剂氯仿抽提得到的氯仿沥青“A”含量是直接代表烃源岩中残留烃的参数，在未发生排烃时也代表已生烃量。

单一依靠热解 S_1 含量的绝对值难以分析烃源岩是否发生了排烃。相近地质条件下，有机碳含量与生烃量之间应该有较好的正相关关系，即有机碳含量增加，生烃量也增加。一般情况下，烃源岩生成的油气首先满足烃源岩本身在一定地质条件下的饱和吸附量，多余的烃类才会排出。而有机碳含量越高，相同条件下生烃量也应该越高，超出饱和吸附量，从而发生排烃，这样残留烃量相对于有机碳含量就降低了。

根据上述分析，吉木萨尔凹陷芦草沟组烃源岩丰度、类型总体较好，已经达到生油阶段。烃源岩氯仿沥青“A”/TOC（%）和热解 S_1/TOC（mg/g·TOC）代表了单位有机碳对应的已生烃量，图 3-16 显示了这两个参数未见线性关系，而是随有机碳含量增加出现了峰值。在峰值之后，氯仿沥青“A”/TOC（%）和热解 S_1/TOC（mg/g·TOC）随有机碳含量增加未持续明显增加，而是降低了，而更高的有机碳含量应该对应更高的相对已生烃量；而降低的部分表示有烃类排出烃源岩了。峰值对应的 TOC 含量应大致为排烃的有机碳含量下限值。有机碳含量较低、相对生烃量较高的数据点则代表了外来运移烃的可能影响。

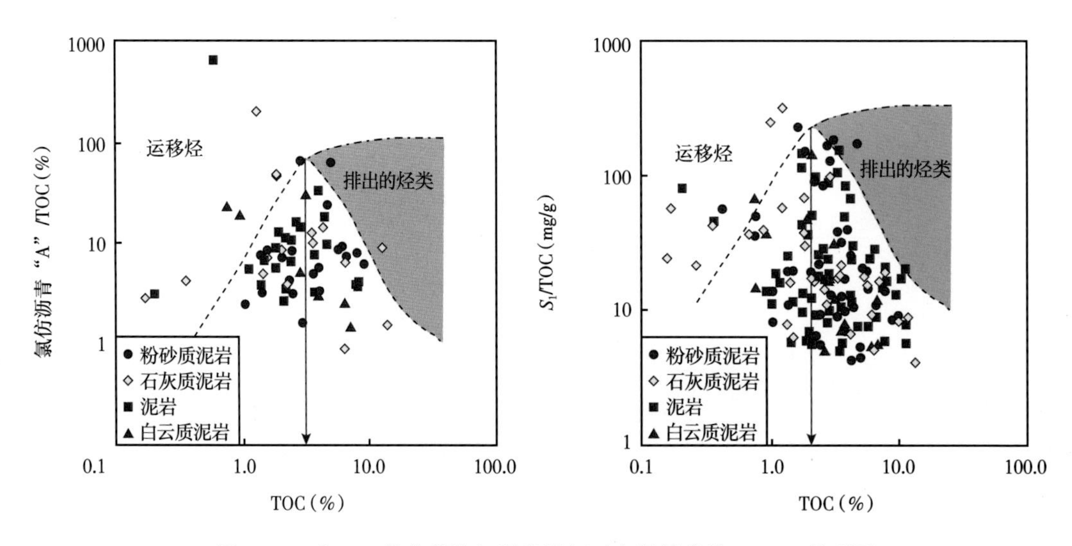

图 3-16　吉 174 井芦草沟组泥岩类相对生烃量参数—TOC 关系图

如果将图 3-16 按岩性不同作图，则峰值与 TOC 含量下限值分布更清晰（图 3-17）。依据氯仿沥青“A”/TOC（%）和热解 S_1/TOC（mg/g·TOC）确定有机碳含量下限值有一定差异，前者确定的下限值略高于后者，取均值作为排烃的有机碳含量下限值（表 3-3）。其中较纯泥岩与粉砂质泥岩相比，较纯泥岩的TOC下限值稍低，为2.50%，粉砂质泥岩的TOC稍高，为 2.80%，这应该与较纯泥岩沉积水体相对更深、水生生物母质贡献相对较大、生烃潜力较高有关，粉砂质泥岩母质类型稍差，生成相同量的烃就相对更多的有机碳含量。石灰质泥质与白云质泥岩的 TOC 下限值更低，分别为 1.45% 和 1.40%，这主要是由于碳酸盐矿物与黏土矿物相比，吸附性要弱，在相近条件下，碳酸盐矿物含量高，满足饱和吸附的烃量相对要低，因而需要的有机碳含量就要低一些，而黏土矿物含量高，满足饱和吸附的烃量相对就要高，因而需要的有机碳含量就要高一些。

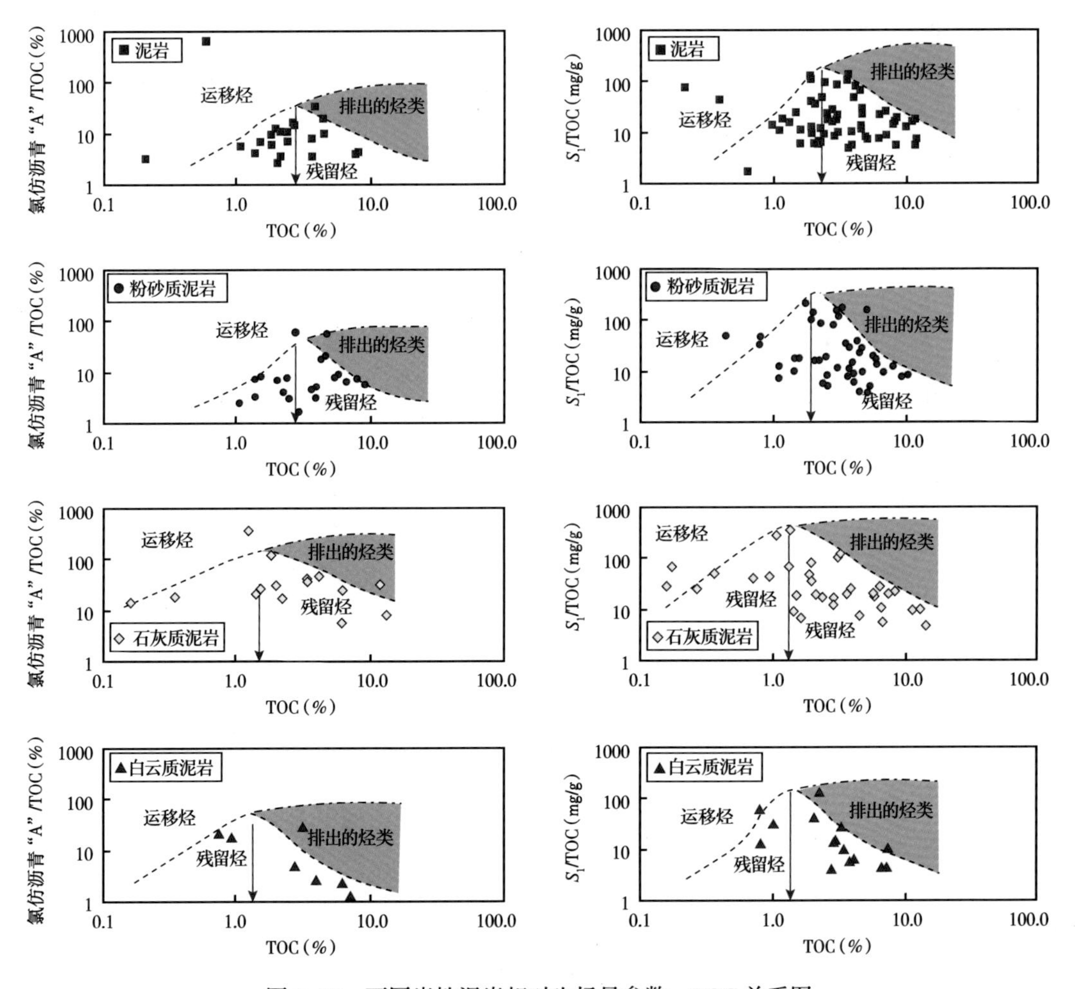

图 3-17 不同岩性泥岩相对生烃量参数—TOC 关系图

依据上述的有机碳含量下限值，根据有机碳含量分布特征确定较纯泥岩有 57% 的样品达到了有效烃源岩标准，粉砂质泥岩有 56% 的样品可以作为有效烃源岩，石灰质泥岩为

66%，白云质泥岩为77%。可见不同岩性泥岩的样品有效烃源岩达标率有一定差异，应该与生排烃特征的差异有关。

不同岩性泥岩母质类型与成熟度相近，有相近的生排烃条件，依据可溶有机质转化率、热解 S_1/TOC 参数可以较好地确定烃源岩排烃的有机碳含量下限值，据此确定较纯泥质有效烃源岩、粉砂质有效烃源岩、石灰质有效烃源岩和白云质有效烃源岩的有机碳含量下限值分别为2.50%、2.80%、1.45%和1.30%（表3-4）。

表3-4 不同岩性泥岩排烃TOC含量（%）下限值分布

岩性	氯仿沥青"A"/TOC确定	S_1/TOC确定	TOC下限平均值
纯泥岩	2.70	2.30	2.50
粉砂质泥岩	3.30	2.30	2.80
石灰质泥岩	1.60	1.30	1.45
白云质泥岩	1.30	1.30	1.30

由于芦草沟组岩性变化频繁，垂向上无法有效划分不同类型泥岩的分布层段，从而无法预测有效烃源岩的分布。根据现有地球化学分析数据及岩石薄片定名，统计了不同岩性泥岩的TOC分布，总结了不同岩性泥岩达到排烃TOC含量下限值的概率。白云质泥岩达到排烃TOC含量下限值的样品含量占86.7%，石灰质泥岩占72%，纯泥岩占57.8%，砂质泥岩占51.2%。总之，泥岩类烃源岩超过一半的样品均达到了排烃TOC含量下限值，碳酸盐岩含量高的泥岩更容易达到排烃下限。从单井地球化学剖面上分析，根据实测TOC与测井TOC，芦草沟组各层段烃源岩总体达到了排烃下限TOC值，有效烃源岩全井段分布（图3-18、图3-19）。

五、吉174井烃源岩地化特征分析

对吉174井进行了岩石热解数据进行分析整理（图3-20），结果表明：吉174井TOC整体较高，分布在0.03%~19.77%之间，平均值为2.88%，生烃潜力 S_1+S_2 分布在0.04~176.65mg/g之间，平均值为15.27mg/g，氯仿沥青"A"分布在0.0281~3.6054之间，平均值为0.5064，岩石热解峰温 T_{max} 分布在424~455℃之间，平均值为443℃；从烃源岩生烃级别评价图中可知（图3-21），吉174井整体有机质丰度较好，泥岩及泥灰岩整体达到"中等—好"级别，砂岩有机质丰度较差，整体为"差—中"级别；从有机质类别图版中可知（图3-22），吉174井有机质干酪根类型主要为Ⅰ型和Ⅱ型，其中泥岩干酪根以Ⅰ型和Ⅱ$_1$型为主，泥灰岩与砂岩干酪根以Ⅱ$_1$型和Ⅱ$_2$型为主，部分为Ⅲ型。

六、吉木萨尔凹陷芦草沟组页岩油地球化学特征及油源对比

1. 族组分特征

原油族组分特征能反映原油原始沉积环境、有机质来源及生物降解程度等重要信息。从原油样品的族组分分析结果可以看出，芦草沟组页岩油组分以饱和烃为主，芳香数较高，

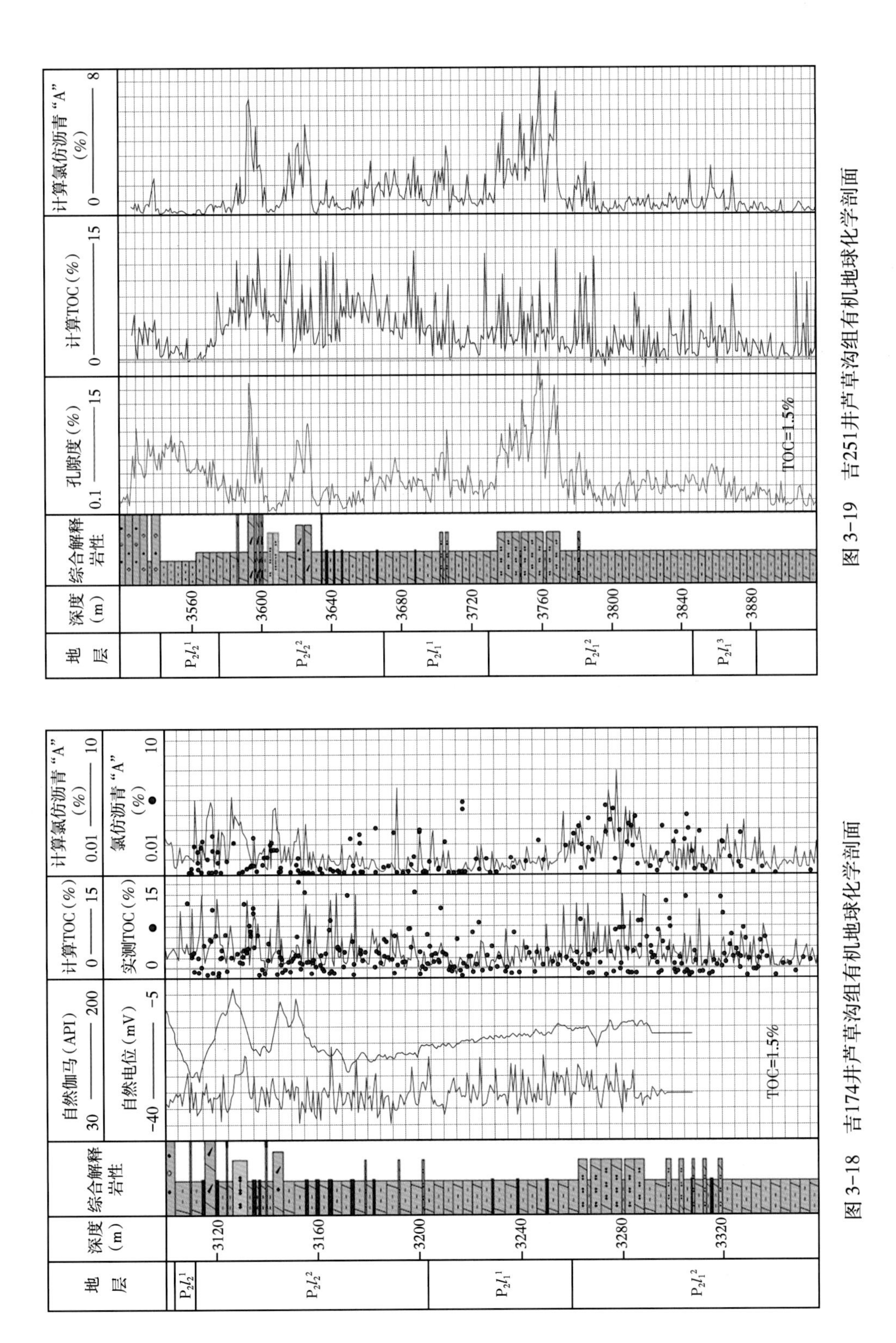

图 3-19 吉251井芦草沟组有机地球化学剖面

图 3-18 吉174井芦草沟组有机地球化学剖面

烃和胶质次之，芦草沟组一段、二段存在一定差异。芦草沟组二段饱和烃质量分为58.91%~66.76%，平均为63.91%；芳香烃质量分数在10.26%~18.81%之间，平均值为13.96%；饱芳比平均值为4.68。芦草沟一段饱和烃质量分数相对较低，为41.40%~54.29%之间，平均值为47.42%；芳香烃和胶质质量分数相对增加，平均分别为16.49%和22.07%；平均饱芳比降至2.94。芦草沟组一段、二段的原油族组分特征与其物性特征相一致。

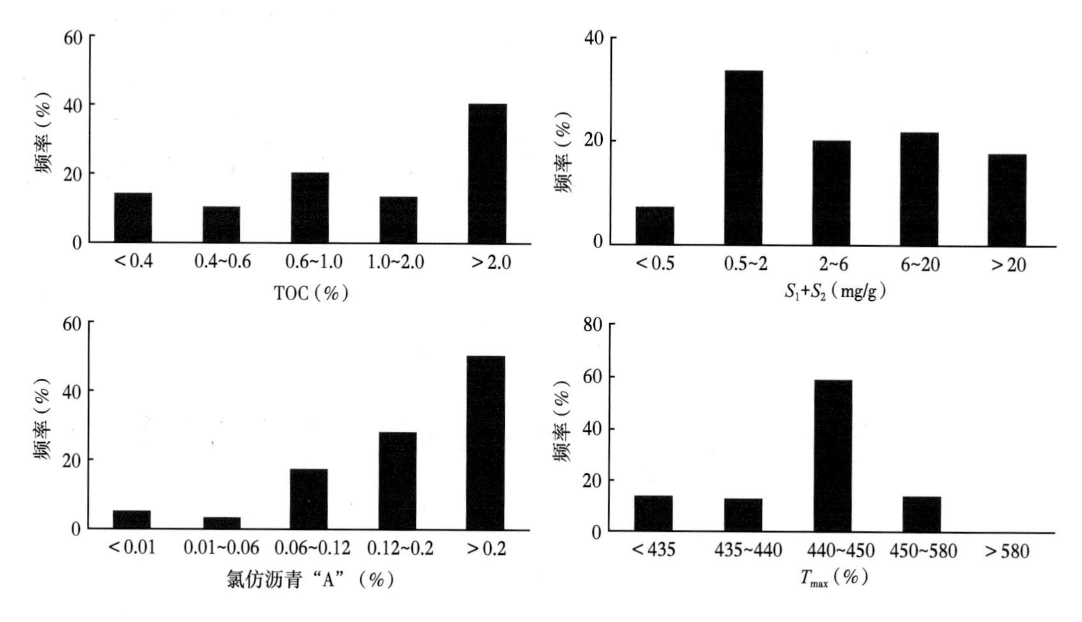

图3-20　吉174井岩石热解参数柱状图

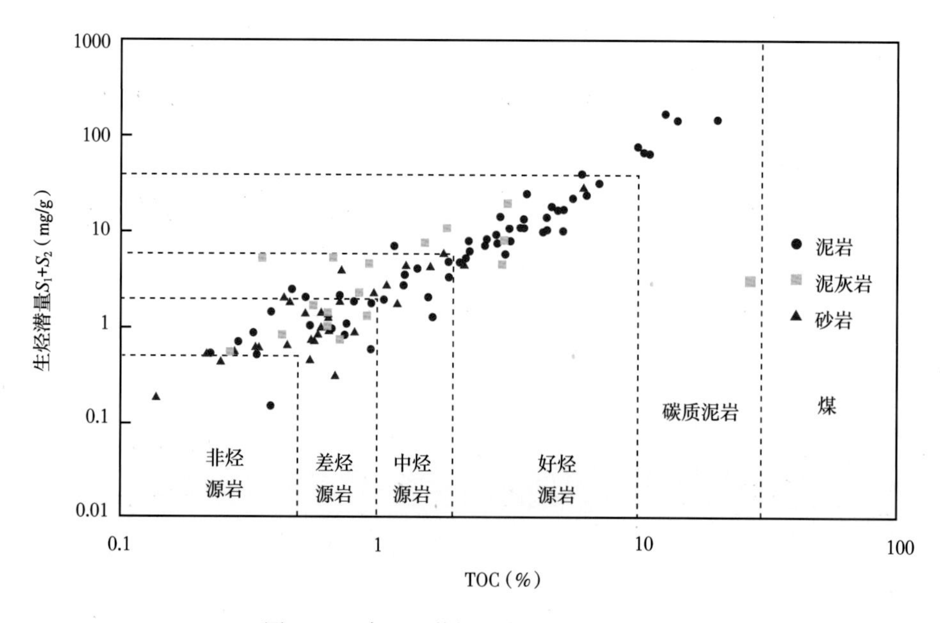

图3-21　吉174井烃源岩生烃级别评价图

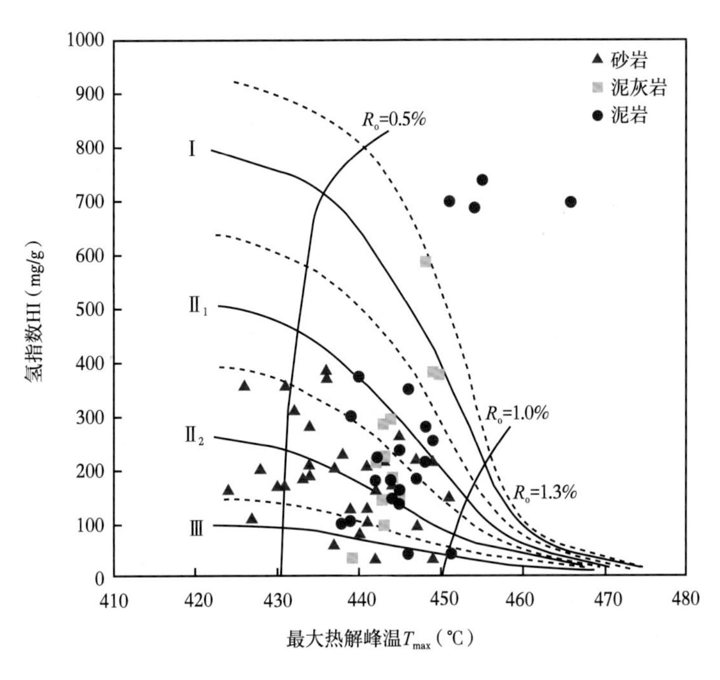

图 3-22 吉 174 井烃源岩有机质类型图

2. 正构烷烃和类异戊二烯烷烃

芦草沟组一段、二段的原油正构烷烃分布存在较大差异，其中芦草沟组二段主峰碳为 C_{23}，芦草沟组一段主峰碳为 C_{17}（图 3-23）；且芦草沟组一段姥鲛烷（Pr）、植烷（Ph）质量分数明显高于正构烷烃的，原因是芦草沟组一段原油成熟度相对较高，后期遭受二次蚀变。

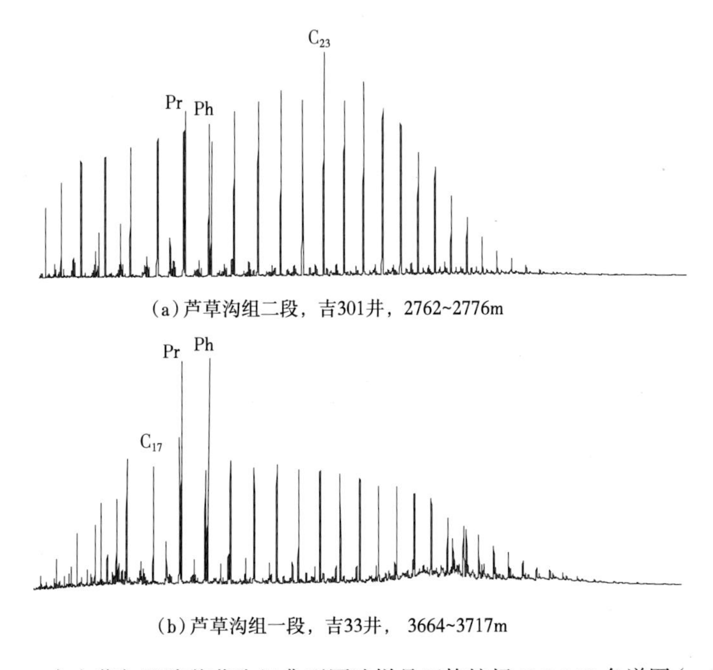

图 3-23 吉木萨尔凹陷芦草沟组典型原油样品正构烷烃 GC-MS 色谱图（m/z=85）

正构烷烃的奇碳数和偶碳数的相对丰度可以用来初步评价原油的热成熟度，常用的是碳优势指数（CPI）和奇偶优势（OEP）（Zou et al.，2017）。芦草沟组一段和二段原油 CPI 和 OEP 没有太大差异，反映两个层位的原油具有相似的成熟度，其中芦草沟组二段 CPI 平均值为 1.36，OEP 平均值为 1.30；芦草沟组一段 CPI 平均值为 1.34，OEP 平均值为 1.16。较高的 CPI 值和 OEP 值表明芦草沟组原油成熟度较低。

姥鲛烷（Pr）和植烷（Ph）作为原油中最常见的两个类异戊二烯烷烃，其比值通常反映沉积时水体的氧化还原条件。芦草沟组二段的 Pr/Ph 平均值为 1.39，略高于芦草沟组一段（平均值为 1.09）。Pr/Ph 大于 1 反映芦草沟组原始沉积环境相对较还原（邹才能等，2013a）。此外，从 Pr/nC_{17} 和 Ph/nC_{18} 的相关关系数据投点可以看出，芦草沟组原始沉积环境整体较还原，且芦草沟组一段比芦草沟组二段更具有还原性（图 3-24）。

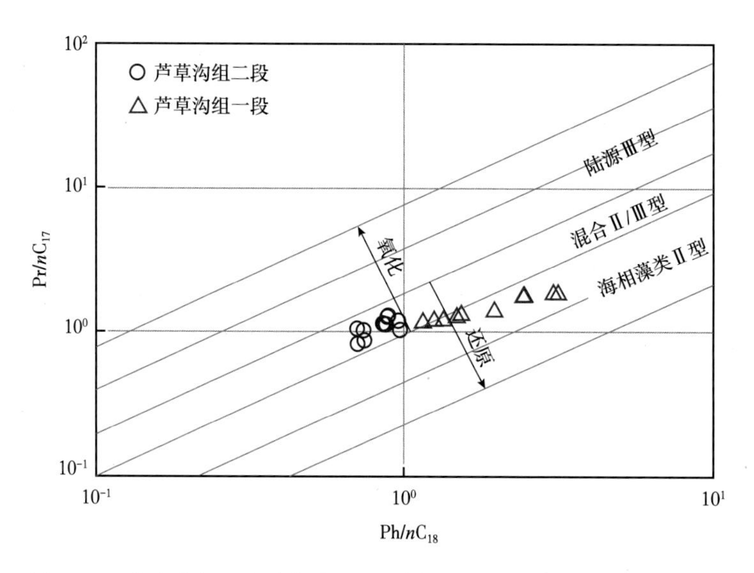

图 3-24　吉木萨尔凹陷芦草沟组原油样品 Pr/nC_{17} 和 Ph/nC_{18} 相关关系

3. 生物标志化合物组合特征

甾烷和三环萜烷类化合物是生物标志化合物研究中最为重要的两类化合物，蕴藏原油沉积环境、母质来源、成熟度等重要信息（毛俊莉，2020；张金川等，2003）。芦草沟组一段、二段的萜烷类化合物分布特征基本一致（图 3-25）。C_{30} 藿烷质量分数具绝对优势，C_{19}—C_{21} 三环萜烷呈“上升型”分布，C_{31}—C_{34} 升藿烷质量分数随碳数的升高逐渐降低，C_{24} 四环萜烷质量分数相对较高（图 3-25）。芦草沟组一段、二段的原油萜烷类典型生物标志化合物参数体现一致性。其中芦草沟组二段 C_{24}- 四环萜烷 /C_{26}- 三环萜烷为 0.97，伽马蜡烷 /C_{30} 藿烷平均为 0.13，$T_s/(T_s+T_m)$ 平均为 0.10，三环萜烷 / 藿烷平均为 0.19；芦草沟组一段 C_{24}- 四环萜烷 /C_{26}- 三环萜烷为 0.98，伽马蜡烷 /C_{30} 藿烷平均为 0.14，$T_s/(T_s+T_m)$ 平均为 0.08，三环萜烷 / 藿烷平均为 0.22（表 3-5）。C_{24} 四环萜烷及伽马蜡烷质量分数表明芦草沟组沉积时的水体盐度不高（柳波等，2012），为弱咸水沉积环境；而 $T_s/(T_s+T_m)$ 和三环萜烷 / 藿烷表明芦草沟组原油成熟度相对较低（邹才能等，2013b）。在众多一致的生标参数中，C_{29} 藿烷 /C_{30} 藿烷体现芦草沟组一段、二段原油细微的差异性。其中芦草沟组二段 C_{29} 藿烷 /C_{30} 藿烷为 0.35~0.69，平均值为 0.53；芦草沟组一段 C_{29} 藿烷 /C_{30} 藿烷相对较高，整体分布在 0.62~0.72 之间，平均值为 0.68，表明芦草沟组一段陆源有机质输入相对增加。

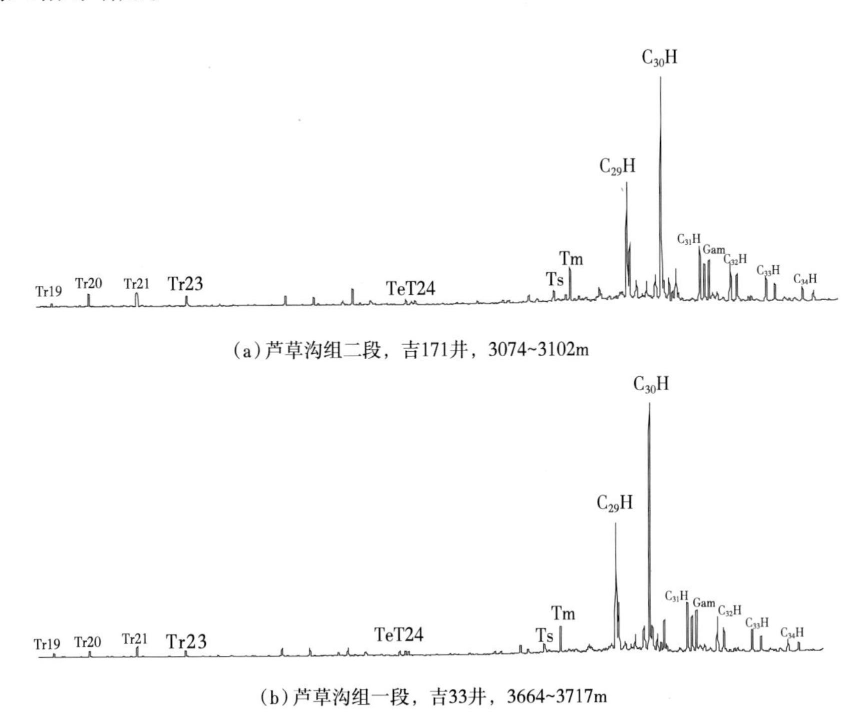

图 3-25 吉木萨尔凹陷芦草沟组典型原油样品三环萜烷 GC-MS 色谱图（m/z=191）

芦草沟组原油 C_{27}—C_{29} 规则甾烷呈“上升型”分布（图 3-26），反映其母源以陆生高等植物输入为主，低等水生生物输入为辅（邹才能等，2013b）；其次孕甾烷质量分数高于升孕甾烷的（图 3-26）。由表 3-5 可知，芦草沟组一段、二段以规则甾烷质量分数为主，平均值分别为 91.16% 和 90.58%；重排甾烷质量分数平均值分别为 6.16% 和 6.43%，几乎不含 4- 甲基甾烷。反映芦草沟组原始沉积水体具备一定盐度，为微咸水环境。此外，芦草沟组 C_{27}—C_{29} 规则甾烷分布特征一致，但质量分数存在一定差异。相比于芦草沟组一段，芦草沟组二段原油 C_{27} 规则甾烷质量分数更高，C_{29} 规则甾烷质量分数相对较低，其 C_{27} 规则甾烷 /C_{29} 规则甾烷和 C_{28} 规则甾烷 /C_{29} 规则甾烷平均值分别为 0.45 和 0.79，高于芦草沟组一段的（平均分别 0.26 和 0.65）；反映芦草沟组二段藻类和浮游植物输入占比逐渐升高。

根据 C_{27}—C_{29} 甾烷质量分数分布特征，芦草沟组一段和大部分芦草沟组二段样品投点在Ⅴ—陆生植物为主区域，小部分芦草沟组二段样品投点在Ⅳ—混合来源内区（图 3-27），表明芦草沟组原油母质来源以陆生高等植物为主，兼具低等水生生物。芦草沟组原油大部分属于低成熟油，只有小部分芦草沟组一段原油达到成熟，与烃源岩实测 R_o 数据一致（图 3-28）。

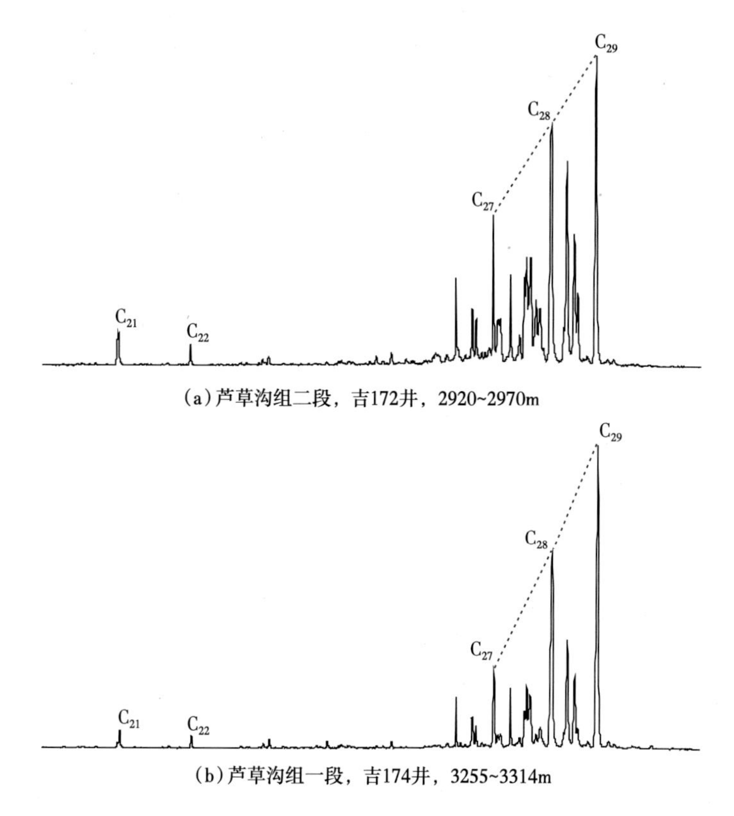

图 3-26 吉木萨尔凹陷芦草沟组典型原油样品甾烷 GC-MS 色谱图（m/z=217）

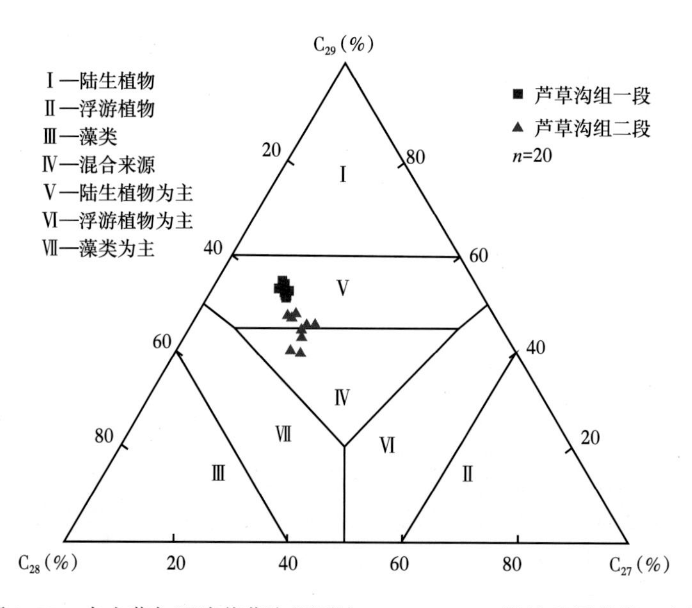

图 3-27 吉木萨尔凹陷芦草沟组原油 C_{27}~C_{29}αααR 甾烷质量分数三角图

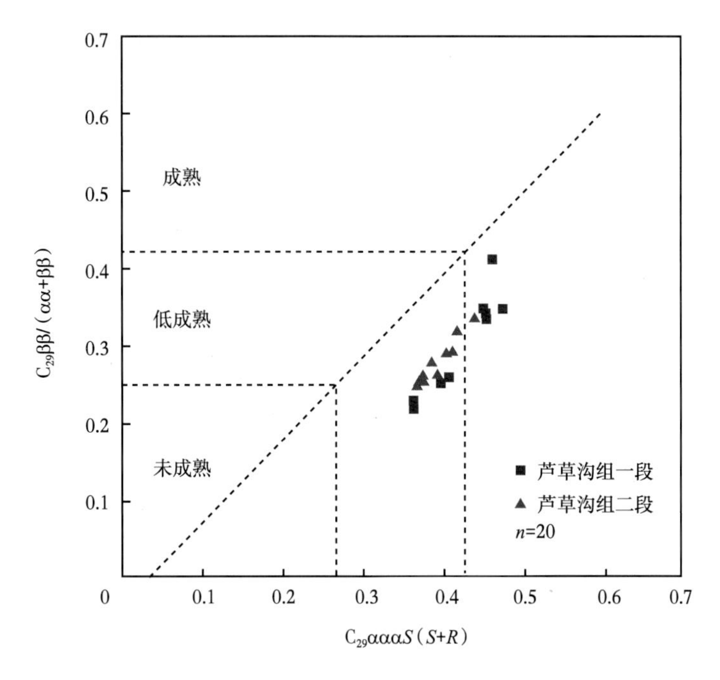

图 3-28 吉木萨尔凹陷芦草沟组原油 $C_{29}S/(S+R)$ 和 $C_{29}\beta\beta/(\alpha\alpha+\beta\beta)$ 相关关系

4. 油—源对比

（1）族组分对比。

芦草沟组一段、二段烃源岩的饱和烃、芳香烃、胶质和沥青质质量分数极其相似，平均值分别为 54.12% 和 52.19%、17.76% 和 15.89%、25.58% 和 27.79%、2.80% 和 2.83%；饱芳比基本一致，平均值分别为 3.23 和 3.48。与芦草沟组原油族组分特征存在细微差别，可能是排烃而导致的。

（2）正构烷烃和类异戊二烯烷烃对比。

对比正构烷烃和类异戊二烯烷烃数据可以看出，芦草沟组一段、二段的原油与烃源岩具有良好的亲缘关系。首先，芦草沟组一段、二段烃源岩的正构烷烃主峰碳数表现没有像原油那样绝对的一致性，但整体上芦草沟组二段烃源岩主峰碳数以 C_{23} 为主，芦草沟组一段烃源岩主峰碳数以 C_{17} 为主，与同层位的原油主峰碳数一致。其次，芦草沟组烃源岩 CPI 和 OEP 相似，芦草沟组二段烃源岩 CPI 平均值为 1.34，OEP 平均值为 1.24；芦草沟组一段烃源岩 CPI 平均值为 1.32，OEP 平均值为 1.23（表 3-5）。表明芦草沟组原油与烃源岩成熟度相同。最后，与原油相同，芦草沟组一段、二段的烃源岩在 Pr 和 Ph 相关参数上体现出差异性，芦草沟组二段烃源岩 Pr/Ph 平均值为 1.41，高于芦草沟组一段（平均值为 0.97）的；而芦草沟组二段烃源岩 Pr/nC_{17} 和 Pr/nC_{18} 平均值分别为 0.86 和 0.65，远低于芦草沟组一段（平均值分别为 1.53 和 2.08）的（表 3-5）。这些差异与芦草沟组一段、二段的原油差异一致，证实芦草沟组一段、二段的原油分别来源于同层位的烃源岩。

表 3-5　吉木萨尔凹陷芦草沟组原油生物标志化合物参数

样品号	主峰碳	CPI	OEP	Pr/Ph	Pr/nC_{17}	Ph/nC_{18}	Tr/H	T_s/(T_s+T_m)	G/C_{30}H	C_{29}H/C_{30}H	C_{19}Tr/C_{23}Tr	C_{24}TeT/C_{26}Tr	$C_{27}S$/$C_{29}S$	$C_{28}S$/$C_{29}S$	重排甾烷	规则甾烷	$C_{29}S$/(S+R)	C_{29}ββ/(αα+ββ)
1	C_{23}	1.31	1.27	1.26	1.04	0.98	0.20	0.09	0.13	0.57	0.14	1.03	0.36	0.71	6.75	90.48	0.44	0.34
2	C_{23}	1.35	1.32	1.42	1.03	0.75	0.17	0.12	0.14	0.54	0.10	1.09	0.45	0.79	5.77	91.57	0.39	0.26
3	C_{23}	1.44	1.34	1.32	1.22	0.96	0.15	0.16	0.14	0.53	0.10	0.90	0.45	0.74	5.60	92.01	0.37	0.25
4	C_{23}	1.33	1.26	1.26	0.85	0.72	0.21	0.10	0.13	0.69	0.14	1.27	0.34	0.75	7.04	90.10	0.41	0.29
5	C_{23}	1.31	1.25	1.28	0.89	0.75	0.23	0.10	0.14	0.64	0.15	1.15	0.37	0.74	7.61	89.10	0.42	0.32
6	C_{23}	1.36	1.30	1.42	1.15	0.86	0.19	0.10	0.15	0.50	0.13	0.87	0.49	0.83	7.26	89.97	0.41	0.29
7	C_{23}	1.37	1.30	1.55	1.07	0.71	0.30	0.08	0.12	0.49	0.13	0.69	0.50	0.96	6.44	90.29	0.38	0.26
8	C_{23}	1.40	1.34	1.52	1.31	0.90	0.18	0.09	0.10	0.35	0.12	0.68	0.56	0.94	7.90	86.96	0.38	0.26
9	C_{23}	1.34	1.30	1.47	1.27	0.89	0.16	0.11	0.15	0.54	0.11	1.03	0.48	0.70	4.93	92.73	0.37	0.26
10	C_{23}	1.36	1.28	1.37	1.14	0.87	0.15	0.09	0.14	0.47	0.11	0.95	0.49	0.71	4.99	92.63	0.39	0.28
平均值		1.36	1.30	1.39	1.10	0.84	0.19	0.10	0.13	0.53	0.12	0.97	0.45	0.79	6.43	90.58	0.40	0.28
11	C_{17}	1.37	1.17	1.11	1.79	2.45	0.25	0.05	0.15	0.71	0.14	1.02	0.22	0.63	5.13	92.58	0.40	0.25
12	C_{17}	1.38	1.17	1.07	1.78	2.42	0.20	0.05	0.14	0.72	0.14	1.04	0.22	0.61	4.83	93.13	0.41	0.26
13	C_{17}	1.29	1.11	1.12	1.19	1.35	0.24	0.07	0.14	0.69	0.13	1.00	0.28	0.68	7.09	89.75	0.46	0.34
14	C_{23}	1.30	1.25	1.12	1.19	1.26	0.25	0.08	0.14	0.63	0.16	0.99	0.28	0.67	6.85	89.85	0.46	0.35
15	C_{17}	1.42	1.22	1.00	1.91	3.17	0.17	0.08	0.13	0.67	0.12	0.76	0.28	0.65	4.73	93.67	0.37	0.23
16	C_{17}	1.44	1.23	0.99	1.84	3.06	0.21	0.08	0.12	0.66	0.14	0.78	0.27	0.65	4.61	93.42	0.37	0.22
17	C_{17}	1.30	1.13	1.04	1.41	1.97	0.20	0.11	0.13	0.62	0.12	0.88	0.24	0.62	6.20	91.23	0.46	0.33
18	C_{17}	1.31	1.12	1.11	1.27	1.49	0.22	0.13	0.12	0.69	0.14	1.05	0.28	0.64	6.47	90.18	0.48	0.34
19	C_{17}	1.30	1.09	1.10	1.35	1.54	0.20	0.08	0.17	0.66	0.15	1.17	0.28	0.66	6.83	90.23	0.45	0.35
20	C_{17}	1.28	1.08	1.24	1.17	1.15	0.26	0.06	0.13	0.70	0.17	1.08	0.23	0.66	8.82	87.51	0.46	0.41
平均值		1.34	1.16	1.09	1.49	1.99	0.22	0.08	0.14	0.68	0.14	0.98	0.26	0.65	6.16	91.16	0.43	0.31

续表

样品号	主峰碳	CPI	OEP	Pr/Ph	Pr/ nC_{17}	Ph/ nC_{18}	Tr/H	T_s/（T_s+T_m）	G/ C_{30}H	C_{29}H/ C_{30}H	C_{19}Tr/ C_{23}Tr	C_{24}TeT/ C_{26}Tr	$C_{27}S$/ $C_{29}S$	$C_{28}S$/ $C_{29}S$	重排甾烷	规则甾烷	$C_{29}S$/（$S+R$）	C_{29}ββ/（αα+ββ）
21	C_{17}	1.16	1.07	1.51	0.63	0.58	0.24	0.09	0.18	0.64	0.24	2.15	0.37	0.71	5.74	89.08	0.40	0.26
22	C_{23}	1.34	1.27	1.03	0.50	0.45	0.20	0.11	0.06	0.76	0.11	1.11	0.53	1.23	4.16	93.95	0.31	0.17
23	C_{23}	1.27	1.27	1.59	0.53	0.29	0.20	0.15	0.08	0.60	0.10	1.09	0.40	0.91	7.54	88.37	0.45	0.38
24	C_{17}	1.35	1.08	1.40	0.74	0.65	0.22	0.10	0.16	0.50	0.19	1.45	0.51	0.74	6.50	88.21	0.40	0.24
25	C_{23}	1.45	1.30	1.55	1.21	0.84	0.13	0.09	0.28	0.44	0.11	1.16	0.38	0.61	5.12	91.67	0.30	0.20
26	C_{23}	1.66	1.50	1.43	1.22	0.92	0.17	0.17	0.11	0.66	0.18	2.26	0.41	1.17	5.47	92.12	0.26	0.20
27	C_{23}	1.38	1.31	1.54	1.14	0.75	0.12	0.09	0.27	0.47	0.11	1.18	0.41	0.62	4.25	93.06	0.30	0.19
28	C_{23}	1.41	1.30	1.47	1.07	0.78	0.13	0.09	0.27	0.47	0.12	1.38	0.44	0.61	4.35	92.31	0.29	0.20
29	C_{23}	1.24	1.20	1.26	0.80	0.67	0.21	0.11	0.16	0.57	0.13	1.11	0.40	0.68	7.21	88.99	0.44	0.34
30	C_{25}	1.15	1.09	1.33	0.72	0.54	0.14	0.14	0.15	0.57	0.12	1.61	0.43	0.60	5.49	88.68	0.43	0.25
平均值		1.34	1.24	1.41	0.86	0.65	0.18	0.12	0.17	0.57	0.14	1.45	0.43	0.79	5.58	90.64	0.36	0.24
31	C_{23}	1.36	1.39	1.16	1.64	1.91	0.18	0.05	0.15	0.69	0.15	1.20	0.29	0.71	4.95	92.81	0.38	0.22
32	C_{23}	1.53	1.44	0.86	2.24	3.49	0.22	0.04	0.20	0.74	0.10	0.99	0.22	0.69	4.48	93.23	0.36	0.21
33	C_{17}	1.40	1.25	0.91	1.89	3.20	0.20	0.06	0.13	0.71	0.14	0.97	0.24	0.60	4.50	93.21	0.39	0.22
34	C_{17}	1.25	1.14	1.11	1.50	1.70	0.33	0.04	0.18	0.82	0.17	1.48	0.16	0.58	8.37	87.99	0.46	0.42
35	C_{17}	1.24	1.23	0.95	1.48	2.18	0.34	0.03	0.20	0.83	0.16	1.45	0.27	0.78	6.18	88.07	0.43	0.27
36	C_{17}	1.33	1.17	0.93	2.01	2.89	0.25	0.03	0.15	0.78	0.11	0.93	0.23	0.73	6.47	90.06	0.44	0.30
37	C_{17}	1.29	1.23	0.95	1.48	2.16	0.29	0.03	0.16	0.82	0.15	1.47	0.26	0.77	6.24	87.87	0.44	0.29
38	C_{17}	1.25	1.08	1.00	0.85	1.00	0.30	0.28	0.12	0.55	0.12	0.70	0.23	0.63	10.04	84.86	0.47	0.47
39	C_{23}	1.28	1.17	0.89	1.04	1.27	0.26	0.26	0.11	0.54	0.08	0.55	0.21	0.62	10.25	86.49	0.47	0.48
40	C_{23}	1.25	1.24	0.97	1.15	1.01	0.17	0.10	0.15	0.67	0.13	1.69	0.40	0.77	6.57	90.09	0.46	0.34
平均值		1.32	1.23	0.97	1.53	2.08	0.25	0.09	0.16	0.72	0.13	1.14	0.25	0.69	6.80	89.47	0.43	0.32

注：Pr 为姥鲛烷；Ph 为植烷；nC 为正构烷烃；CPI 为碳优势指数；OEP 为奇偶优势指数；$C_{29}\beta\beta/(\alpha\alpha+\beta\beta)$ 为 C_{29} 甾烷 $\beta\beta/(\alpha\alpha+\beta\beta)$；$C_{29}$ $S/(S+R)$ 为 $C_{29}\alpha\alpha\alpha$ 甾烷 20S/（20S+20R）；$T_s/(T_s+T_m)$ 为 18α（H）-/[18α（H）+17α（H）]- 三降藿烷；C_{29}H 为 C_{29} 藿烷；C_{30}H 为 C_{30} 藿烷；Tr 为三环萜烷类化合物；H 为藿烷类化合物；G 为伽马蜡烷；TeT 为四环萜烷；C_{27}S—C_{29}S 为 C_{27} 规则甾烷—C_{29} 规则甾烷。

（3）生物标志化合物对比。

对比典型生物标志化合物参数，芦草沟组一段、二段的原油与烃源岩同样展现良好的亲缘关系。芦草沟组二段烃源岩伽马蜡烷 /C_{30} 藿烷平均值为 0.17，T_s/（T_s+T_m）平均值为 0.12，三环萜烷 / 藿烷平均值为 0.18，C_{29}- 藿烷 / C_{30}- 藿烷平均值为 0.57，C_{19}- 三环萜烷 / C_{23}- 三环萜烷平均值为 0.14，与同层位的原油一致；芦草沟组一段烃源岩伽马蜡烷 /C_{30} 藿烷平均值为 0.16，T_s/（T_s+T_m）平均值为 0.09，三环萜烷 / 藿烷平均值为 0.25，C_{29}- 藿烷 / C_{30}- 藿烷平均值为 0.72，C_{19}- 三环萜烷 / C_{23}- 三环萜烷平均值为 0.13，与同层位的原油一致（表 3-5）。

芦草沟组烃源岩和原油 C_{24}- 四环萜烷 /C_{26}- 三环萜烷存在较大差异，芦草沟组二段、一段的烃源岩 C_{24}- 四环萜烷 /C_{26}- 三环萜烷平均值分别为 1.45 和 1.14（表 3-5），明显高于同层位原油（平均值分别为 0.97 和 0.98）的（表 3-5），表明芦草沟组烃源岩中 C_{24}- 四环萜烷质量分数高于同层位原油的，可能是成熟度差异而导致的，随着烃源岩成熟度的不断增加，具有较高热稳定性的 C_{24}- 四环萜烷的质量分数随之增加，最终造成烃源岩与已排出原油之间 C_{24}- 四环萜烷质量分数的差异（邹才能等，2013）。此外，芦草沟组烃源岩和原油在三环萜烷谱图分布存在差别，芦草沟组原油 C_{19}—C_{21} 三环萜烷呈“上升型”分布，芦草沟组烃源岩有近一半样品 C_{19}—C_{21} 三环萜烷呈“∧型”分布，C_{21} 三环萜烷质量分数略低于 C_{20} 三环萜烷的。

芦草沟组一段、二段的烃源岩甾烷质量分数及相关参数与同层位原油也基本一致，规则甾烷质量分数占绝对优势，分别为 89.47% 和 90.64%；重排甾烷质量分数分别为 6.80% 和 5.58%（表 3-5）；几乎不含 4- 甲基甾烷。芦草沟组二段烃源岩 C_{27} 规则甾烷质量分数明显高于芦草沟组一段烃源岩的，其 C_{27} 规则甾烷 /C_{29} 规则甾烷和 C_{28} 规则甾烷 /C_{29} 规则甾烷平均值分别为 0.43 和 0.79，而芦草沟组一段的平均值分别为 0.25 和 0.69（表 3-5）。

根据选取典型生物标志化合物参数相关关系，厘清芦草沟组一段、二段的油源关系（图 3-29、图 3-30）。芦草沟组一段、二段的原油来自同层位烃源岩，符合页岩油“自生自储”的成藏特性（吴红浊等，2014）。

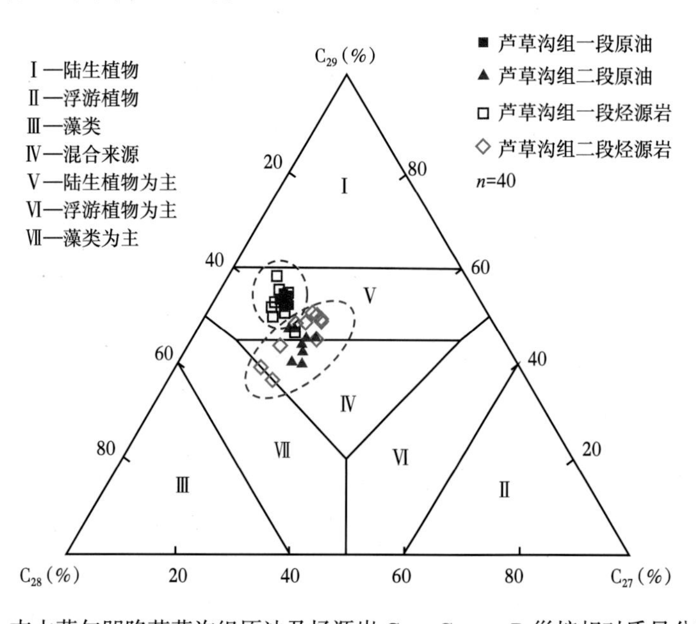

图 3-29　吉木萨尔凹陷芦草沟组原油及烃源岩 C_{27}—C_{29}αααR 甾烷相对质量分数三角图

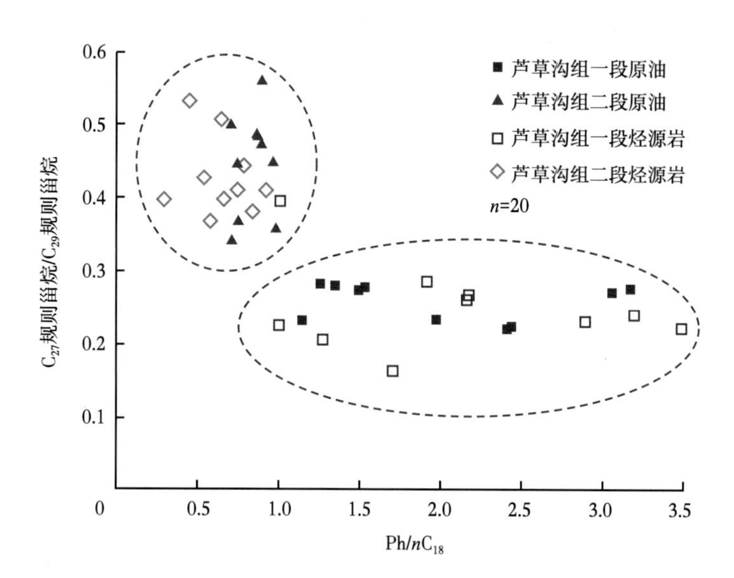

图 3-30 吉木萨尔凹陷芦草沟组原油及烃源岩 C_{27}/C_{29} 规则甾烷与 Ph/nC_{18} 参数分布

第四章　页岩油储层复杂岩性特征及测井识别技术

第一节　页岩油储层岩心描述及薄片鉴定

一、岩心描述

岩心观察描述是一项细致而又重要的工作。通过对岩心的观察、描述和研究，可以直接地了解地下岩层的岩性、岩相、物性和油、气、水的分布特征，为石油的勘探开发提供直接依据。

1. 观察顺序

习惯上一般是从下到上（由老到新）按岩石的沉积过程描述，也就是从最后一盒岩心的最后一块开始向上描述，这样做的好处就是在岩心的观察描述过程中对这口井的取心层段的沉积过程、相序变化过程有一个整体的印象（安明泉等，1998）。有时由于工作需要或个人习惯，也可以从上到下（由新到老）来描述，即从第一盒的第一块开始，向下进行描述。

2. 观察方法

描述岩心之前，最好先对整井岩心进行整体观察，在头脑中建立一个整体的印象，然后根据岩心的岩性特征、含油气特征、韵律变化特征等将岩心分段，进行仔细的观察描述（王艳情等，2011）。采用照相、文字描述、素描相结合的方式记录描述岩心。文字描述一定要详细，对特殊、典型的沉积现象应进行素描或照相。

3. 描述内容

在岩心观察和描述过程中，根据研究需要，对重点层段或重点现象进行重点描述。如对含油岩心进行描述时，除了描述沉积特征外，还要对含油状况进行描述。对岩心中具有特殊意义的现象也需进行重点描述，当肉眼观察不能确定的现象时，可取样进行室内其他分析，进行综合分析后，再确定。岩心描述主要包括岩性、相标志、含油气性三个方面（许运新等，1994）。

4. 岩性描述

颜色是岩石最醒目的标志，它主要反映岩石内矿物的成分和沉积环境（冯增昭，1993）。因此，地质工作者在给岩石定名时，把颜色放在最前面，以作为鉴定岩石、判断沉积环境、地层分层、对比的重要依据，在描述岩心时，必须将岩心放在亮处，以劈开岩心的干燥新鲜面颜色为准。颜色的描述也受到岩心渗透率、泥质含量的影响，渗透率高的岩心（吴胜和等，2011），原始含油饱和度高，颜色深；反之渗透率低的岩心，原始含油饱和度低，泥质含量增加，岩性不均匀，岩心颜色也具有变浅的现象。

（1）碎屑岩颜色。

钻井取出岩心一般多为砂岩、砂泥混合（过渡性）岩和泥岩三种，其颜色可因其颗粒成分、胶结物、含有物及沉积环境不同，呈现不同颜色。

单一颜色：为一种颜色，如灰色、白色等，在描述其颜色时，常在颜色前加形容词来说明颜色的深浅，如浅灰色、深灰色等。

混合颜色：是指两种颜色较均匀分布在岩石内，往往其中一种较突出，另一种次之。描述时将主要颜色放在后，次要颜色在前。如灰白色粉砂岩，是以白色为主，灰色次之。

杂色：一般由三种以上颜色混合组成，或各自呈不均匀分布。如斑块、斑点和杂乱分布，往往以某一种颜色为主，其他颜色杂乱分布，具有杂色的岩性一般多为泥质岩类。

（2）含油岩心的颜色。

含油砂岩的颜色，除含稠油、氧化的油和轻质油的岩心外，一般其颜色深浅是反映含油饱满程度的，即含油饱满颜色较深，呈棕色、褐色和棕褐色等，含油不饱满则颜色较浅，呈浅棕色、棕黄色等。

（3）水洗后岩心的颜色。

岩心颜色在新鲜断面时反映本色，久放后，表面岩石颗粒及含油部分氧化而使颜色加深。在含油饱满情况下饱含油呈棕褐色—黑褐色；随含油程度的降低颜色变浅，为棕色—浅棕色—棕黄色；不含油的砂岩为灰色—灰白色；泥岩的颜色基本上呈红色—绿色—黑色的变化规律，它反映了不同的沉积环境。

在一定程度上，岩心颜色的变化明显反映了是否受到注入水的驱替，因此，观察岩心颜色是判断岩心是否含水的一项重要内容。“甜点”处的岩心水洗后，含油饱和度降低，含水饱和度增高，岩心颜色变浅，呈棕色—浅棕色，随水洗程度的不断增加，常见到组成岩石颗粒的本色，如灰棕色、灰白色等。

描述岩石碎屑和填隙物的成分时，可以用肉眼或借助放大镜、双目实体显微镜，可见的成分均应被描述。从细砂岩到砾岩的粒级应写出主要成分、次要成分和特殊成分（朱筱敏，2008）。主要成分以“为主”（含量≥40%）表示，其余成分视含量多少，分别以“次之”（含量20%~40%）、“少量”（含量5%~20%）、“微量”（含量5%~21%）、“偶见”（含量小于1%）表示，少数不能确定的成分可表述为“见少量××矿物或××岩块”。

注：碎屑成分可分为矿物碎屑和岩石碎屑（俗称岩块）两类。矿物碎屑常见的有石英、长石、云母及暗色矿物；岩石碎屑为母岩破碎后的产物，有岩浆岩块、变质岩块、沉积岩块。

化石及含有物：描述化石的种类、颜色、大小、纹饰、形态、数量、分布和保存情况（化石个体保存完整、轮廓清晰、纹饰可见时，称为保存“完整”；只见部分残体时，称为“破碎”；介于完整和破碎之间的，称为保存“较完整”），以及含有物的名称、颜色、数量、大小、分布状况和与层理的关系。化石及含有物的数量能数清时，用具体数量表示；不能数清的，用“少量”“较多”（普遍分布）、“富集”（数量极多）表示。

5. 相标志描述

结构是指岩石的组成颗粒的大小、形状特征，以及颗粒相互间的组合关系（宋青春等，2005）。岩石结构描述的内容包括粒度（颗粒直径），形状（圆、半圆、棱角、半棱角），分选（好、中等、差）、球度及颗粒表面特征等。

构造是指岩石的组成颗粒的空间分布和它们相互间的位置关系（宋青春等，2005）。构造是在岩石沉积过程中形成，可以反映沉积物的沉积环境，沉积条件不同，所形成的构造特点也不一样。结合地区实际情况，构造主要包括成层构造和非成层构造两大类。

层理是岩石性质沿垂向变化的一种层状构造，它可以通过矿物成分、结构、颜色的突变和渐变而显现出来。层理是沉积岩最典型最重要的特征之一；它是沉积物沉积时水动力条件的直接反映，也是沉积环境的重要标志之一（图 4-1）。

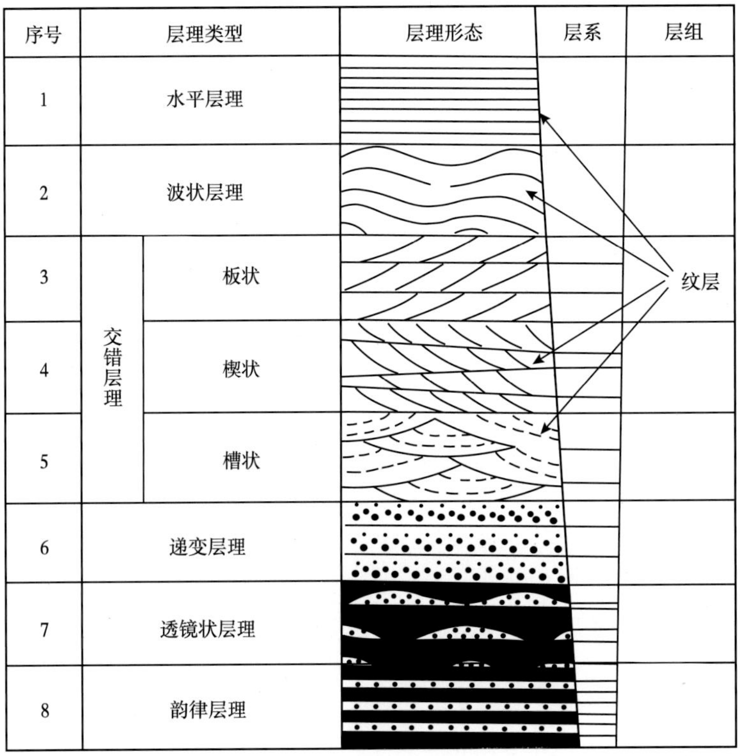

序号	层理类型		层理形态	层系	层组
1	水平层理				
2	波状层理				
3	交错层理	板状			纹层
4		楔状			
5		槽状			
6	递变层理				
7	透镜状层理				
8	韵律层理				

图 4-1　层理的基本类型

（1）水平层理：包括页片状水平层理、微细水平层理和韵律性水平层理。描述显示层理的矿物颜色及成分、粒度变化、层的厚度、界线清晰程度、层面有无片状矿物、黄铁矿、生物碎片及分布情况。

（2）波状层理：描述显示层理的矿物颜色及成分、界面清晰程度、波长、波高、连续性、对称性、粒度变化。

（3）交错层理：描述显示层理的碎屑颜色及成分、层厚度、形态、连续性、交角。

（4）压扁层理和透镜状层理：描述显示层理的物质颜色及成分、厚度、形态、对称性。

（5）递变层理：描述粒度的变化情况和厚度。

（6）韵律层理：描述显示层理的物质颜色及成分、结构变化、纹层厚度、界面清晰程度。常见的层面构造有波痕、泥裂、雨痕、冰雹痕、晶体印痕、生物活动痕迹、槽模、沟模。

纹层是组成层理的最基本的最小的单位，纹层之内没有任何肉眼可见的层，亦称细层，是在一定条件下同时沉积的。

层系是由许多在成分、结构、厚度和产状上近似的同类型纹层组合而成。它们形成于相同的沉积条件下，是一段时间内水动力条件相对稳定的产物。

层系组是由两个或两个以上岩性（成分、结构）基本一致的相似层系或性质不同但成因上有联系的层系叠覆组成，其间没有明显间断，也称层组。

层是组成沉积地层的基本单位。由成分基本一致的岩石组成，它是在较大区域内，在基本稳定的自然条件下沉积而成的。一个层可以包括一个或若干个纹层、层系或层系组。层没有限定的厚度，其厚度变化范围很大，为几厘米至几十米，通常是几厘米至几十厘米。按厚度，可以划为：块状层（＞1m）、厚层（0.5~1m）、中层（0.1~0.5m）、薄层（0.1~0.01m）、微细层或页状层（＜0.01m）。

6. 岩石接触关系

岩石上下接触关系表明岩石成分上下过渡的特征，对分析沉积条件有较大作用。在描述不同岩性接触关系时，重点描述不同类型接触面的岩性、颜色、成分、结构、构造、含有物及接触面的其他沉积特征。

常见的接触关系如下：

（1）渐变：不同岩性逐渐过渡，无明显界限；

（2）突变：不同岩性分界明显，但为连续沉积；

（3）冲刷面：沿层面上有明显冲刷切割现象，下部常有下伏沉积物的碎块等。

7. 含油性描述

岩心的含油特征是岩心描述的重点对象之一，不仅在描述时要详尽、细致，并且在岩心刚出筒时就要认真细心观察岩心含油产状特征，并做记录或必要的试验、取样等，以作为在详细描述时的补充。

在描述岩心的含油特征时，必须将岩心劈开，描述岩心的新鲜面。除对岩石的结构、构造等进行描述外，要突出描述岩心的含油饱满程度、产状特征等。应该特别指出的是不能忽视对低含油级别（油浸、油斑、油迹）岩心的描述。

（1）含油产状的确定。

岩心含油产状指岩心沿轴线劈开后，新鲜断面上含油部分所占面积大小，即含油面积百分比及岩心含油饱满程度。描述分级有饱含油、含油、油浸、油斑、油迹五级，划分含油产状标准见表 4-1。

表 4-1 岩心含油产状分级标准

级别	岩心面含油面积占比（%）	含油状况
饱含油	＞90	含油饱满，油润感强，岩性均匀
含油	60~90	含油较饱满，有不含油斑块
油浸	30~60	含油不饱满，成条带状分布，岩性不均匀
油斑	5~30	含油极不饱满，常呈条带状分布，岩性不均匀
油迹	＜5	零星含油，岩性很细，不均匀

（2）含钙岩心含油产状的确定。

薄片鉴定在描述含油级别时应注意：凡含油岩心含钙者，应根据含钙程度，在描述定名中含油级别应降1~2级。含钙程度为"含钙"时含油级别降1级，含钙程度为"钙质"时含油级别降2级。

二、薄片鉴定

随着科学技术的不断发展，尽管国内外先进的实验室测试技术不断涌现，但碎屑岩岩石薄片鉴定依然是无法被其他测试技术取代的最基本的室内研究方法之一。岩石薄片鉴定是最经济、快捷和有效的岩石微观特征研究方法之一。碎屑岩储层是油气聚集的重要场所，是油气勘探和开发的直接目的层。

1. 粒度分类描述

碎屑岩的成分由三部分组成：碎屑颗粒、填隙物及孔隙。根据碎屑物的粒度可将碎屑岩分为粗碎屑岩、中碎屑岩和细碎屑岩三类（图4-2）。粗碎屑岩的代表岩石为砾岩和角砾岩；中碎屑岩的代表岩石为砂岩；细碎屑岩代表岩石为粉砂岩。

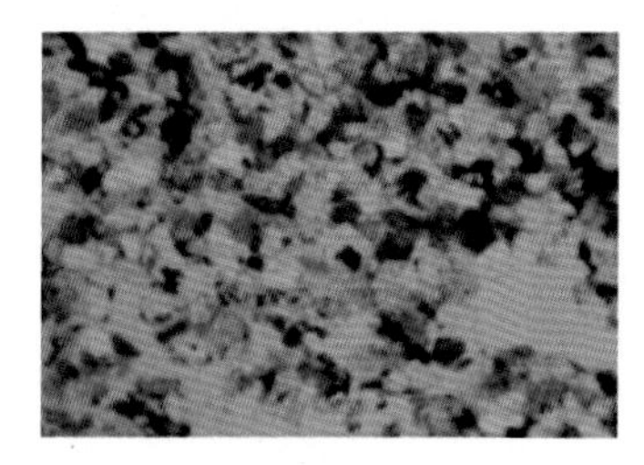

（a）细砾岩

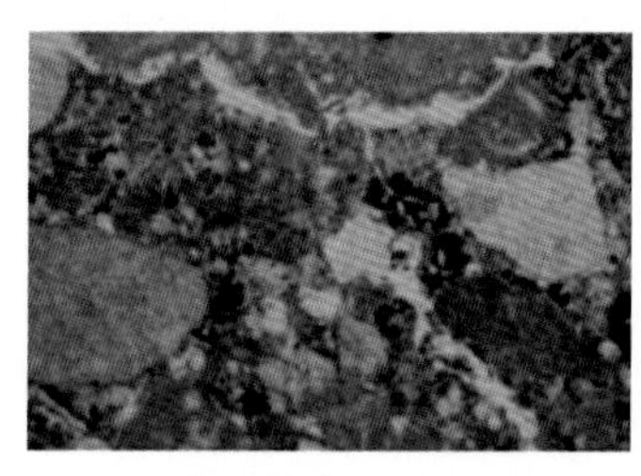

（b）细粒海绿石长石石英砂岩

（c）钙质粗粉砂岩

图4-2　三类碎屑岩薄片照片

粗碎屑岩—砾岩和角砾岩这类岩石中粗碎屑的粒径＞2mm，按砾石的大小还可进一步分为细砾岩（2~10mm）、中砾岩（10~50mm）、粗砾岩（50~250mm）、巨砾岩（＞250mm）（表4-2）。当砾石的磨圆度很差，呈棱角状或次棱角状时称为角砾岩。粗碎屑岩中的砾石主要是各种岩石的碎块，它们主要为机械强度较高的岩石，较少为机械强度较低的岩石。

表4-2　粒级分类表

粒级	粒径（mm）	粒度值（φ=lgz）
砾石	＞2	＜-1
巨砂	1~2	-1~0
粗砂	0.5~1	0~1
中砂	0.25~0.5	1~2
细砂	0.125~0.25	2~3
极细砂	0.0625~0.125	3~4
粗粉砂	0.0313~0.0625	4~5
细粉砂	0.0039~0.0313	5~8
泥	＜0.0039	8

细碎屑岩—粉砂岩粒径为0.0039~0.0625mm的粉砂占全部碎屑50%以上的碎屑岩。按颗粒的大小，粉砂岩又可分为粒径为0.015~0.0625mm的粗粉砂岩和粒径为0.0039~0.015mm的细粉砂岩。粉砂岩的主要碎屑成分是石英，还有长石、云母、绿泥石、黏土矿物和多种重矿物，但岩屑很少；其碎屑颗粒一般为棱角状，圆化的少见，这是因为颗粒太小，不易磨圆。常具薄的水平层理至显微水平层理，以及小型沙纹层理、包卷层理等；形成于弱的水动力条件下，常堆积于湖泊、沼泽、河漫滩、三角洲和海盆地环境。

中碎屑岩—砂岩这类岩石中砂级碎屑含量大于50%的沉积岩。在自然界分布较广，是研究最多的沉积岩类之一。砂岩由砂级陆源碎屑和填隙物两部分组成，主要特征如下：

（1）砂岩中碎屑的粒度在0.05~2mm之间，由于粒度较细，碎屑的成分主要为一些单矿物碎屑，其次为由较细粒矿物组成的岩石碎屑。最常见的矿物碎屑有石英、长石，含少量云母和一些重矿物。岩屑的成分较复杂，三大岩类的岩屑都可以出现；

（2）在显微镜下观察时，用目镜微尺准确测定屑碎颗粒的直径。确定岩石中的主要碎屑的粒度可进一步分为粗砂（0.5~2mm）、中砂（0.25~0.5mm）、细砂（0.06~0.25mm）；

（3）碎屑的圆度主要指碎屑的磨圆程度，它与碎屑搬运的距离有关，也与碎屑的物理性质有关。碎屑的圆度通常分为五级（即棱角状、次棱角状、次圆状、圆状和极圆状），其特征如图4-3所示。

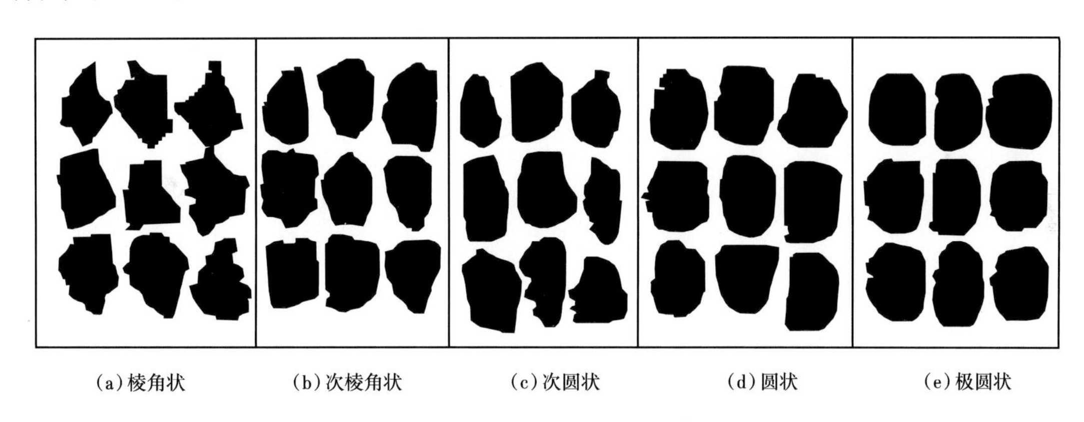

（a）棱角状　（b）次棱角状　（c）次圆状　（d）圆状　（e）极圆状

图4-3　碎屑颗粒磨圆程度示意图

2. 组成成分描述

在碎屑岩薄片鉴定过程中，需要对岩石中所有组分进行鉴定，并进行含量统计。碎屑岩中，常见的碎屑组分包括矿物碎屑、岩石碎屑及其他碎屑。常见的矿物碎屑有石英、长石及呈片状产出的云母、绿泥石和一些重矿物等。

砂岩的填隙物主要由杂基、胶结物、凝灰质等组成，此外还有一些有机质也可成为填隙物，但一般不作为岩石组分进行统计。

杂基是碎屑岩中与粗碎屑一起由源区搬运并沉积下来的细粒沉积物。在砂岩中，杂基的粒度一般小于0.03mm(或大于5ϕ)，它们是机械沉积产物而不是化学沉淀组分；而在砾岩中，杂基也相对变粗，除泥质以外可以包括粉砂甚至砂级颗粒。杂基的成分多为黏土矿物，有时可见碳酸盐灰泥、云泥及一些细—粉砂颗粒。与自生黏土相比，杂基中的组分常不单一。

胶结物一般指在成岩过程中化学沉淀的物质。常见胶结物包括自生黏土矿物和自生矿物两大类。自生黏土矿物有高岭石、伊利石、绿泥石及混层黏土等。需要指出的是，混层黏土的成因较为复杂，但根据其显微镜下特征，一种可能是成岩期间新生成的，另一种可能是经成岩转化或重结晶生成，在薄片鉴定过程中可根据其产状酌情处理。常见的成岩自生矿物主要有硅质、长石质、碳酸盐类、硫酸盐类、沸石类等，另外还有部分黄铁矿、钠铁矿、黄钾铁矾也可以作为砂岩的填隙物，甚至一些重矿物如石榴子石、榍石、绿帘石等也可以以自生加大边或充填孔隙的形式出现在砂岩的孔隙中。

3. 结构参数描述

（1）支撑类型。

碎屑岩的支撑类型可分为杂基支撑和颗粒支撑两种类型，杂基支撑碎屑颗粒彼此不相接触而呈游离状，粒间均被杂基充填。颗粒支撑碎屑颗粒彼此相接触，形成支架结构，颗粒间留下孔隙或充填杂基和胶结物。

碎屑岩的接触方式指颗粒支撑型中粒间相互接触的紧密程度，是埋藏成岩过程中压实—压溶作用强烈的反映。其接触方式可分为以下四种:（1）点接触 ：颗粒之间呈点状接触;（2）线接触：颗粒间呈线状接触;（3）凹凸接触：颗粒间呈曲线状接触;（4）缝合线接触：颗粒间呈缝合线状接触。

（2）胶结类型。

胶结类型是由填隙物（胶结物和杂基）在岩石中的分布、自身的结构差异及其与颗粒间的关系所表现的特征。在中华人民共和国石油天然气行业标准《岩石薄片鉴定》（SY/T 5368—2016）中，将碎屑岩的常见胶结类型划分为 9 种。

①基底型：碎屑颗粒呈漂浮状分布于填隙物中，互不接触，粒间填隙物含量一般大于 25%。这里的填隙物多半是和碎屑同时沉积的杂基，或为泥晶、连晶状碳酸盐矿物。

②孔隙型：碎屑颗粒呈支架状接触。填隙物分布在颗粒间的孔隙中，填隙物含量一般为 5%~25%。

③接触型：碎屑颗粒之间呈支架状接触，填隙物分布在颗粒接触处，其含量一般小于 5%。

④压嵌型：碎屑颗粒呈凹凸状或缝合线状接触，是一种被改造的颗粒支撑结构。颗粒周边有 2/3 为凹凸状或缝合线状镶嵌，填隙物含量往往很少，且常分布于未被嵌合的部位。

⑤连晶型：胶结物呈大片状连晶结构，胶结物的晶粒比碎屑粒径大，即胶结物中每单个晶粒内可以包含多个碎屑颗粒。因晶粒较大，在手标本上可以分辨，如碳酸盐和硫酸盐等。

⑥晶粒镶嵌型：胶结物的晶粒比碎屑小，胶结物呈多晶粒状充填孔隙，即一个孔隙中可有数个晶体相互嵌合生长。

⑦薄膜型：胶结物呈薄膜状沿碎屑颗粒周缘分布，薄膜的厚度较为均一。如绿泥石、伊利石及微晶石英常呈薄膜状产出。

⑧次生加大型：胶结物围绕碎屑颗粒边缘再生长，两者成分相同、光性方位一致（或不一致）的一种胶结类型，以石英和长石居多。当 50% 以上长英质颗粒发育次生加大时，则可定为次生加大型。

⑨凝块型：胶结物分布极不均一的一种胶结类型，如斑块状、团块状、凝块状等。

当一块碎屑岩中几种胶结类型相伴生时，需建立过渡胶结型，如孔隙—薄膜型，且以后者为主；有些特殊的胶结物结构，在9种胶结类型中没有，但偶尔会出现，如由沿碎屑颗粒边缘垂直生长的自生碳酸盐等胶结的碎屑岩，可称为“栉壳型胶结”或“丛生型”；当碎屑岩为孔隙十分发育，填隙物含量小于2%的疏松弱固结岩石时，可称为“弱胶结型”。

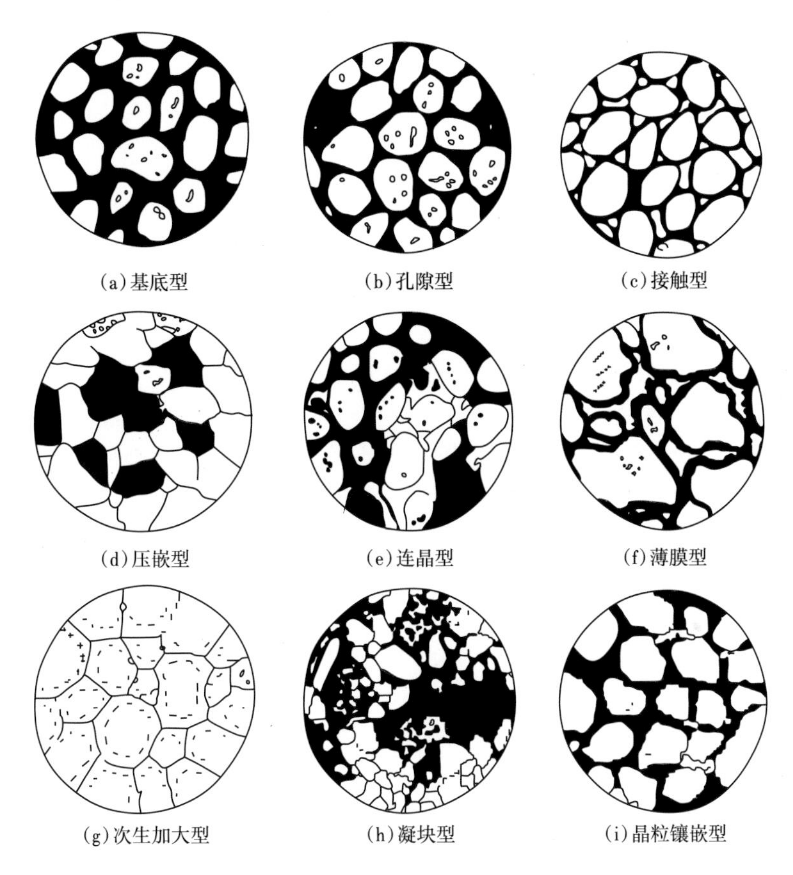

图4-4 胶结类型示意图

（3）储集空间类型。

碎屑岩储集空间主要为各种类型的孔隙和少量裂缝。按孔隙的成因，可将其分为原生孔隙和次生孔隙（罗蛰潭，1996）。原生孔隙是指与沉积作用同时形成的孔隙，包括粒间孔、岩屑粒内孔、矿物解理缝、杂基内微孔及层理层面间孔隙（如层面缝），其中以粒间孔为主。

次生孔隙是指沉积作用过程之后，岩石成岩作用中所形成的孔隙，包括粒间溶孔、粒内溶孔、填隙物内溶孔、交代物溶孔等。广义的次生孔隙还包括裂缝，如构造裂缝、收缩裂缝等。

碎屑岩储集空间类型按成因、空隙几何形态等分为孔、洞、缝三类，18个亚类。

平均孔径：指岩石薄片中最具代表性的可见孔直径，单位为μm。一般用岩样面积内的平均粒间孔的内切面直径来表示，当粒间孔不发育时，可选用主要孔隙的直径来表示。

面孔率：指岩石薄片中可见孔占岩样面积的百分比，用%表示。

孔原组合类型：指岩石中主要储集空间的组合特征（包括微孔隙在内）。

①原生孔隙。

原生孔隙指与沉积作用同时形成的孔隙。按原生孔隙的结构可将其分为：

（a）粒间孔：指在沉积时期形成的颗粒之间的孔隙。一般包括正常粒间孔（由压实作用而缩小但无任何充填物的孔隙）和剩余粒间孔（受到胶结但未完全堵塞的原始粒间孔隙）；

（b）粒内孔：指岩石碎屑颗粒内的原生孔隙，如喷出岩岩屑内的气孔等；

（c）微孔隙：一般是指孔径在 0.05~0.5μm 之间，只能在扫描电子显微镜下方可辨认的孔隙。微孔隙由泥状杂基成岩收缩形成或由黏土矿物重结晶形成，其含量一般用孔隙度与面孔率之差来表示。

②次生孔隙。

次生孔隙指由成岩期间的溶解和破裂等作用形成的孔隙。按次生孔隙的结构可将其分为：

（a）粒间溶孔：指颗粒之间的填隙物溶蚀孔。与原生粒间孔不易区分，识别特征是孔隙内有溶蚀残余物或溶蚀迹象；

（b）粒内溶孔：为碎屑颗粒内溶蚀孔隙，可根据被溶碎屑成分进一步细分，如长石溶孔、岩屑溶孔、生物碎屑溶孔等；

（c）颗粒溶孔：为颗粒内溶蚀孔，溶蚀面积占颗粒面积的 1/2~2/3；

（d）超大孔隙：指孔径超过相邻颗粒直径的空孔。超大溶孔可能是在原生粒间孔的基础上形成的颗粒溶孔与粒间溶孔的复合孔隙；

（e）铸模孔：指碎屑颗粒、晶体或生物碎屑等被完全溶解，仅保留外形的溶蚀孔隙。

③晶间孔。

晶间孔是指胶结作用过程中充填于粒间孔中的自生矿物晶体之间的孔隙。如碳酸盐、石膏、浊沸石及高岭石、绿泥石等之间的孔隙。有此晶间孔是原生孔隙，是成岩自生矿物晶粒间孔隙，而有些晶间孔则为成岩期间矿物重结晶后所形成。如火山灰高岭石化后所形成的黏土晶间孔，或成因尚不清楚的黏土矿物晶间孔（如网状黏土）。

第二节　岩性特征及划分方案

页岩油是指以页岩为主的页岩层系中所含的石油资源，其中包括泥页岩孔隙和裂缝中的石油，也包括泥页岩层系中的致密碳酸岩或碎屑岩邻层和夹层中的石油资源。

一、储层岩石学分类

一般采用三端元法进行沉积岩分类，陆源碎屑岩砂岩以石英、长石和岩屑（包括绿泥石和云母）作为三个端元的相对含量三角图法进行命名和区分，其中以含量大于 50% 的组分作为基本名称，含量为 25%~50% 和含量为 10%~25% 的组分分别冠以“xx 质”和“含 xx”作为前缀。

二、砂岩的一般特征

砂岩是指主要由含量大于 50%、粒径 0.1~2mm 的陆源碎屑颗粒组成的碎屑岩。砂岩的碎屑成分较为复杂，通常砂级碎屑组分以石英为主，其次是长石及各种岩屑，有时含云母和绿泥石等碎屑矿物。从结构上看，砂岩由砂粒碎屑、基质和胶结物三部分组成。基质和胶结物对砂岩都起胶结作用，但成因不同，基质是细粒的机械成因组分，粒度上限一般为 0. 03mm。

基质含量的多少反映岩石分选的好坏，是介质流体性质（密度和黏度）的一种标志。胶结物是指直接从溶液中沉淀出来的化学沉淀物，主要反映形成阶段的物理条件和化学条件。

不同砂岩的化学成分不同，这取决于碎屑组分和胶结物的成分。与岩浆岩的平均化学成分相比较，砂岩中的 SiO_2 含量很高，而 Al_2O_3 含量则大为减少。这是因为砂岩是机械沉积作用的产物，不稳定组分（如长石和岩屑）已被大量破坏、淘汰，而稳定组分石英却相对富集所致。砂岩的矿物成分越复杂，其化学成分越近于岩浆岩，如岩屑砂岩和杂砂岩。由于砂岩中存在成分变化很大的胶结物，如钙质、铁质、石膏质等，自然就增加了 CaO、FeO 的含量。

砂岩成熟度包括成分成熟度和结构成熟度，它是指砂岩中碎屑组分在风化、搬运、沉积作用的改造下接近最稳定的终极产物的程度。因而，成熟度的研究必须从碎屑成分的相对稳定性入手。一般来说，不成熟的砂岩是靠近物源区堆积的，含有很多不稳定碎屑，如岩屑、长石和铁镁矿物；高度成熟的砂岩是经过长距离搬运，遭受改造的产物，几乎全由石英组成。砂岩颗粒分选性、磨圆度及砂岩基质含量都影响其结构成熟度，它随搬运次数和搬运距离的增加而增加。

三、砂岩分类

本书选用的砂岩分类属于四组分砂岩分类体系。首先按基质含量将砂岩分为净砂岩和杂砂岩两大类：前者为基质含量小于 15% 的、分选性好的纯净砂岩；后者为基质含量大于 15% 的、分选性差的混杂砂岩。从油气储层沉积学研究结果来看，规定黏土基质含量 15% 为划分两类砂岩的界线。理由是基质含量大于 15% 的砂岩分选性差，砂岩的孔隙度和渗透率显著变低，一般难以储集油气；当基质含量大于 50% 时，则过渡为泥质岩。

其次，在砂岩和杂砂岩中，按照三角图解中 3 个端元组分石英（Q）、长石（F）及岩屑（R）的相对含量划分砂岩类型（图 4-5）。如长石含量大于 25%、岩屑含量小于 25% 的砂岩

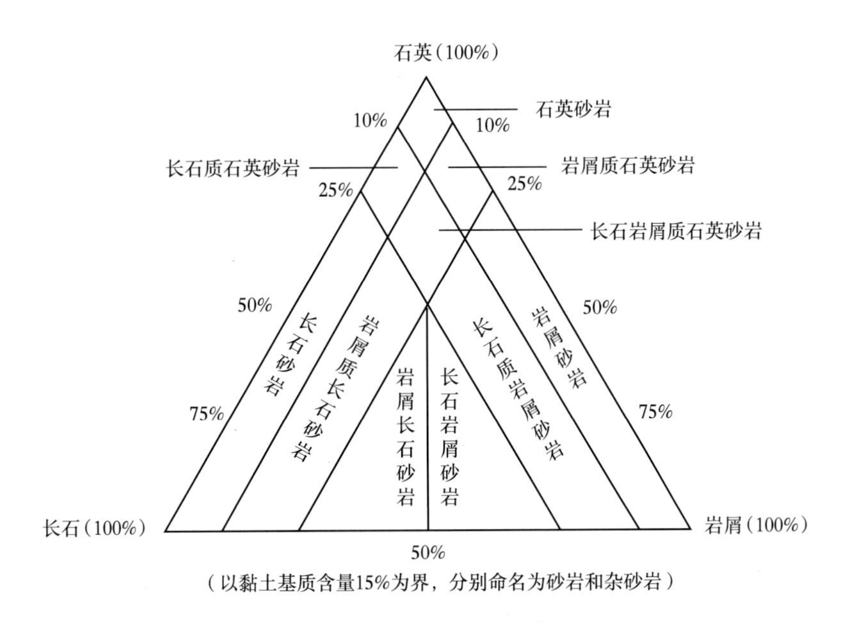

图 4-5　砂岩的成因分类

为长石砂岩（杂砂岩）类；岩屑含量大于25%、长石含量小于25%的砂岩为岩屑砂岩（杂砂岩）类；长石与岩屑含量均大于25%的砂岩为长石岩屑砂岩或岩屑长石砂岩（杂砂岩）类；长石和岩屑含量都小于25%的为石英砂岩（杂砂岩）类。

第三，如长石或岩屑含量为10%~ 25%，则将砂岩细分为“长石质或岩屑质 x x 砂岩”，颗粒含量小于10%的组分不参加定名（表4-3）。

表4-3　砂岩成分分类表

岩类名称	岩石名称	主要碎屑颗粒含量（%）			备注
		石英	长石	岩屑	
石英砂岩	石英砂岩 长石质石英砂岩 岩屑质石英砂岩 长石岩屑质石英砂岩	＞80 65~90 65~90 50~80	＜10 10~25 ＜10 10~25	＜10 ＜10 10~25 10~25	
长石砂岩	长石砂岩 岩屑质长石砂岩 岩屑长石砂岩	＜75 ＜65 ＜50	＞25 ＞25 ＞25	＜10 10~25 ＞25	长石＞岩屑
岩屑砂岩	岩屑砂岩 长石质岩屑砂岩 长石岩屑砂岩	＜75 ＜65 ＜50	＜10 10~25 ＞25	＞25 ＞25 ＞25	岩屑＞长石

说明：当基质含量大于15%时，岩石名称分别定为石英杂砂岩、长石杂砂岩和岩屑杂砂岩。

四、黏土岩

黏土岩是指以黏土矿物为主（含量大于50%）的沉积岩。黏土岩的粒度组分大都很细小，这主要是因黏土矿物的粒度细小所致，疏松或未固结成岩。黏土矿物的粒径一般都在0. 005mm或0. 0039mm以下，甚至在0. 001mm以下。因此，就粒度组分而论，当岩石组分中小于0. 005mm或小于0. 0039mm的组分含量大于50%时，这类岩石才称为黏土岩。

构成黏土岩主要组分的黏土矿物大多数来自母岩风化的产物，并以悬浮方式搬运至汇水盆地，以机械方式沉积而成。由汇水盆地中SiO_2和Al_2O_3胶体的凝聚作用形成的自生黏土矿物，以及由火山碎屑物质蚀变形成的黏土矿物，在黏土岩中所占比例较小。因此，就形成机理而言，黏土岩类应归属陆源碎屑沉积岩。

黏土岩是沉积岩中分布最广的一类，约占沉积岩总量的60%。它不仅是重要的生油岩，同时还是良好的盖层，甚至还可作为油气的储层。因此，黏土岩研究不仅对沉积岩成因、沉积环境分析起重要作用，而且还具有重要的石油地质意义。

黏土岩包含未固结的泥，固结的无纹理无页理的泥岩，固结的、有纹理、有页理的页岩，强固结的泥板岩。

页岩及泥岩是按构造特征命名的两种黏土岩岩石类型。页状层理发育的黏土岩称作页岩，不发育的称作泥岩。

五、泥岩的一般特征

泥岩是弱固结的黏土经过中等程度的后生作用（如挤压作用、脱水作用、重结晶作用及胶结作用等）形成强固结的岩石。泥岩由黏土矿物（如水云母、高岭石、蒙脱石等）组成，其次为碎屑矿物（石英、长石、云母等）、后生矿物（如绿帘石、绿泥石等）及铁锰质和有机质。泥岩是已固结成岩的，但层理不明显，或呈块状，局部失去可塑性，遇水不立即膨胀的沉积型岩石。泥岩具有浸水崩解的性质，即所谓的崩解特性。泥岩的浸水崩解现象为一种物理风化作用。泥岩比表面积大，亲水性较强，浸水时水分向岩石孔隙中运动而引起膨胀、软化和最终破碎。

泥岩在演化的整个过程中，随着热演化程度的不断增高，黏土矿物中蒙脱石逐渐向伊利石转化，这一过程通常经历伊蒙混层阶段。由于蒙脱石向伊利石的转化对有机质成熟起重要的催化作用，随着蒙脱石向伊利石转化的不断进行，蒙脱石含量不断降低，残余层间水脱出，有机酸产量逐渐降低，硅铝酸盐和碳酸盐的溶蚀逐渐减少，次生孔隙的数量也会明显减少。

六、泥岩分类

常见类型有：（1）钙质泥岩：含碳酸钙，但不超过25%，碳酸钙成分过多则过渡为泥灰岩类岩石；常见于大陆红色岩系和海洋、潟湖相的沉积岩层；（2）铁质泥岩：含较多的铁矿物，如赤铁矿、褐铁矿、针铁矿等，多见于红色岩层；（3）硅质泥岩：SiO_2 含量较高，不含或极少含铁质和碳酸盐质物，常与铁质岩、硅质岩、锰质岩相伴生。

七、页岩的一般特征

页岩是由黏土物质经压实作用、脱水作用、重结晶作用后形成的岩石，以黏土类矿物（高岭石、水云母等）为主，具有明显的薄层理构造。页岩是一种沉积岩，成分复杂，但都具有薄页状或薄片层状的节理，用硬物击打易裂成碎片，主要是由黏土沉积后在压力和温度作业下形成的岩石，但其中混杂有石英、长石的碎屑及其他化学物质，根据其混入物的成分，可分为钙质页岩、铁质页岩、硅质页岩、碳质页岩、黑色页岩、油母页岩等。其中铁质页岩可能成为铁矿石，油母页岩可以提炼石油，黑色页岩可以作为石油的指示地层。

国内外的泥岩、泥质岩和页岩的概念不同，颗粒的粒级标准也存在差异。目前国际通用标准多采用 Udden-Wentworth 粒级标准，将粒径小于 3.9μm 的碎屑颗粒称为黏土，粒径在 3.9~62.5μm 之间的碎屑颗粒称为粉砂，粒径小于 62.5μm 的碎屑统称为泥。对应粒级标准，黏土（＜3.9μm）颗粒含量大于 2/3 的岩石称为黏土岩，粉砂（3.9~62.5μm）颗粒含量大于 2/3 的岩石称为粉砂岩，两者之间的过渡类型称为泥岩，把所有这些岩石总称为泥状岩或泥质岩。泥质岩具有可劈性则称为页岩，黏土含量为主的称为黏土质页岩，粉砂为主的称为粉砂质页岩，介于两者之间的称为泥质页岩（Folk，1974；Tucher，2003）。国内的分类标准中，刘宝珺（1980）和曾允孚等（1986）将黏土颗粒含量超过 50% 组成陆源碎屑岩称为黏土岩（泥质岩），页理不发育的称为泥岩，页理发育的称为页岩，在实际的勘探开发研究中笼统称为泥页岩（冯增昭，1994）；将粉砂颗粒含量超过 50% 的颗粒组成的陆源碎屑岩称为粉砂岩。赵澄林等（2001）、何幼斌等（2011）将粒度小于 0.005mm 或小于 0.0039mm 组分含量大于 50% 的岩石称为黏土岩；将 0.1~0.01mm 粒级（含量大于 50%）的碎屑颗粒组成的细粒碎屑岩称为粉砂岩。

随着非常规油气储层研究的深入，近年来针对泥页岩岩石学分类多采用“细粒沉积岩”这一术语。细粒沉积物是指粒径小于 62μm 的黏土级和粉砂级沉积物，超过总体沉积岩 2/3

体积的细粒沉积物组成的沉积岩称为细粒沉积岩，颗粒成分包括黏土、碳酸盐矿物、石英、长石、黄铁矿、生物硅质、有机质等，按来源分则包括陆源碎屑和火山碎屑等（Tucker，2011；Aplin et al.，2011）。

八、页岩分类

（1）黑色页岩。含较多的有机质与细分散状的硫化铁，有机质含量达3%~10%，外观与碳质页岩相似，其区别在于黑色页岩不染手。

（2）碳质页岩。岩石中含有大量炭化了的有机质，这些炭质多呈细分散状均匀分布于岩石之中，肉眼难以观察，但能染手，常见于煤系地层的顶底板。

（3）油页岩。含一定数量干酪根（＞10%），呈黑棕色、浅黄褐色等，层理发育，燃烧时有沥青味。

（4）硅质页岩。含有较多的玉髓、蛋白石等，普通页岩中SiO_2的平均含量在60%左右，而硅质页岩中SiO_2含量增多，可达85%以上。

（5）铁质页岩。含少量铁的氧化物、氢氧化物等，多呈红色或灰绿色。在红层和煤系地层中较常见。

（6）钙质页岩。含$CaCO_3$，但含量不超过25%，否则过渡为泥灰岩类。泥岩和页岩按照泥质矿物、有机质和陆源粉砂等三类结构组分相对含量可分为三类、9种岩石类型（表4-4）。

表4-4　泥岩页岩岩石类型表

岩石类型（样品数量）		结构组分（%）		
		泥质	有机质	粉砂
含不等量有机质的较纯页岩或泥岩类	有机质页岩	＞75	＞25	＜10
	含有机质页岩	＞75	10~25	＜10
	含有机质泥岩	＞75	5~15	＜10
同时含较多有机质和粉砂的泥岩类	含粉砂质含有机质泥岩	＞50	10~25	10~25
	含有机质含粉砂质泥岩	＞50	10~25	10~25
	含有机质粉砂质泥岩	＞50	10~25	25~50
含较多粉砂的泥岩类	粉砂质泥岩	＞50	＜10	25~50
	含炭屑粉砂质泥岩	＞40	10~25	25~50
	不等粒砂质碳质泥岩	＞40	25~50	25~50

（7）含不等量有机质的较纯页岩或泥岩类：岩石组分以泥质为主含量大于70%；有机质其次，含量小于25%；偶含粉砂，含量小于10%。

（8）同时含较多有机质和粉砂的泥岩类：岩石组分以泥质为主，含量大于50%；混合不同比例有机质和粉砂。

（9）含较多粉砂的泥岩类：岩石组分以泥质为主，粉砂其次。

九、吉木萨尔页岩划分方案

“细粒沉积岩”这一术语已在我国陆相湖盆页岩油储层岩石学分类中被广泛运用，由于细粒沉积岩具有岩石类型复杂、结构样式多样、空间分布非均质性强的特征，在进行陆相湖盆细粒沉积岩研究时，其分类标准及命名方案众多：从有机成因及石油开采的角度，中国陆相细粒沉积岩可以分为腐泥型、腐殖腐泥型和腐泥腐殖型细粒沉积岩；从沉积环境角度，可以划分为湖泊和湖泊—沼泽成因细粒沉积岩；从水体性质角度，可以划分为淡水细粒沉积岩和咸水—半咸水细粒沉积岩（刘招君等，2009；李宝毅等，2012）。

陆相湖盆细粒沉积岩可进一步细分为混合型细粒沉积岩与碎屑型细粒沉积岩，不同类型细粒沉积体系中的岩石成分、结构、构造等特征存在差异。目前我国许多学者针对不同地区的陆相混合型细粒沉积岩或碎屑型细粒沉积岩，结合不同区域沉积构造背景，岩石类型组合、沉积构造特征和有机质含量等方面对不同地区的细粒沉积岩进行了划分（表 4-5）。

新疆吉木萨尔芦草沟组页岩油储层岩性复杂、矿物组分多变、非均质性较强，是典型的咸化湖泊混合型细粒沉积岩。针对吉木萨尔芦草沟组这套陆源碎屑和碳酸盐矿物的混合细粒沉积岩，我国已有许多学者做了大量的研究。李书琴等（2020）将吉木萨尔芦草沟组岩石矿物组分及元素含量特征进行汇总，其中包括黏土、长石、石英、白云石等矿物含量，K、Al、Si、Ca、Mg 等元素含量，并在此基础上，将芦草沟组主要岩石类型划分为 6 种，分别为泥岩、长石岩屑砂岩、细粉砂岩、云屑砂岩、砂屑云岩和泥晶白云岩。

表 4-5 陆相混合型细粒沉积岩与碎屑型细粒沉积岩划分方案

岩石大类	分类依据	典型研究者及研究对象	分类结果
混合型细粒沉积岩	岩石学特征	赵建华等，四川盆地龙马溪组 李书琴等，吉木萨尔凹陷芦草沟组	粉砂岩、黏土岩，石灰岩、白云岩，石灰质混合沉积岩，长英质混合沉积岩，黏土质混合沉积岩等
	沉积构造 岩石学特征	刘姝君等，东营凹陷沙三下—沙四上亚段 邓远等，沧东凹陷孔店组二段 周立宏等，歧口凹陷沙一段下亚段	块状长英质页岩、纹层状长英质页岩；纹层状黏土质页岩；纹层状页灰质页岩；块状白云质页岩、白云岩；纹层状碳酸盐质 / 长英质 / 黏土质混合页岩等
	有机质含量 沉积构造 岩石学特征	吴靖等，张顺等 彭丽等，济阳凹陷沙三下亚段 渤海湾盆地东营凹陷沙三下—沙四上亚段 刘忠宝等，四川盆地中下侏罗统	含有机质纹层状泥质灰岩、富有机质纹层状泥质灰岩、富有机质纹层状灰质泥岩、富有机质层状灰质泥岩、富有机质层状泥质灰岩及富有机质块状泥质灰岩等
	有机质含量 沉积构造 成因类型	陈世悦等，宁方兴等，渤海湾盆地东营凹陷 王小军等，吉木萨尔凹陷芦草沟组	块状 / 纹层状 / 团块状（长英质黏土质）碳酸盐型细粒混积岩等；富有机质纹层状隐晶泥质灰岩等
碎屑型细粒沉积岩	有机质含量 沉积构造 岩石学特征	柳波等，王岚等，松辽盆地古龙凹陷青山口组 张君峰等，松辽盆地南部青山口组	富有机质黏土质页岩、富有机质长英质页岩、贫有机质长英质泥岩、富有机质混合质页岩（如含生物碎屑长英质页岩、长英质泥灰岩）、贫有机质介壳灰岩
	有机质含量 （沉积构造） 碎屑岩粒级	柳波等，松辽盆地长岭凹陷青山口组 耳闯等，付金华等，鄂尔多斯盆地延长组	高有机质薄片状页岩相、中有机质块状泥岩相、中有机质纹层状页岩相、低有机质纹层状页岩相和低有机质砂岩夹层相

张少敏等（2018）根据芦草沟组细粒混积岩的特征，在前人混合沉积岩分类命名的基础上，利用陆源碎屑含量、碳酸盐含量和火山碎屑含量分别作为三个端元绘制分类三角图，并将芦草沟组细粒沉积岩划分为陆源碎屑岩类、火山碎屑岩类、内源沉积岩类及混积岩类。葸克来等（2015）除了利用陆源碎屑组分、碳酸盐组分和火山碎屑组分之外，还根据芦草沟组岩石中普遍含有有机质组分这一特征，选用“四组分三端元”的分类方案，首先以TOC值1.5%与4.0%为界，将吉木萨尔凹陷二叠系芦草沟组致密油储层岩石划分为贫有机质（TOC＜1.5%）、中有机质（1.5%＜TOC＜4.0%）与富有机质（TOC＞4.0%）3种类型，再分别利用陆源碎屑含量、碳酸盐含量和火山碎屑含量分别作为三个端元绘制分类三角图，综合将每一类TOC级别的岩石划分为陆源碎屑岩类、火山碎屑岩类、内源沉积岩类及正混积岩类。

针对吉木萨尔芦草沟组细粒沉积岩分类，本次主要利用孔隙度、渗透率、TOC及矿物颗粒粒径等参数，对吉木萨尔芦草沟组细粒沉积岩类型进行划分。主要划分为砂屑云岩、泥晶白云岩、白云质粉砂岩、粉砂岩、白云质泥岩及页岩6类主要岩性（表4-6）。其中砂屑白云岩，由白云屑、长石及黏土矿物和石英等自生矿物组成，白云屑是最主要的组成部分，颗粒多较大，粒径多在0.1~0.5mm之间。该类岩性的TOC普遍小于3%，孔隙度分布范围为6%~20%，均值为9%，表现出较好的渗透性；该区碳酸盐岩类为最主要的岩性，主要由泥晶白云岩组成，颗粒多较小，以泥晶和微晶结构为主。该类岩性的TOC普遍较高，孔隙度分布范围宽，均值为7%，渗透率多小于0.05mD，表现出中等—较差的渗透性；白云质粉砂岩，主要由石英、长石和白云岩矿物组成，其中白云岩多呈泥晶、微晶结构，整体上颗粒粒度较大，有机质含量中等—高，孔隙度均值为9%，表现出较好的渗透性；粉砂岩，白云石含量较低、长石含量较多。该类岩性粒度较大，TOC中等—偏低，孔隙度均值达10%，具有较高的渗透性；白云质泥岩，主要成分为长石、石英、黏土和白云岩等矿物，粒度多小于0.08mm，TOC含量多大于3%，孔隙度均值为6%，具有较差的渗透性；页岩，主要成分为石英、长石、黏土等矿物，颗粒多属于泥级，TOC含量多大于5%，孔隙度均值为5%，具有较差的渗透性。

表4-6　吉木萨尔芦草沟组细粒沉积岩类型

沉积岩类型	孔隙度（%）	渗透率（mD）	TOC（%）	粒径（mm）
砂屑白云岩	9	较好	＜3	0.1–0.5
泥晶白云岩	7	＜0.05	较高	较小
白云质粉砂岩	9	较好	中—高	较大
粉砂岩	10	较高	中—偏低	较大
白云质泥岩	6	较差	＞3	＜0.08
页岩	5	较差	＞5	较小

第三节　测井识别岩性技术

测井资料能够连续记录井眼附近原状地层的声、电、放射性等物理特征，而不同岩性通常对应差异明显的岩石物理特征，因此利用测井曲线组合，通过交会图版法、数理分析

（如决策树、支持向量机、神经网络等）等手段可实现岩性的精细识别。常规测井资料在常规碎屑岩储层岩性识别中具有较好的应用效果，但对于芦草沟组复杂细粒、混积岩地层，面临着极大的挑战。

芦草沟组通常为碎屑机械沉积、化学沉积和火山沉积的混积产物，岩石大类包括白云岩、粉细砂岩、泥岩及它们的过渡岩性，又可细分为泥晶云岩、微晶云岩、砂屑云岩、长石岩屑砂岩、泥质（白云质、石灰质）粉砂岩、白云质泥岩等多个小类岩性。然而，常规测井系列数量有限，不同岩性可能对应差异较小的岩石物理响应，很难将所有岩性进行识别。需要根据测井曲线响应差异进行岩性归类，进行主要岩性的测井识别。

芦草沟组中多种岩性频繁交互变化，难以合理建立不同岩性与测井曲线响应间关系，获取到有效的标定样本数据。通过 J174 井岩性观察及成像测井显示（图 4-6），在不足 1m 的层段内岩性纵向上变化较大，呈现出纵向上多变的互层状沉积，由下而上，岩性由粉砂质砂屑云岩、泥岩逐渐过渡为云质粉砂岩，单层厚度多小于 0.5m。岩性多变及频繁交互的特征，很难准确地进行岩心观察结果或薄片鉴定岩性结果的实际归位，获取到实际岩性对应的测井曲线响应值，另一方面，岩性厚度薄，通常小于常规测井曲线的分辨极限（如密度测井分辨率为 0.5m），即常规测井曲线响应是相邻多套薄层岩性的综合响应，也会影响到不同岩性测井响应特征的准确提取及分析。

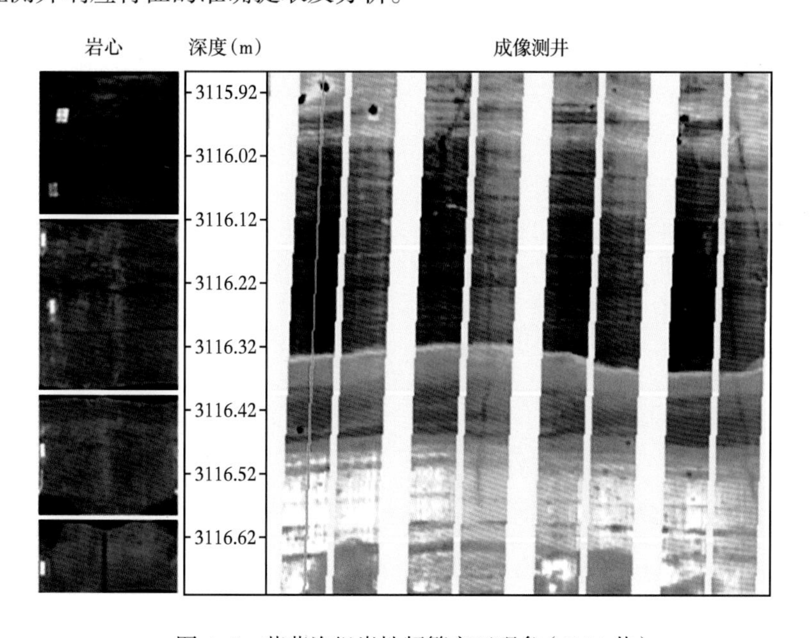

图 4-6　芦草沟组岩性频繁交互现象（J174 井）

另外，矿物类型多样也加剧了混积岩岩性识别的难度。芦草沟组不仅发育长石、石英、黏土矿物这类陆源矿物，还发育方解石、白云石等化学沉积矿物，局部发育凝灰质成分，同时普遍发育有机质，TOC 最高可达 12%，平均值为 3.5%。尽管不同矿物的岩石物理差异较大，但多种矿物及有机质的组合会极大地削弱这类差异，如 TOC 较高的泥晶白云岩和粉砂岩在密度、声波时岩等响应值相近。然而，利用测井曲线准确求取各类矿物含量也较为困难。

基于上述难点，常用的测井曲线图版法难以适用于该区，同时样本标定点归位困难、高于测井分辨极限等问题，使得基于样本分析进行岩性识别的数值方法也难以推广，急需针对研究区岩性特征，建立一套新的测井岩性识别方法。近年来，核磁共振测井在这类岩性的识别中取得了较好的应用，根据核磁共振测井构建骨架密度和反映粒度的结构参数，实现了泥岩、长石岩屑砂岩、粉细砂岩、白云屑砂岩、泥晶微晶云岩、砂屑云岩六类岩性的识别。核磁共振岩性识别结果可为常规测井曲线岩性识别提供基本岩性数据，同时检验测井岩性识别结果的可靠性。

一、构建测井曲线组合参数

根据核磁测井岩性识别思路，如果利用常规测井曲线能建立起反映骨架密度、粒度等信息的曲线组合，则有望实现主要岩性的测井识别。通过岩石物理响应正演、岩石物理等实验，剖析了测井曲线组合在反映骨架密度、粒度及渗透性等方面的适用性，建立了三类测井曲线组合参数：三孔隙度幅度差 dL_1、声波—密度幅度差 dL_2、电阻率幅度差 dL_3。

1. 不同岩性骨架密度特征

图 4-7 为实验室测量的研究内样品的骨架密度和地层密度的对比，其中地层密度值为利用骨架密度和气测孔隙度值计算得到（孔隙流体密度假定为 1.0g/cm^3），地层密度值可近似为实际地层对应的密度测井值。尽管骨架密度与地层密度值间存在正相关关系，但两者对不同岩性的区分明显不同。对于地层密度值，基本无法将泥岩、白云岩和粉砂岩区分，如泥页岩与粉砂岩的地层密度值基本相当，砂屑云岩和泥质粉砂岩的地层密度值相当，这种现象主要是由孔隙度差异引起，尽管泥页岩骨架密度值小于粉砂岩，但孔隙度也较低，导致地层密度值与粉砂岩相当。而白对于骨架密度值，各类岩性的区分度较好，通常粉砂质泥岩和页岩具有最低的骨架密度值（＜ 2.48g/cm^3），其次为粉砂岩和泥质粉砂岩（＜ 2.58g/cm^3），而白云质粉砂岩和石灰质粉砂岩的骨架密度值较高，白云屑砂岩、砂屑云岩和泥晶云岩的骨架密度值最高（＞ 2.6g/cm^3）。由此可见，骨架密度对白云岩、砂岩和泥岩的区分明显高于地层密度测量值。

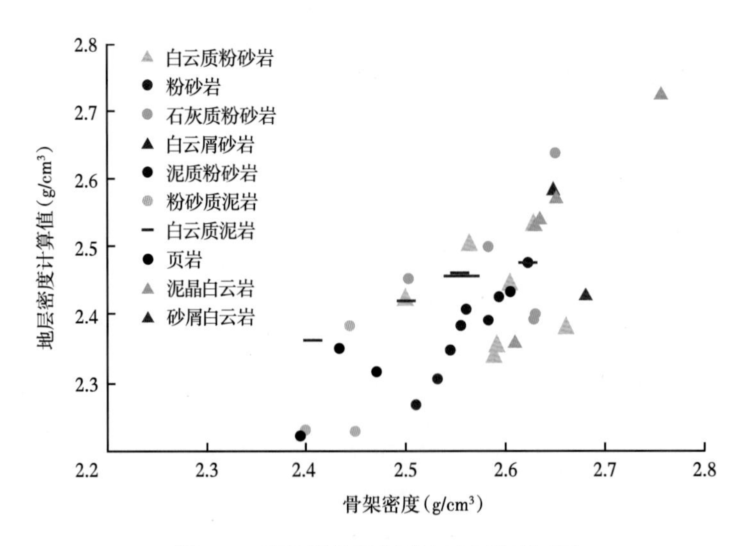

图 4-7　实验测骨架密度与地层密度对比

表 4-7 列出了不同矿物或地层组分的理论测井响应值。对于密度值而言，有机质（主要成分为干酪根）的密度值最低，其次为钾长石，方解石和白云石的密度值最高，石英、黏土矿物（包括伊利石、蒙脱石和绿泥石）的密度值相近。由此可见，以白云石为主的白云岩应该对应最高的骨架密度值，随白云石或方解石含量降低，骨架密度值逐渐减小；以长石和石英为主的白云质砂岩的骨架密度值稍低，钾长石含量较高的长石砂岩骨架密度值较低，富含有机质的泥页岩具有最低的骨架密度值。

表 4-7 主要矿物的测井曲线响应理论值（据 Schlumberger，1998）

地层矿物	GR（API）	DEN（g/cm^3）	CNL（%）	视石灰岩孔隙度差值	声波时差（μs/ft）	LLD（Ω·m）
伊利石	130~235	2.60~2.80	~30.0	23.57~35.26		特低
蒙脱石	150~200	2.06~2.25	~45.0	6.99~18.10	77.0	特低
绿泥石	180~250	2.65~3.30	~50.0	46.49~84.50		特低
白云石	＜10	2.87	0.5	9.86	49.0	高
方解石	~10	2.71	0	0	53.0	高
石英	＜5	2.65	−2.0	−5.51	55.5	高
钠长石	10~50	2.60~2.64	~−1.3	−7.73~−5.39	55.5	高
钾长石	73.5~220	2.54~2.59	~−1.0	−10.94~−8.02	60.0	高
干酪根	＞200	1.25~1.40	75.0	−10.00~10.00	150.0	特高

注：视石灰岩孔隙度差值为中子孔隙度值—密度孔隙度值。

因此，从骨架密度测量及单一矿物分析来看，骨架密度值对白云岩、砂岩和泥岩等大类岩性具有较好的区分，但由于不同岩性孔隙度之间有所差异，在地层密度测量时，会极大地削弱不同岩性间密度测井值的区分能力。通过不同测井曲线组合，若抵消孔隙度的影响，突出骨架矿物贡献，则能够反映骨架密度信息，实现对白云岩、砂岩、泥岩的有效区分。

2. 敏感测井曲线组合优选

为分析不同曲线组合对骨架密度的反映程度，本次利用测井曲线正演方法，重构不同岩性的孔隙度测井曲线系列值（包括声波时差、密度和中子孔隙度），然后进行不同曲线组合，进而分析不同组合对岩性的识别精度。

结合研究区芦草沟组地层组分特征，假定岩石物理模型由 6 部分组成：石英＋钠长石、钾长石、黏土矿物（主要伊利石和绿泥石）、白云石、有机质和孔隙流体（油），根据每类矿物的测井曲线响应（表 4-7），通过线性叠加理论（即每种矿物或组分的测井响应值与其含量乘积的叠加）则可得到声波时差、密度和中子孔隙度理论测井值。在正演过程中，改变不同矿物或组分含量，则得到 4 种主要岩性（白云岩、石英岩、钾长石岩和碳质泥岩）（表 4-8），再改变孔隙度值，则得到不同孔隙度时各类岩性的曲线响应值。

表 4-8 正演模拟时不同岩性物质组成

岩性	矿物组成（%）				TOC（%）	孔隙度（%）
	白云石	石英 + 钠长石	长石	黏土		
白云岩	75	15	0	10	2	分别取 2%、5%、10%、15%
石英岩	15	60	20	5	2	
钾长石岩	0	20	70	10	2	
碳质泥岩	0	50	25	15	10	

不同岩性测井曲线响应正演结果如图 4-8 所示，图中分别展示了孔隙度为 10% 和 15% 时曲线响应值。对于某个特定孔隙度，各岩性曲线响应差异明显：白云岩通常具有高密度（DEN）、低声波时差（AC）和低中子孔隙度曲线（PHIN）特征，而泥岩具有最低密度、高声波时差和高中子孔隙度特征，砂岩的曲线响应介于白云岩和泥岩之间。当孔隙度变化时，各类岩性的曲线值分布开始重叠（图 4-9），单独利用一条测井曲线难以反映骨架密度变化。将两条曲线重叠，可得到曲线幅度差，常被用来突出骨架矿物对曲线的影响，如声波时差和密度幅度差 L_1（图 4-9），其中声波时差和密度刻度均从左向右变大，由于声波时差与孔隙度呈正比、与骨架密度呈反比，而密度响应值正好相反，因此两者幅度差 L_1 能够加强骨架密度的贡献，对于白云岩通常对应较大的正幅度差 L_1，泥岩对应较大的负幅度差 L_1，根据幅度差的正负及差值用来反映骨架密度信息来识别岩性，但幅度差 L_1 还是没能消除孔隙度的影响，各类岩性间存在较多的重叠区域（图 4-9）。另一种常用幅度差为中子孔隙度—密度幅度差 L_2，中子孔隙度和密度反向刻度（图 4-9），由于孔隙度与中子孔隙度和密度测井值均呈正相关关系，两者幅度差可尽量消除了孔隙度的影响，幅度差 L_2 主要反映骨架中黏土和白云石含量（因为黏土和白云石对应正的视石灰岩孔隙度差值，见表 4-7），所以白云岩通常对应最小的幅度差 L_1，其次为泥岩，砂岩通常对应最大的幅度差 L_2（图 4-9）。

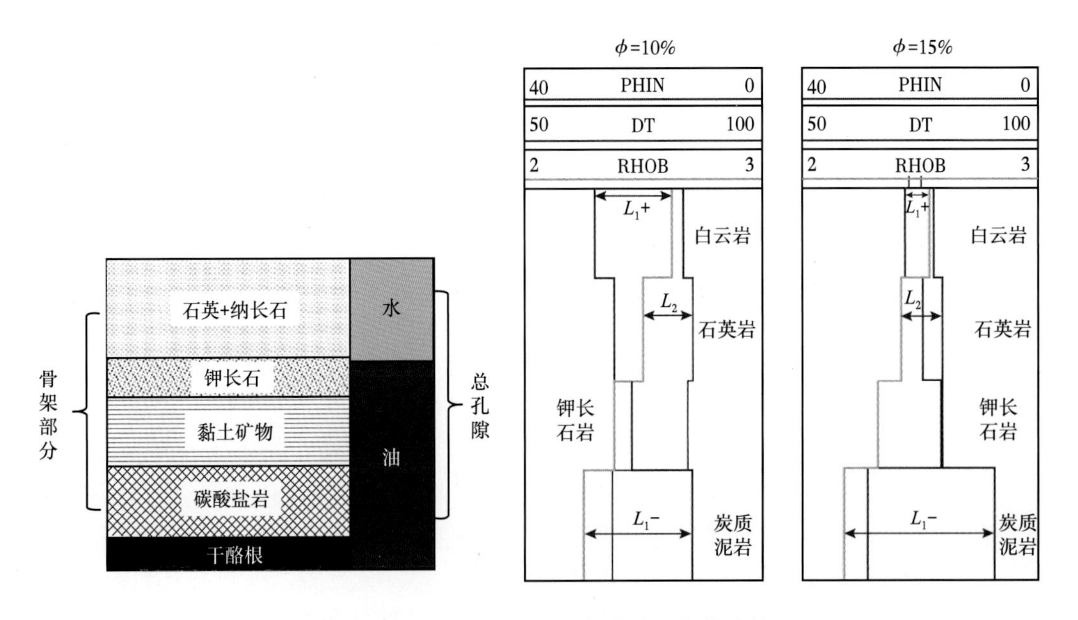

图 4-8 岩石物理模型及测井曲线响应值计算

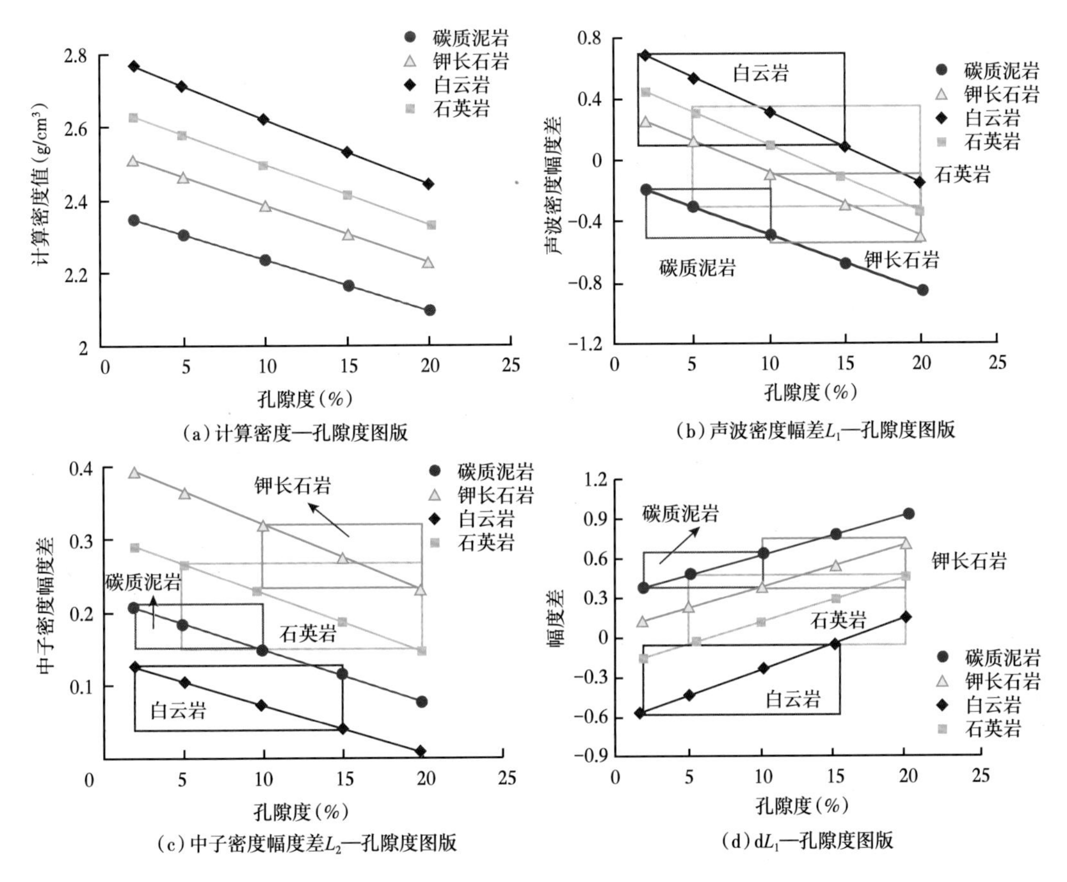

(a) 计算密度—孔隙度图版
(b) 声波密度幅差L_1—孔隙度图版
(c) 中子密度幅度差L_2—孔隙度图版
(d) dL_1—孔隙度图版

图 4-9　不同曲线组合幅度差对岩性的识别能力

在一定程度上，幅度差 L_2 能反映白云岩含量，但还受黏土影响，导致泥岩与砂岩基本重叠，不能正确地反映泥岩和砂岩的骨架信息。本次提出一种三孔隙度幅度差 dL_1，即为幅度差 L_2- 幅度差 L_1，该幅度差有效综合 L_2 和 L_1 的优点，能够突出反映骨架信息，由白云岩、砂岩至泥岩，dL_1 值由负值逐渐变大，它对白云岩、砂岩和泥岩表现出明显区分能力（图 4-9）。

3. 实际应用效果分析

结合该区三孔隙度曲线特征，确定了各条测井曲线的刻度范围，将三条曲线重叠在一起，确定幅度差 dL_1，结合核磁测井数据及岩心观察，分析幅度差 dL_1 对骨架密度信息的区分效果。

计算 dL_1 时，将 DT 和 RHOB 曲线正向刻度，PHIN 曲线反向刻度，其中 DT 的刻度范围为 50-100μs/ft，RHOB 的刻度范围为 2~3g/cm³，PHIN 的刻度范围为 0.45~0.05，dL_1 可表达为式（4-1）：

$$dL_1 = L_2 - L_1 = \left(\frac{\phi N - 0.45}{0.05 - 0.45} - \frac{\rho_b - 2}{3 - 2}\right) - \left(\frac{\rho_b - 2}{3 - 2} - \frac{\Delta t - 50}{100 - 50}\right) \quad (4\text{-}1)$$

图 4-10 显示了 J32 井 dL_1 计算结果。dL_1 与核磁测井计算的骨架密度呈现明显负向关系，当 dL_1 < 0 时，骨架密度值均大于 2.65g/cm³，岩心观察也显示以白云岩和白云屑砂岩为主；当 dL_1 > 0 时，骨架密度值主要小于 2.65g/cm³，岩心显示以粉砂岩为主，当 dL_1 大于 0.2 时，骨架密度值通常小于 2.5g/cm³，岩心显示以长石砂岩和泥岩为主。由此可见，三孔隙度幅度差 dL_1 能够有效反映骨架密度信息，对白云岩、砂岩和泥岩区分效果明显，但长石砂岩和泥页岩通常对应会出现重叠（对应较大的 dL_1），可借助其他敏感参数进行区分。

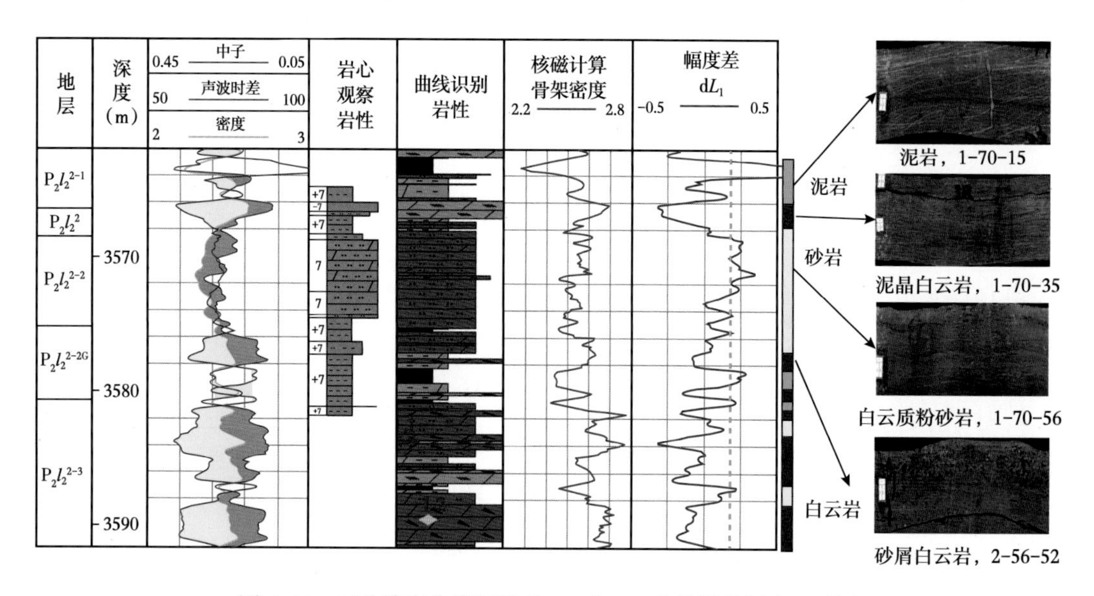

图 4-10　三孔隙度曲线幅度差 dL_1（L_2-L_1）效果分析（J32 井）

二、密度—声波幅度差

1. 理论分析

密度曲线值主要与岩石骨架密度和孔隙度有关，与岩石的粒度关系较小，即对于物质组成相似、孔隙度相近的岩性，尽管粒度不同，也会得到相似的密度测井值，而声波在岩石中传播时，按照最短路径传播，除与骨架矿物和孔隙度有关外，孔隙空间的迂曲度（弯曲程度）会严重影响声波（主要是纵波）的传播路径，影响声波时差值，而孔隙表面即为岩石矿物表面，孔隙表面弯曲程度受矿物颗粒大小的影响，通常在相同孔隙度时，颗粒粒度越小，孔隙弯曲程度越大。因此，结合密度和声波时差曲线（图 4-11），应该可以建立起反映粒度信息的敏感参数。

表 4-9 列出了该区芦草沟组不同岩性样品纵横波测试结果，所有样品均分别测量了烘干和饱和水两种状态。可见，饱和水后横波速度基本保持不变，稍微有所降低，但纵波速度出现明显增加，增加量变化范围为 88~360m/s，均值为 209m/s。纵波速度变快主要与声波在流体中传播要比空气中快，也反映了纵波不仅在骨架中传播，还会在岩石孔隙中传播。根据威利声波公式：

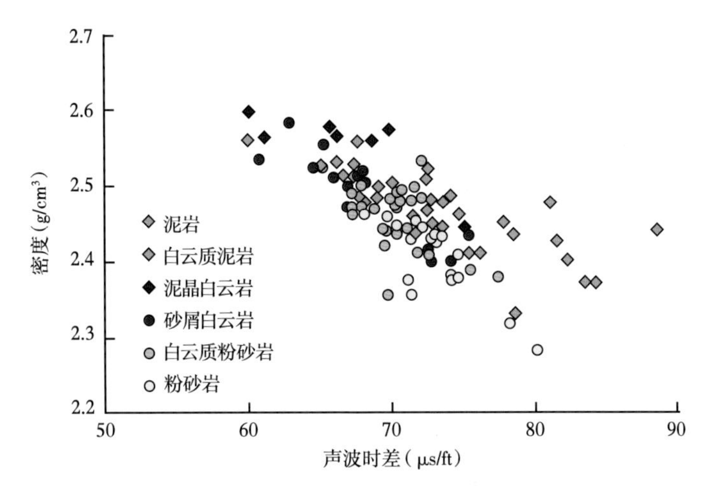

图 4-11 不同岩性密度和声波时差交会图

表 4-9 研究区样品不同状态下纵横波速度测试结果

样品	岩性	孔隙度（%）	烘干样品（m/s）		饱和水后（m/s）		r
			纵波	横波	纵波	横波	
2-h	细粒长石砂岩	14.31	4493.62	2752.52	4674.54	2736.30	2.89
9-h	极细粒含内碎屑长石砂岩	14.03	4130.28	2441.52	4303.46	2422.31	2.79
10-h	极细粒含内碎屑长石砂岩	13.69	4233.26	2478.24	4479.28	2436.20	2.62
40	白云质细粉砂岩	4.80	4417.99	2429.94	4506.53	2393.73	2.07
30-h	白云质细粉砂岩	16.22	3972.97	2440.90	4165.54	2436.83	2.92
15-h	含泥质细粉砂岩	9.39	4242.43	2428.49	4483.10	2451.67	2.21
33	硅质页岩	10.20	4008.53	2398.47	4367.70	2378.63	2.08
16-h	泥晶白云岩	4.01	4276.73	2668.41	4474.33	2539.51	1.69

$$\Delta t = \Delta t_{\mathrm{ma}}\left[1-\phi+\Delta t_{\mathrm{f}}\left(\phi\right)^{r}\right] \tag{4-2}$$

式中 Δt_{ma}——骨架声波时差值；

Δt_{f}——孔隙流体声波时差值；

ϕ——孔隙度；

r——影响因子，反映岩石孔隙对声波传播路径的影响程度，r 值越小，孔隙对路径影响越严重，相同孔体积时，r 越小，声波传播速度越慢。

利用干燥和饱和水状态下纵波时差的差值，可以用来计算 r：

$$r = \ln\left(\frac{\dfrac{1}{v_{烘}}-\dfrac{1}{v_{饱}}}{\Delta t_{空气}-\Delta t_{水}}\right)/\ln\phi \tag{4-3}$$

式中 $v_{烘}$、$v_{饱}$——烘干和饱和水状态下样品纵波速度；空气和水的声波时差值分别取 952μs/ft 和 189μs/ft。

计算 r 值的分布范围为 1.69~2.92（表 4-9），长石砂岩、白云质粉砂岩的 r 值普遍大于 2.2，明显高于硅质页岩和泥晶白云岩。由此可见，随着粒度变小，岩石的 r 值呈减小趋势，表明孔隙空间弯曲对声波传播路径影响变大（图 4-11）。

2. 实际应用效果

构建密度—声波幅度差 dL_2 时，将密度曲线和声波时差曲线刻度反向，这与 dL_1 时完全不同。密度曲线反向刻度，声波时差曲线正向刻度，由于孔隙度增加，使得密度值降低、声波时差值增大，两种曲线的刻度相反能够消除孔隙度和骨架矿物差异的影响，突出反映粒度信息。最终密度曲线的刻度设置为 2.20~2.65g/cm^3，声波时差曲线的刻度设置为 55~105μs/ft，幅度差 dL_2 可表示为：

$$dL_2 = \frac{\rho_b - 2.65}{2.2 - 2.65} - \frac{\Delta t - 55}{105 - 55} \tag{4-4}$$

图 4-12 显示了幅度差 dL_2 的识别效果。岩心观察显示粉砂岩、云质粉砂岩等较粗岩性层段，通常密度—声波时差曲线呈现正幅度差，而泥岩层段，通常对应负的幅度差，同时

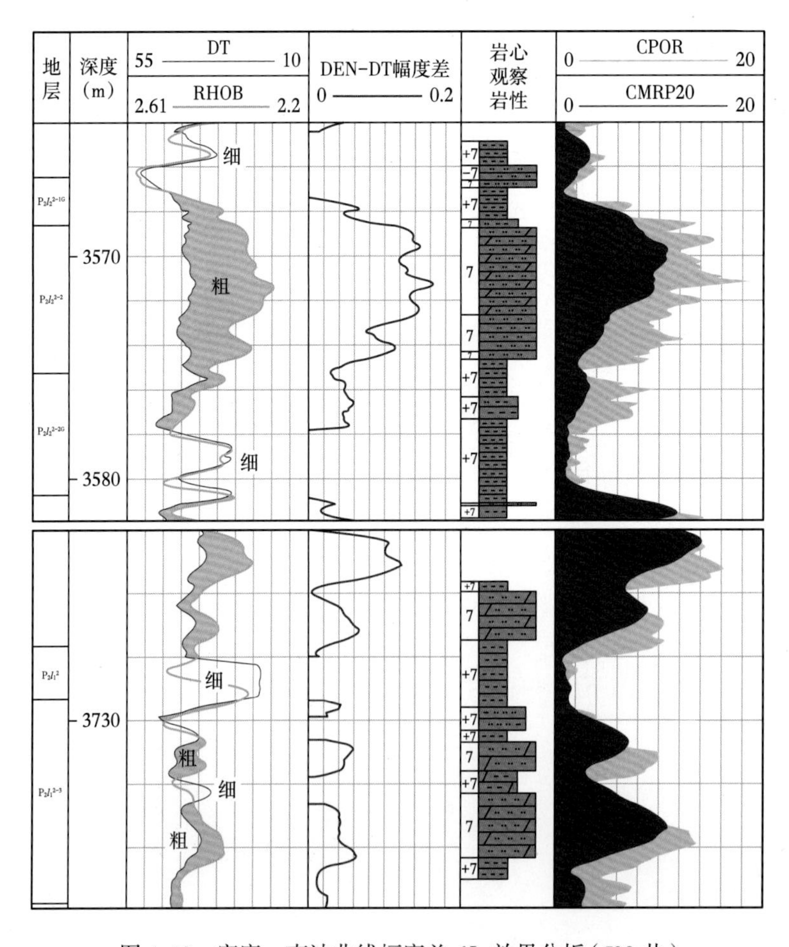

图 4-12 密度—声波曲线幅度差 dL_2 效果分析（J32 井）

dL_2 的幅度也与核磁解释孔隙度呈现较好相关性，dL_2 幅度越大、核磁孔隙度越高。因此 dL_2 能够有效区分细粒沉积物中相对粗粒（砂岩、砂屑云岩）和细粒岩性（泥岩、云质泥岩和泥晶白云岩）。

三、电阻率幅度差

1. 理论分析

在常规储层中，电阻率曲线幅度差法通常被用来识别渗透性地层和非渗透性地层。基本原理是对于渗透性地层，钻井液通常会侵入到井眼附近的原状地层中，改变冲洗带地层内流体性质，导致冲洗带电阻率（R_{xo}）与原始地层电阻率（R_i 或 R_t）的差异，造成幅度差，若 R_{xo} 小于 R_i，则为正幅度差，R_{xo} 大于 R_i 为正幅度差，幅度差的正负主要取决于地层水矿化度与钻井液矿化度的相对大小及泥浆水替换地层原油的效率等。在芦草沟组，电阻率幅度差（R_{xo} 和 R_i 曲线的幅度差）通常具有以下三种情况（图 4-13）：

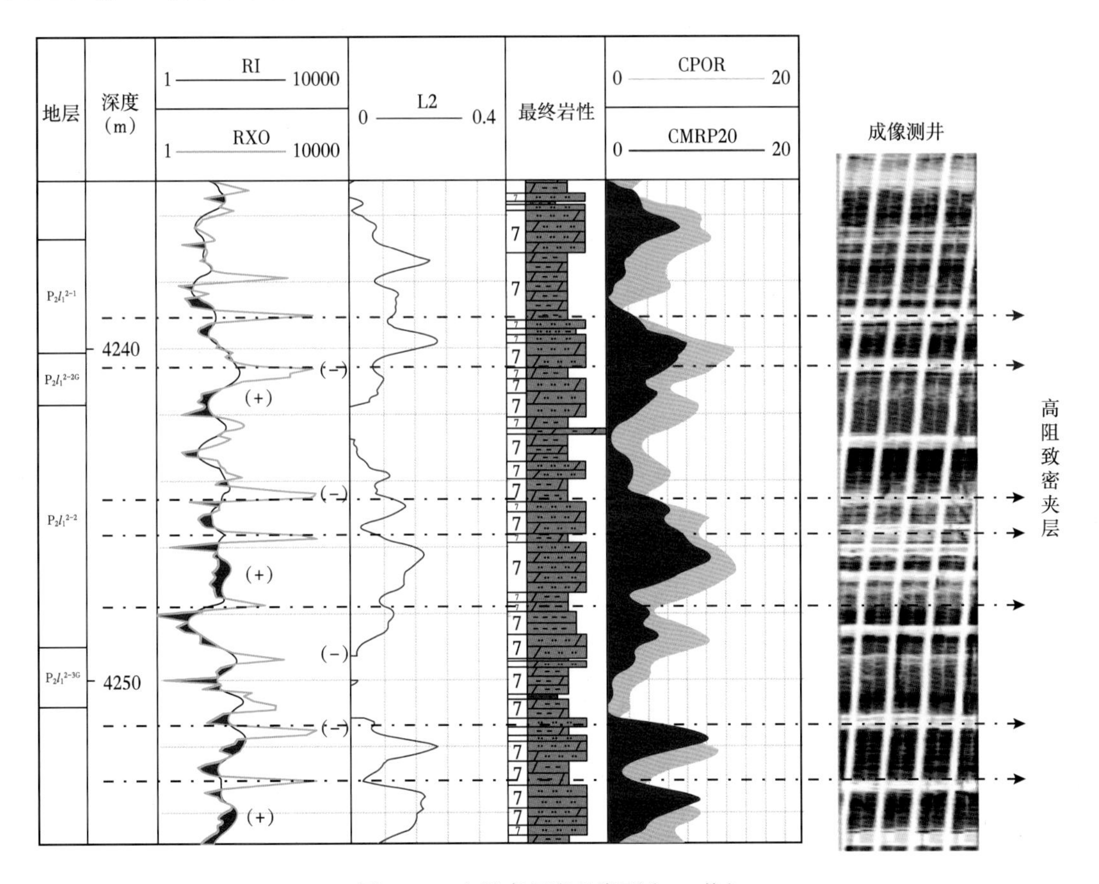

图 4-13 电阻率幅度差类型（J36 井）

（1）明显正幅度差，即 R_i 大于 R_{xo}。芦草沟组页岩油“甜点”钻井过程中，通常采用水基钻井液，钻井液矿化度明显低于原状地层水（通常大于 10000mg/L）。正幅度差的出现，主要与钻井液进入冲洗带，置换部分原状地层油，导致冲洗带电阻率明显降低，形成正幅度差。因此正幅度差的出现与水进入冲洗带置换油的效率有关，该因素后续通过自吸排油实验探讨。

（2）明显负幅度差，即 R_{xo} 通常大于 200Ω·m，甚至高达 1000Ω·m，明显高于 R_i（图 4-13）。这种现象的出现并不是钻井液矿化度高于地层水电阻率导致，而是反映致密夹层的存在。致密夹层具有极低孔隙度和较差的导电率，但其厚度通常较小（＜0.5m），浅侧向电阻率（R_{xo}）仪器采用较小电极距，探测厚度小，在致密夹层处形成电场对应较弱的电流强度（甚至难以测到电流），导致电阻率较大，而深侧向电阻率仪器采用较大电极距，探测距离远、对薄层识别能力有限，致密夹层对该仪器形成电场的影响有限。因此在致密夹层处，R_{xo} 会明显高于 R_i 或 R_t，利用明显负向幅度差，可以检测薄的致密夹层，在该区致密夹层通常对应泥岩或白云质泥岩等岩性。

（3）弱幅度差或无幅度差，即位于上述两类情况之间。幅度差弱于情况 1，说明泥浆水钻井液置换冲洗带地层原油效率下降，而幅度差大于情况 3，说明物性明显好于致密夹层。所以该类情况应该属于致密夹层和渗透性层之间的过渡，需要结合其他参数进行综合分析来确定具体类型。

2. 自吸实验探讨

上述分析表明，电阻率幅度差与泥浆水侵入冲洗带置换地层原油的比例密切相关。为研究水置换地层油的比例，开展自吸实验，该实验步骤如下：首先将页岩样品洗油后烘干，常温常压下浸入到地层水中，记录自吸水量随时间的变化，待 72h 后，取出烘干，将样品浸入到正十二烷溶液中，记录自吸油量随时间的变化，待 72h 后取出，再真空加压饱和正十二烷，使得样品完全饱和油；然后将样品放置到重水溶液中，进行自吸水排油实验，记录不同自吸时间下核磁共振信号，进而得到自吸水排油量。

本次共开展了 6 块样品的自吸实验，岩性包括细粒长石砂岩（9-h#）、白云质泥岩（13-h#）、泥质细粉砂岩（30#）、白云质粉砂岩（40#）、泥晶云岩（25-1#）和粉砂质泥岩（9#），自吸水量、自吸油量、自吸水排油量变化如图 4-14 所示，通过自吸实验可得出以下认识。

（1）芦草沟组 6 块样品的自吸油量均高于自吸水量，说明页岩油储层表现出混合润湿性，既具有亲油孔隙，又发育亲水孔隙，但整体上亲油性高于亲水性，尤其是对于 30# 样品和 9# 样品。72h 后自吸油量与真空加压饱和油量基本相当或稍低，也指示岩石具有较强的油润湿性。岩石整体表现出亲油性，这与芦草沟组源储一体、有机质含量普遍偏高、含油丰度高密切相关，生烃初期，干酪根裂解形成长链烃分子，具有极强吸附性，吸附在矿物表面，逐渐改变了岩石矿物表面的润湿性。通过扫描电子显微镜观察可知，自吸水量偏低的岩石均发育大量有机质，而 9-h 样品的有机质含量偏低。

（2）6 块样品自吸水排油量差异明显，受岩石润湿性和渗透性的共同控制。按照自吸水排油比例排序（图 4-15），9-h 样品的水排油比例可到 37%，其次为 13-h 样品，25-1 样品和 9 号样品的水排油比例均小于 10%，基本上重水很难置换样品中正十二烷，也相当于在地层条件下泥浆水难以置换岩石中原油。自吸水排油比例与岩石自吸水量呈明显正相关关系，在自吸水实验中，自吸水量越多样品，在排油实验中排油比例越高，这说明岩石的亲水性孔隙越多，自吸水排油比例越高。另一方面也与岩石的渗透性成一定正相关关系，渗透率越大样品，尤其是含裂缝样品（13-h 样品），自吸水排油的比例越高，同样润湿性条件下，渗透性越好，水置换原油的难度越小。

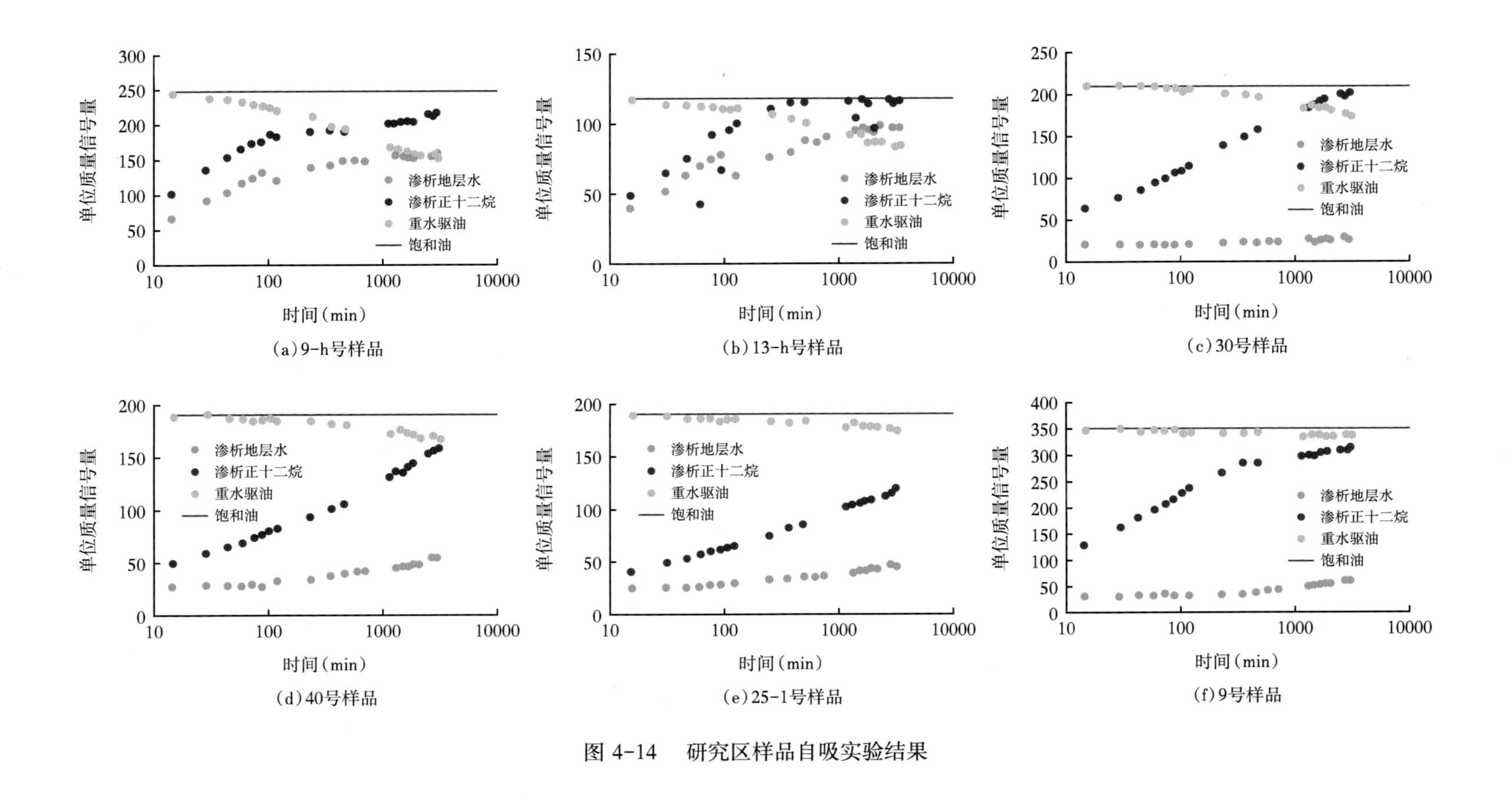

图 4-14　研究区样品自吸实验结果

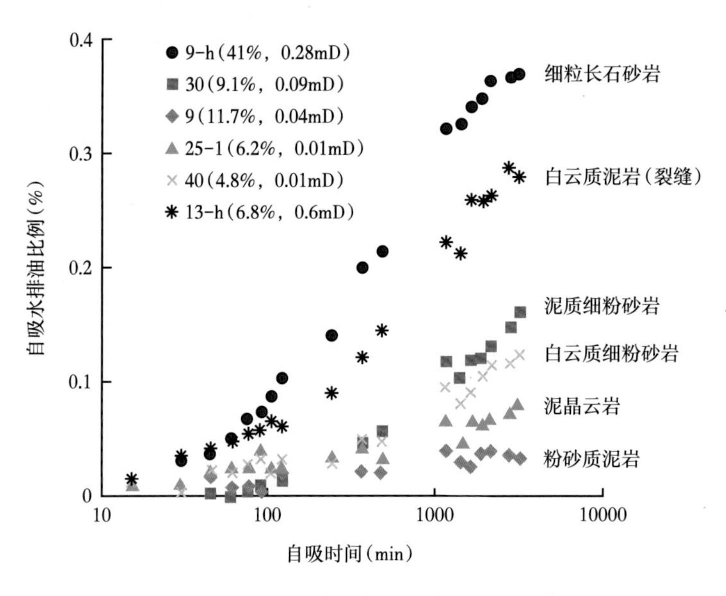

图 4-15　不同样品自吸重水替换油比例

3. 实际应用

自吸实验结果表明，泥浆水置换冲洗带地层原油的比例受到岩石润湿性和渗透性的共同控制，岩石亲水孔隙越发育、渗透性越好，置换原油的比例越高，此类情况下会产生明显正幅度差。岩石亲水孔隙发育程度及渗透性均与岩性具有一定联系，岩石有机质含量越低，亲水孔隙越发育，通常较粗粒岩性（如砂屑云岩、粉砂岩等）对应较少的有机质，这类岩性也通常具有较高的渗透率；而较细粒岩性（泥页岩、泥晶白云岩）通常对应较多有机质，同时渗透率值也普遍偏低，通常不会对应明显正幅度差，当这类岩性孔渗性极低时，反而会产生异常高的负幅度差。

因此，对于芦草沟组而言，电阻率幅度差可用来揭示致密夹层（泥页岩、白云质泥岩等）、亲水且高渗透层（主要为砂屑云岩、粉砂岩、白云质粉砂岩），可以作为三孔隙度幅度差 dL_1 和密度—声波幅度差 dL_2 在识别主要岩性上的一个重要补充和验证参数。通过分析，确定电阻率幅度差 dL_3 的计算公式如下：

$$dL_3 = \frac{R_I - R_{XO}}{R_I} \tag{4-5}$$

四、测井岩性精细识别方法及流程

1. 主要岩性划分及识别图版

本次主要利用声波时差、密度、中子孔隙度和深侧向、冲洗带电阻率共 5 条曲线进行岩性精细识别，构建了反映岩石骨架密度信息、粒度信息、渗透性信息的敏感曲线组合 dL_1、dL_2 和 dL_3，进行主要岩性的识别。从测井可识别、岩性比例和主要性等角度出发，将芦草沟组主要岩性划分为砂屑云岩、泥晶云岩、白云质粉砂岩、粉砂岩、泥质粉砂岩、白云质泥岩和页岩共 7 类主要岩性。由于泥质粉砂岩和粉砂岩在三类幅度差上特征一样，需要结合其他参数进行细分，下面列出 6 类主要岩性对应的曲线特征（图 4-16）：

（1）砂屑白云岩由白云屑、长石及黏土矿物和石英等自生矿物组成，白云屑是最主要的组成部分，颗粒多较大，粒径多在 0.1~0.5mm 之间。白云屑的主要成分为泥晶白云石，磨圆度较好，反映其沉积之前经历了较强的改造作用。该类岩性的 TOC 普遍小于 3%，孔隙度分布范围为 6%~20%，均值为 9%，表现出较好的渗透性。因此，该类岩性具有极高的骨架密度、较粗粒度和较好渗透性，在幅度差 dL_1、dL_2 和 dL_3 上表现出负特征、正特征和正特征。

（2）泥晶白云岩是该区碳酸盐岩类最主要的岩性，主要由泥晶白云岩组成，颗粒多较小，以泥晶结构和微晶结构为主。该类岩性的 TOC 普遍较高，孔隙度分布范围宽，均值为 7%，渗透率多小于 0.05mD，表现出中等—较差的渗透性。因此，该类岩性在 dL_1、dL_2 和 dL_3 上表现出负特征、负特征和稍正特征，在粒度和电阻率幅度差方面与砂屑白云岩具有明显区分。

（3）白云质粉砂岩是碎屑沉积为主的岩石类型，主要由石英、长石和白云岩矿物组成，其中白云岩多呈泥晶结构、微晶结构，整体上颗粒粒度较大，有机质含量中等—高，孔隙度均值为 9%，表现出较好的渗透性。该类岩性具有中等—高的骨架密度、较粗粒度和渗透性，在三种幅度差上表现出稍正特征、正特征和稍正特征，其中 dL_1 明显高于砂屑白云岩和泥晶白云岩。

（4）粉砂岩和泥质粉砂岩，是另一种以碎屑沉积为主的岩石类型，白云石含量较低、长石含量较多。该类岩性粒度较大，TOC 中等—偏低，孔隙度均值达 10%，具有较高的渗透性。粉砂岩具有中等—较低的骨架密度（尤其是长石砂岩）、较粗粒度和渗透性，因此在三种幅度差上表现出正特征、正特征、正特征，dL_1 曲线幅度明显高于白云质砂岩。

（5）白云质泥岩主要成分为长石、石英、黏土和白云岩等矿物，粒度多小于 0.08mm，TOC 含量多大于 3%，孔隙度均值为 6%，具有较差的渗透性。白云质泥岩在三种幅度差上表现出负（或正）特征、负特征、负特征，当白云质泥岩发育裂缝时，电阻率幅度差 dL_3 可能为正。对于幅度差 dL_1，白云质泥岩可能为负也可能为正，因此需要结合 dL_2 和 dL_3 的变化与其他岩性进行区分。

（6）页岩主要成分为石英、长石、黏土等矿物，颗粒多属于泥级，TOC 含量多大于 5%，孔隙度均值为 5%，具有较差的渗透性。页岩在幅度差曲线上表现出正（极大）特征、负特征、负特征，当页岩发育裂缝时，可能存在正的电阻率幅度差 dL_3。密度值小、dL_1 极大、dL_2 为负是该岩性的突出特征，根据 dL_2 的差异可将其与长石砂岩进行区分。

与粉砂岩相比，泥质粉砂岩中泥级颗粒含量更多，这类储层尽管孔隙度较高，但对应较低渗透率，含油性也比较差，由于两种岩性的骨架密度、粒度等差异较小，仅利用三类幅度差难以区分开。结合 J32 井、J10025 井等薄片资料，统计泥质粉砂岩的曲线响应，具有较低 R_{XO} 和较大的声波时差—中子孔隙度幅度差（声波时差和中子孔隙度均反向刻度），较低 R_{XO} 与泥质粉砂岩孔隙度大、泥质含量高有关，而较大的声波时差—中子孔隙度幅度差说明样品泥级颗粒较多、粒间孔不发育，相同中子孔隙度值时对应的声波时差偏小。如图 4-17 所示，J176 井 $P_2l_2^{2-2}$ 层发育粉砂岩，中子孔隙度和声波时差叠合后基本重合，而 J10025 井 $P_2l_2^{2-2}$ 层多发育偏细的泥质粉砂岩，声波时差明显偏离中子孔隙度曲线，且 R_{XO} 值小于 5Ω·m。统计粉砂岩和泥质粉砂岩的 R_{XO}、声波时差—中子孔隙度幅度差，建立两类岩性的识别图版（图 4-18），判别标准为：声波时差—中子孔隙度差值＞ 5 且 R_{XO} ＜ 12Ω·m

或 $R_{XO} < 3\Omega\cdot m$ 为泥质粉砂岩，其他为粉砂岩。

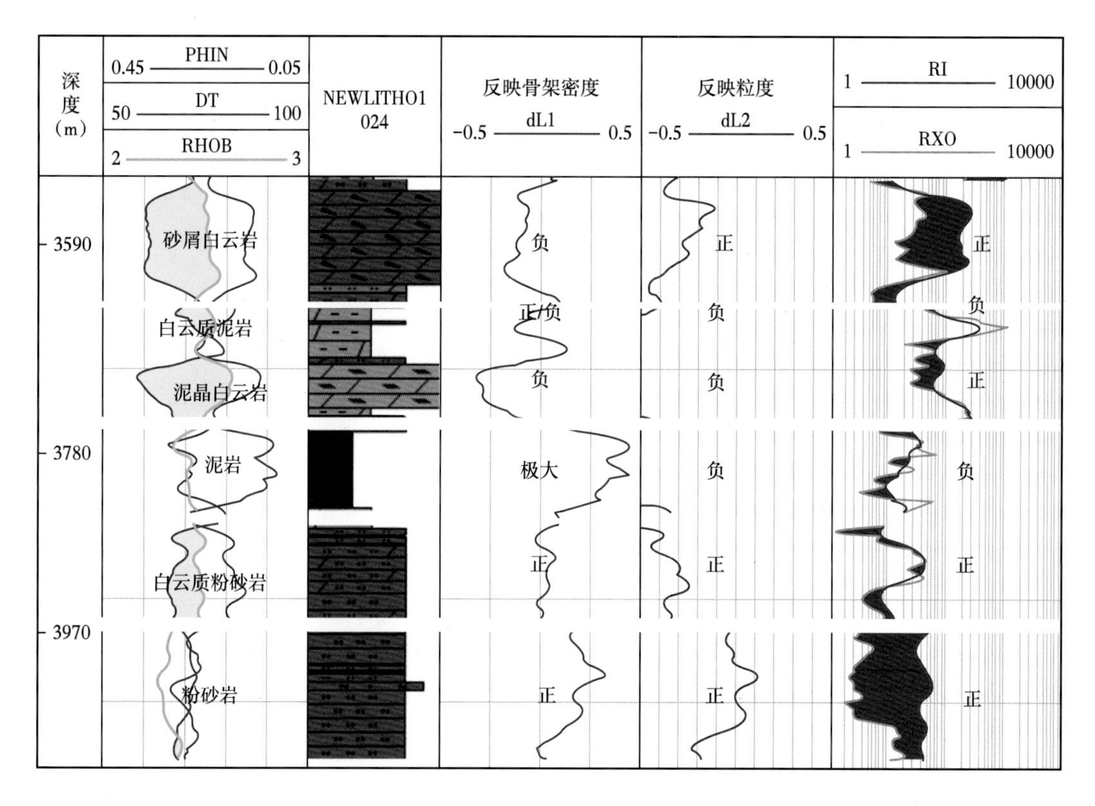

图 4-16　芦草沟组主要岩性的测井识别图版

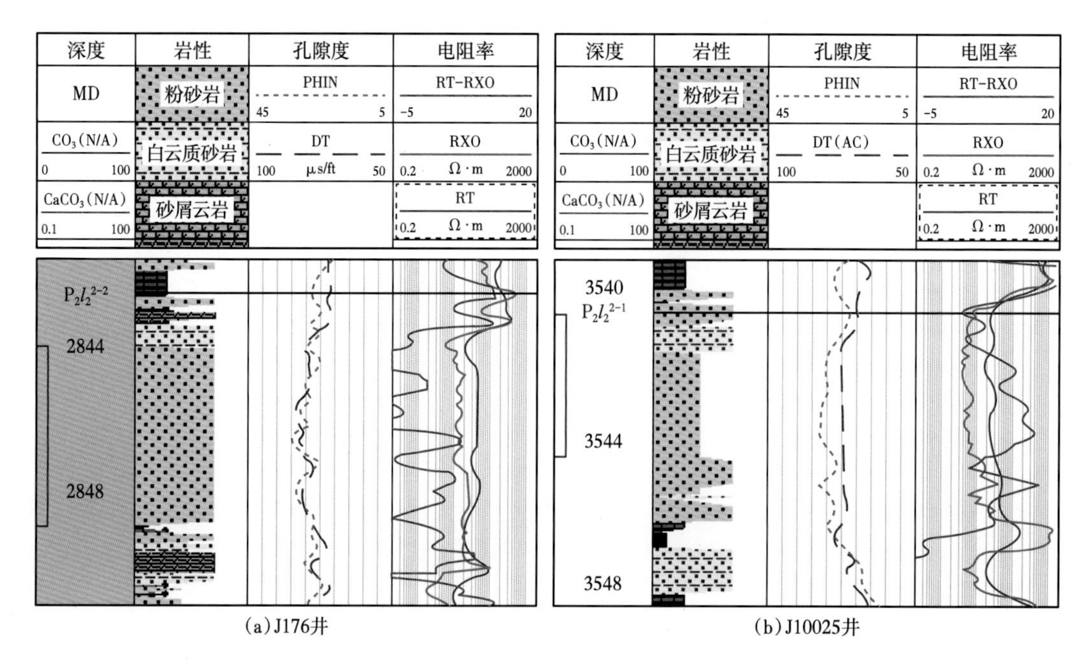

图 4-17　J176 井（a）和 J10025 井（b）$P_2l_2^{2-2}$ 层曲线对比

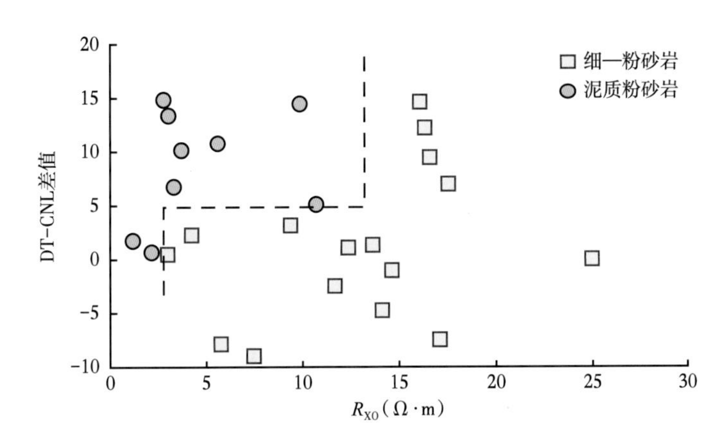

图 4-18 泥质粉砂岩和粉砂岩判别图版

2. 岩性识别方法及流程

根据研究区芦草沟组地层岩性特征及曲线响应，构建三孔隙度曲线幅度差 dL_1、密度—声波时差幅度差 dL_2 和电阻率幅度差 dL_3，联合这三种幅度差，结合密度和电阻率值，进行7类主要岩性的划分。针对研究区特征，在进行复杂岩性识别时，主要思路是先确定大类、然后再厘定小类原则，根据反映骨架密度信息的 dL_1 参数，确定白云岩、砂岩—泥岩，结合反映粒度信息的 dL_2 参数，在白云岩中识别出砂屑云岩（包括白云屑砂岩），在砂岩—泥岩中识别出白云质粉砂岩、粉砂岩，最后根据电阻率和幅度差 dL_3，在较粗岩性组合中进一步识别出薄的致密夹层。具体识别方法及流程如下：

（1）首先，将声波时差、密度和中子孔隙度三条测井曲线叠合，确定合适的标定刻度范围，计算三孔隙度幅度差 dL_1 和密度—声波幅度差 dL_2，具体计算公式见上文；根据 R_{XO} 和 R_I 计算电阻率幅度差 dL_3；

（2）根据 dL_1 值，将判别结果分为两种情况：d$L_1 < -0.04$，主要对应白云岩或白云质泥岩类，反之，主要对应砂岩和页岩类；

（3）对于第一种情况，根据 dL_2 值进一步细分岩性：当 d$L_2 > 0$ 时对应白云屑砂岩类型，当 dL_2 值小于 0 时，主要对应泥晶云岩和白云质泥岩两种岩性，可根据密度曲线或 dL_3 进行区分，当 dL_3 值明显负异常时或密度曲线小于 2.58g/cm^3 时，判定为白云质泥岩，否则判定为泥晶白云岩；

（4）针对第二种情况，根据 dL_2 值进一步细分岩性：当 d$L_2 < 0$ 或 d$L_3 < 0$ 时，对应泥页岩，否则对应白云质粉砂岩、粉砂岩、长石砂岩；根据 DEN 曲线和 dL_1 进行细分，当 d$L_1 > 0.2$ 时，判定为长石砂岩，当 d$L_1 < 0.2$ 且 DEN > 2.5g/cm^3 时，判定为白云质粉砂岩，其他情况对应粉砂岩。

（5）对于粉砂岩，根据声波时差—中子孔隙度幅度差和 R_{XO} 值，判别出泥质粉砂岩和粉砂岩。

五、研究实例分析

本次在 resform 软件中编写相应处理程序，实现芦草沟组页岩油储层复杂岩性的精细识别。将岩性识别结果与岩心观察和薄片鉴定岩性进行对比，分析岩性识别精度（图 4-19）。

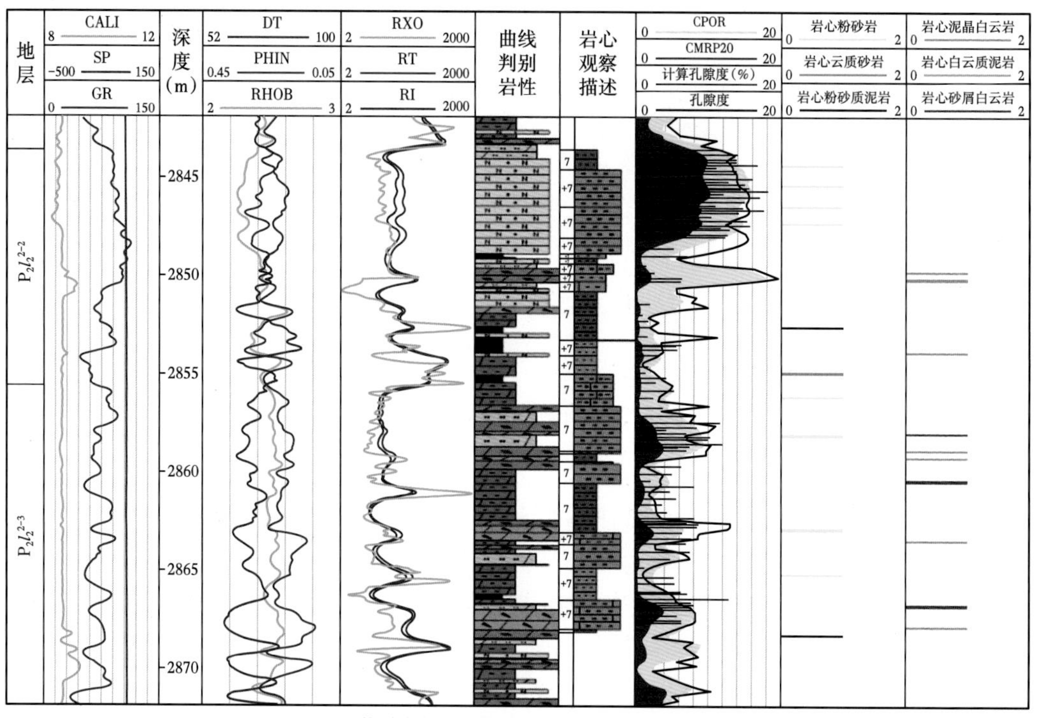

（a）J37井测井岩性识别、岩心观察及薄片岩性对比

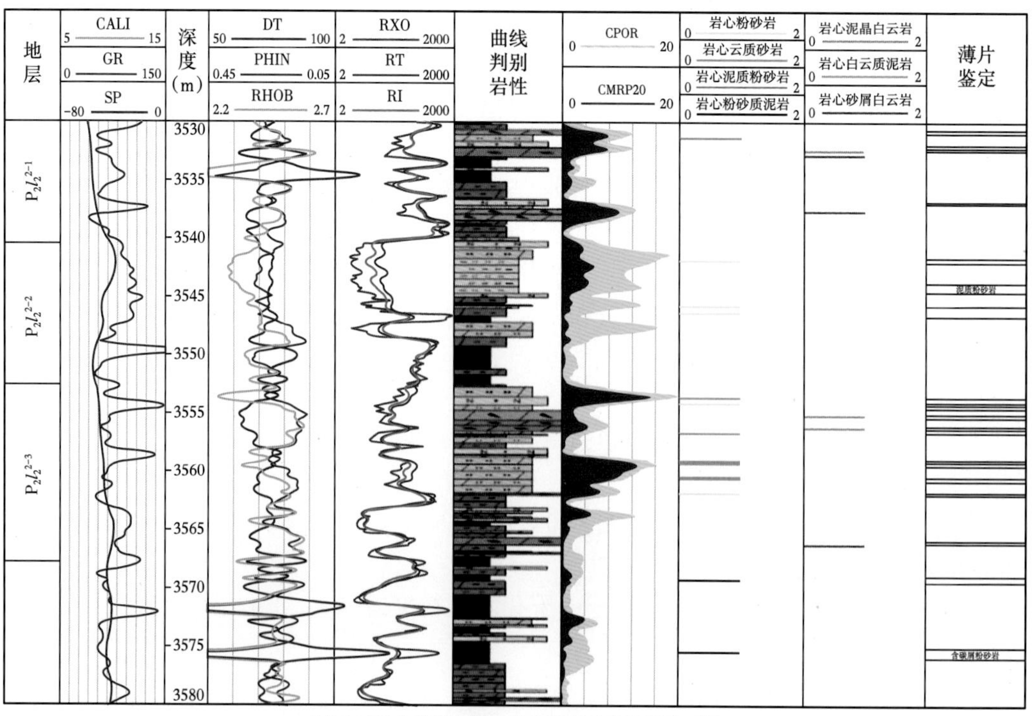

（b）J10025井岩性识别、岩心观察及薄片岩性对比

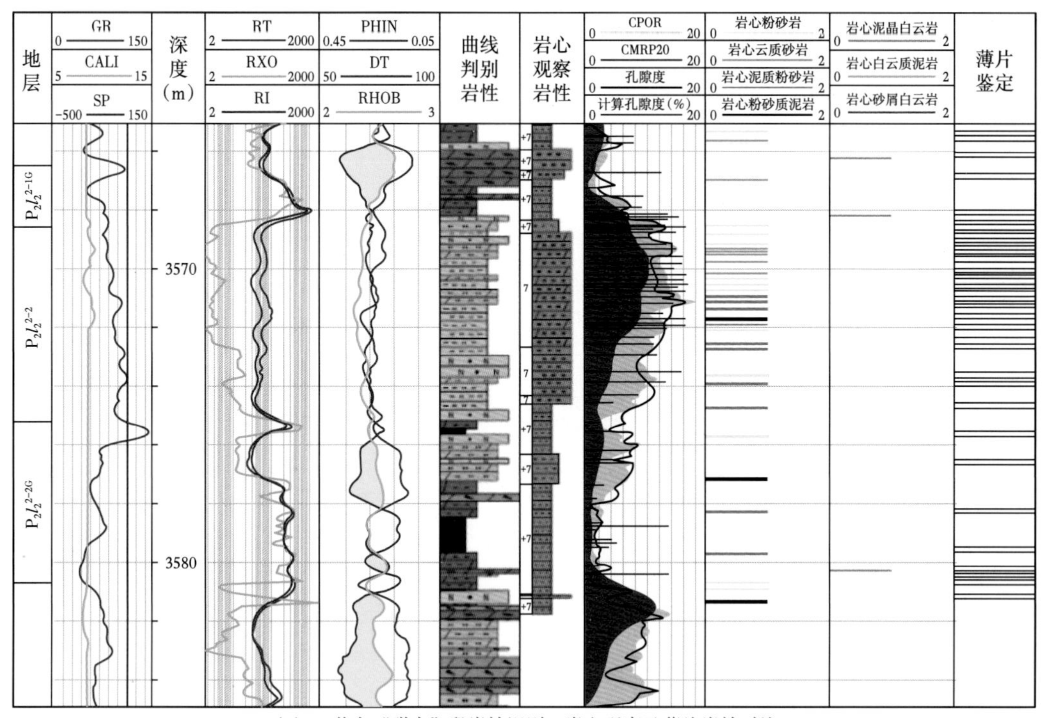

(c)J32井上“甜点”段岩性识别、岩心观察及薄片岩性对比

图 4-19 测井岩性识别、岩心观察及薄片岩性结果对比

从 J37 井识别效果看，对于大套较厚层粉砂岩，测井、岩心观察及薄片具有较好一致性（如 2845~2849m），而对于白云岩，测井与薄片观察的吻合较好，岩心观察多描述为粉砂岩（如 2863m）。对于薄片鉴定出来的薄层粉砂岩，曲线识别能力有限，多判别为白云质泥岩。整体上，测井识别岩性对于厚层粉砂岩、白云岩的识别效果较好。

J10025 井的测井识别与薄片鉴定结果进行对比，也发现同样规律。对于厚层白云质（白云屑）砂岩、白云岩，两者匹配性较好。通过岩心观察可知，J10025 井的上“甜点”段 2 号层粒度整体偏细，以粉砂质泥岩或泥质粉砂岩为主，测井判别结果为厚层的泥质粉砂岩。

J32 井上“甜点”2 号层（3768~3776m）岩心观察［图 4-19（c）］描述为大套白云质砂岩和粉砂岩的组合，高密度薄片鉴定结果显示，上部为白云质粉砂岩和粉砂岩，下部变化为厚层的泥质粉砂岩夹薄层粉砂岩。测井判别结果显示，上部为白云质粉砂岩、粉砂岩夹薄层泥质粉砂岩，下部为大套泥质粉砂岩夹薄层粉砂岩，识别结果基本与薄片一致。

J32 井下“甜点”岩心观察主要为大套泥岩、白云质泥岩夹三套白云质粉砂岩的组合，这三套白云质粉砂岩在测井上均能有效识别，薄片鉴定结果也显示岩性以粉砂岩和白云质粉砂岩为主，白云岩较少发育。对于粉砂岩和白云质粉砂岩，本次测井识别与薄片鉴定相比，还存在一定误差，这也由于两者测井响应差异小所致。

整体上看，该方法的识别精度要高于岩心观察结果、低于薄片鉴定，对于厚层白云岩、粉砂岩、泥岩的识别效果最好，对于薄互层岩性的识别效果较差。将岩性识别与薄片鉴定结果进行对比，分粉砂岩类、白云岩类和泥岩类分别统计岩性识别吻合率。统计 J174 井、J176 井、J10025 井、J10016 井、J10022 井、J251 井、J30 井、J31 井、J34 井、J35 井、J36 井、J37 井共计 12 口井，发现本次对砂岩类和泥页岩类的判别精度可达 85%，对白云岩类的判别精度可达 70%，整体上所有岩性的吻合率达 80% 以上。

利用上述岩性判别方法对芦草沟组 60 余口直井进行岩性识别，分 6 个主力小层分别绘制了主要岩性（白云质粉砂岩、粉砂岩、白云岩）的平面分布图（图 4-11）。可见，下“甜点”段白云质粉砂岩和粉砂岩等陆源为主沉积较发育，砂岩类厚度高值区主要分布于凹陷南部，整体向北部逐渐减薄，下甜点的白云岩厚度较薄，厚度分布较分散。上“甜点”段的砂体分布较广，在凹陷的南部和北部发育均有发育，其中南部的厚度相对较大。与下甜点相比，上“甜点”段的白云岩厚度较大，主要分布于凹陷的中部和西部，其中芦草沟组二段 2 小层由于陆源碎屑输入量大，整个小层几乎不发育白云岩。

第五章　页岩油储层物性测试及解释参数建模研究

第一节　物性实验测试

一、常规孔隙度和渗透率实验

本次岩心孔隙度、渗透率测试是使用 QKY-Ⅱ型气体孔隙度测定仪、STY-Ⅲ型气体渗透率测定仪测试完成的（图 5-1、图 5-2）。

图 5-1　QKY-Ⅱ型气体孔隙度测定仪

图 5-2　STY-Ⅲ型气体渗透率测定仪

孔隙度测量原理：根据波义尔定律，在温度一定的条件下，气体的压力与体积的乘积为恒定，将岩样放入哈斯勒夹持器中施加一定的围压，然后将精确控制的已知体积 V_k、压力 p_k 的氦气向岩石样品中膨胀，从而得到岩样在一定压力条件下的孔隙体积，并结合岩样总体积的测量计算出岩样的孔隙度（王为民等，2001；王才志等，2003；廖广志等，2007；翁爱华等，2003；王忠东等，2003）（表 5-1）。

渗透率测量原理：根据达西定律，样品的渗透率 K 与流体的流量 Q、黏度 μ 和岩样长度 L 成正比，与岩样的横截面积（A）、进口端的压差（ΔH 或 Δp）成反比。但由于气体在压差作用下流动的过程中，体积会发生膨胀，流量在流动的各截面上是变化的，根据气体等温状态下的气体状态方程，气体的平均流量公式可写为：

$$\bar{Q}=\frac{Q_o \pm p_2}{\bar{p}}=\frac{2Q_o p_2}{p_1+p_2} \tag{5-1}$$

式中 Q_o——大气压力下的气体流量，m^3/s；

$\bar{p}$——平均压力，bar；

p_1、p_2——分别为一次测量时的进口端、出口端压力，bar。

则气体渗透率可以写为：

$$K_g=\frac{Qul}{A\Delta p}\times 0.1 \tag{5-2}$$

式中 $\bar{Q}$——气体的平均流量，m^3/s；

μ——气体的黏度，mPa·s；

l——样品长度，cm；

A——样品的横截面积，cm^2；

Δp——进出口端的压差，MPa。

表 5-1　芦草沟组页岩油物性参数表

序号	样品编号	原样号	层位	井号	样品深度（m）	孔隙度（%）	渗透率（mD）	密度（g/cm^3）
1	Ⅰ-10	1	$P_2l_2^{2-1}$	J10013	3188.17	10.45	1.102	2.28
2	Ⅰ-11	2	$P_2l_2^{2-1}$	J10013	3188.67	9.19	0.074	2.31
3	Ⅰ-12	3	$P_2l_2^{2-1}$	J10013	3188.84	9.26	0.009	2.31
4	Ⅱ-10	4	$P_2l_2^{2-2}$	J10013	3192.55	10.76	0.004	2.18
5	Ⅱ-11	5	$P_2l_2^{2-2}$	J10013	3194.05	0.50	0.005	2.32
6	Ⅱ-12	6	$P_2l_2^{2-2}$	J10013	3195.75	3.50	0.021	2.34
7	Ⅰ-7	7	$P_2l_2^{2-1}$	J10014	3233.38	7.26	0.003	2.48
8	Ⅰ-8	8	$P_2l_2^{2-1}$	J10014	3235.08	4.24	0.482	2.56

续表

序号	样品编号	原样号	层位	井号	样品深度（m）	孔隙度（%）	渗透率（mD）	密度（g/cm³）
9	Ⅰ-9	9	$P_2l_2^{2-1}$	J10014	3235.58	7.32	0.004	2.52
10	Ⅱ-7	10	$P_2l_2^{2-2}$	J10014	3244.00	6.67	0.009	2.39
11	Ⅱ-8	11	$P_2l_2^{2-2}$	J10014	3244.50	7.40	0.022	2.37
12	Ⅱ-9	12	$P_2l_2^{2-2}$	J10014	3245.50	10.30	0.008	2.26
13	Ⅰ-4	13	$P_2l_2^{2-1}$	J10016	3294.67	9.11	0.11	2.26
14	Ⅰ-5	14	$P_2l_2^{2-1}$	J10016	3296.67	14.49	0.023	2.10
15	Ⅰ-6	15	$P_2l_2^{2-1}$	J10016	3297.17	10.71	0.012	2.23
16	Ⅱ-4	16	$P_2l_2^{2-2}$	J10016	3300.07	9.79	0.009	2.39
17	Ⅱ-5	17	$P_2l_2^{2-2}$	J10016	3300.57	1.67	0.015	2.38
18	Ⅱ-6	18	$P_2l_2^{2-2}$	J10016	3300.97	1.75	8.71	2.10
19	Ⅲ-10	19	$P_2l_2^{2-3}$	J10016	3312.52	8.32	0.053	2.34
20	Ⅲ-11	20	$P_2l_2^{2-3}$	J10016	3314.02	8.84	0.105	2.32
21	Ⅲ-12	21	$P_2l_2^{2-3}$	J10016	3316.62	9.67	0.092	2.31
22	Ⅲ-13	22	$P_2l_2^{2-3}$	J10016	3318.82	7.55	0.019	2.38
23	Ⅲ-14	23	$P_2l_2^{2-3}$	J10016	3320.82	9.23	0.042	2.35
24	Ⅰ-1	24	$P_2l_2^{2-1}$	J10012	3156.20	0.81	0.016	2.55
25	Ⅰ-2	25	$P_2l_2^{2-1}$	J10012	3157.10	1.58	0.005	2.30
26	Ⅰ-3	26	$P_2l_2^{2-1}$	J10012	3157.70	10.66	0.033	2.23
27	Ⅱ-1	27	$P_2l_2^{2-2}$	J10012	3171.70	4.83	0.004	2.46
28	Ⅱ-2	28	$P_2l_2^{2-2}$	J10012	3172.80	3.66	0.004	2.47
29	Ⅱ-3	29	$P_2l_2^{2-2}$	J10012	3173.70	1.31	0.129	2.35
30	Ⅲ-7	30	$P_2l_2^{2-3}$	J10012	3195.73	8.73	0.012	2.38
31	Ⅲ-8	31	$P_2l_2^{2-3}$	J10012	3196.63	15.42	0.146	2.18
32	Ⅲ-9	32	$P_2l_2^{2-3}$	J10012	3197.63	0.49	0.007	2.47
33	Ⅳ-10	33	$P_2l_1^{2-2}$	J10012	3306.91	10.98	0.153	2.35
34	Ⅳ-11	34	$P_2l_1^{2-2}$	J10012	3307.81	6.36	0.004	2.39

续表

序号	样品编号	原样号	层位	井号	样品深度（m）	孔隙度（%）	渗透率（mD）	密度（g/cm^3）
35	Ⅳ-12	35	$P_2l_1^{2-2}$	J10012	3309.41	1.03	0.015	2.29
36	Ⅲ-4	36	$P_2l_2^{2-3}$	J10022	3337.70	1.87	0.005	2.58
37	Ⅲ-5	37	$P_2l_2^{2-3}$	J10022	3342.47	4.57	0.005	2.53
38	Ⅲ-6	38	$P_2l_2^{2-3}$	J10022	3345.57	1.12	0.010	2.34
39	Ⅳ-4	39	$P_2l_1^{2-2}$	J10022	3475.97	17.00	4.030	2.05
40	Ⅳ-5	40	$P_2l_1^{2-2}$	J10022	3476.67	14.04	0.037	2.17
41	Ⅳ-6	41	$P_2l_1^{2-2}$	J10022	3477.27	11.62	0.006	2.24
42	Ⅳ-1	42	$P_2l_1^{2-2}$	J10014	3389.30	1.24	0.015	2.30
43	Ⅳ-2	43	$P_2l_1^{2-2}$	J10014	3390.00	9.19	0.044	2.52
44	Ⅳ-3	44	$P_2l_1^{2-2}$	J10014	3390.50	9.00	0.024	2.33
45	Ⅳ-7	45	$P_2l_1^{2-2}$	J10016	3454.07	6.75	0.005	2.37
46	Ⅳ-9	46	$P_2l_1^{2-2}$	J10016	3455.87	4.12	0.025	2.43
47	Ⅳ-8	47	$P_2l_1^{2-2}$	J10016	3456.37	10.94	0.007	2.25

二、覆压孔隙度和渗透率实验

覆压孔渗实验可以得到5个不同压力下岩样的孔隙度和渗透率，考察样品的压敏特性。

实验原理：在系列净上覆压岩压下用波义耳定律和非稳定流达西定律测定样品的孔隙度和渗透率。

实验步骤：首先接通覆压孔渗测定仪电源和气源，整机预热30min。然后按照仪器要求顺序将各压力调节器调至所需压力，启动测试程序，运行自检或侧漏程序，运行样品测试程序，先输入测试环境下的大气压力及实验温度数据，然后输入测试样品的分析数量及其基础参数。最高实验围压按上覆岩压的1/2选取，以下分5个压力点，在样品转盘中按顺序装入所需测定的样品进行测试，最终计算机自动采集存储数据，得出孔隙度和渗透率（图5-3）。

根据本次项目研究开展的岩心孔渗性实验，结合研究区原有实验资料首先对吉木萨尔芦草沟组页岩油储层进行物性分析，得出以下认识：

（1）吉木萨尔芦草沟组页岩油储层上“甜点”段常规孔隙度介于0.49%~21.80%之间，平均孔隙度为11.91%，下“甜点”段孔隙度介于1.24%~19.8%之间，平均孔隙度为11.21%；上“甜点”段常规渗透率介于0.001~1.24mD，平均渗透率为0.27mD，下“甜点”段常规渗透率介于0.001~1.11mD，平均渗透率为0.30mD。整体来看研究区属于低孔隙度、特低渗透率储层（图5-4）。

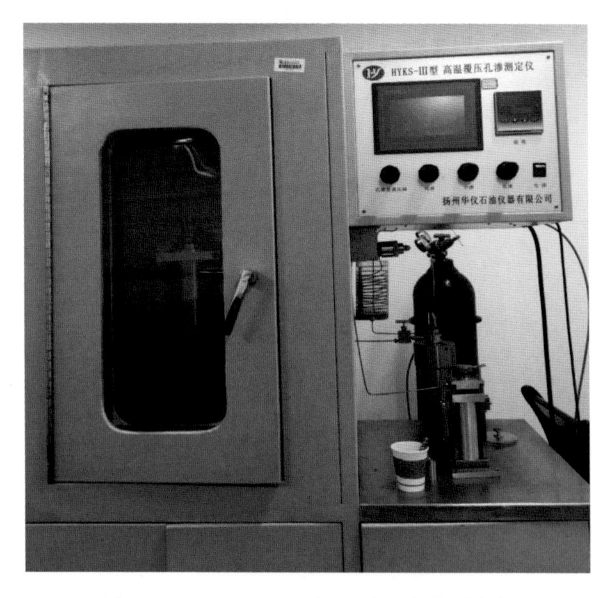

图 5-3 HYKS-Ⅲ型高温覆压孔渗测定仪

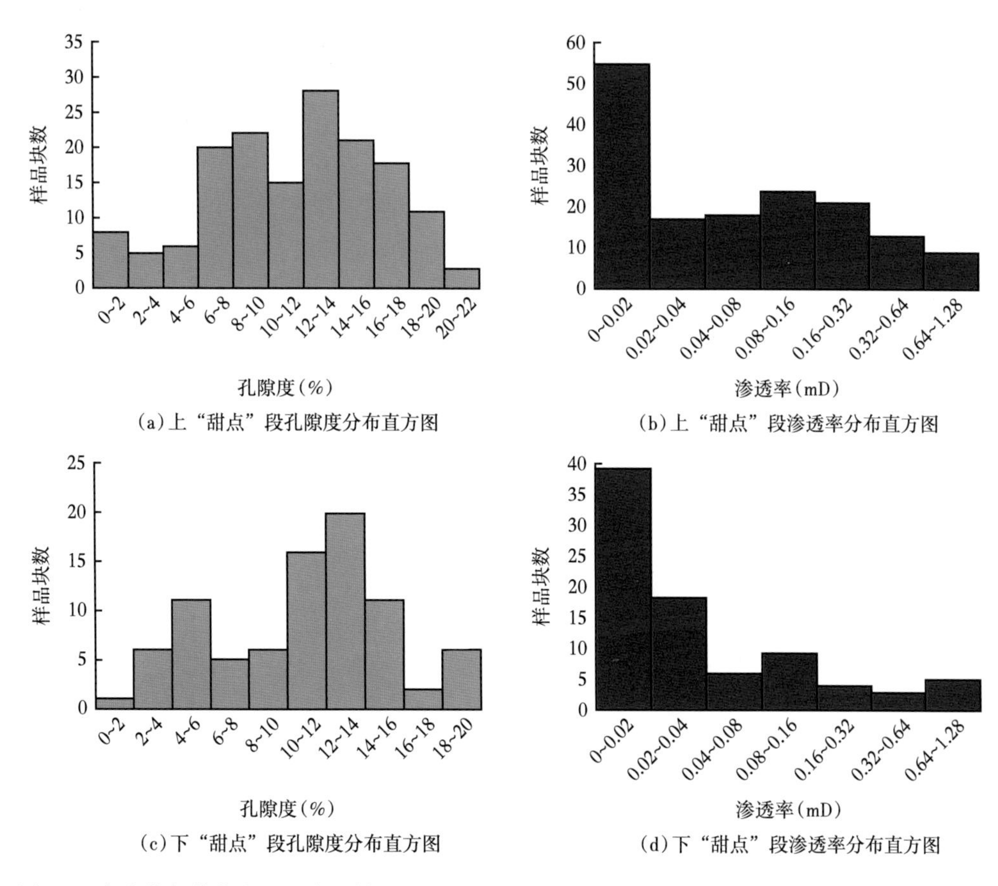

(a)上“甜点”段孔隙度分布直方图

(b)上“甜点”段渗透率分布直方图

(c)下“甜点”段孔隙度分布直方图

(d)下“甜点”段渗透率分布直方图

图 5-4 吉木萨尔芦草沟组页岩油储层上“甜点”段、下“甜点”段常规孔隙度和渗透率分布直方图

通过覆压孔渗实验数据分析，不同围压下的孔隙度和渗透率不同。根据研究区的地层压力条件，选取围压为30MPa的覆压孔隙度和覆压渗透率来进行对比分析（表5-2）。

表5-2 不同岩性的覆压孔隙度和覆压渗透率

物性参数		岩性		
		长石岩屑砂岩	白云质砂岩	砂屑云岩
孔隙度（%）	最大值	9.510	13.220	12.420
	最小值	0.400	0.910	0.650
	平均值	4.987	6.190	6.812
渗透率（mD）	最大值	0.004	0.117	0.001
	最小值	0.001	0.001	0.052
	平均值	0.002	0.017	0.010

（2）研究区孔隙度和渗透率之间表现出一种正相关关系，随孔隙度增大，渗透率呈增大趋势，但受储层岩性、孔隙结构及储层非均质性等因素影响，增大幅度存在一定差异。同时发现研究区裂缝相对发育的地方，其渗透率的值越大，而对孔隙度的影响较小，从而表明裂缝对孔隙度贡献有限，但明显增加储层渗透率。

（3）不同岩性之间的物性差异较大（表5-3、图5-5），主要表现为长石岩屑砂岩的物性最好，砂屑云岩其次，白云质砂岩相对较差。其中长石岩屑砂岩孔隙度主要介于10%~18%之间，渗透率集中分布在0.32~1.24mD之间；白云质砂岩孔隙度主要介于8%~16%之间，渗透率集中分布在0.003~0.02mD之间；砂屑云岩孔隙度主要分布在6%~14%之间，渗透率介于0.004~0.32mD之间。

表5-3 不同岩性的常规孔隙度和渗透率

物性参数		岩性		
		长石岩屑砂岩	白云质砂岩	砂屑白云岩
孔隙度（%）	最大值	21.800	13.800	19.800
	最小值	0.500	0.490	1.580
	平均值	11.970	9.980	8.540
渗透率（mD）	最大值	1.240	1.130	1.840
	最小值	0.004	0.003	0.004
	平均值	0.176	0.096	0.240

（4）除了岩性会对储层物性产生一定的影响，泥质含量和岩石粒度也会影响储层物性。一般来说，泥质含量会破坏储层孔隙结构，泥质含量越高，储层孔隙度越低，尽管黏土矿物会发育大量晶间孔，但对渗透率的贡献有限，导致储层物性整体变差。通过岩石薄片观察发现，岩石颗粒粒度越低，黏土晶间孔较为发育，局部可见微裂缝，结合高压压汞实验分析，岩石粒度细的毛细管压力曲线一般呈上凸形，当较粗颗粒含量逐渐减少时，胶结物会增多，排驱压力逐渐增大，孔喉半径减小。

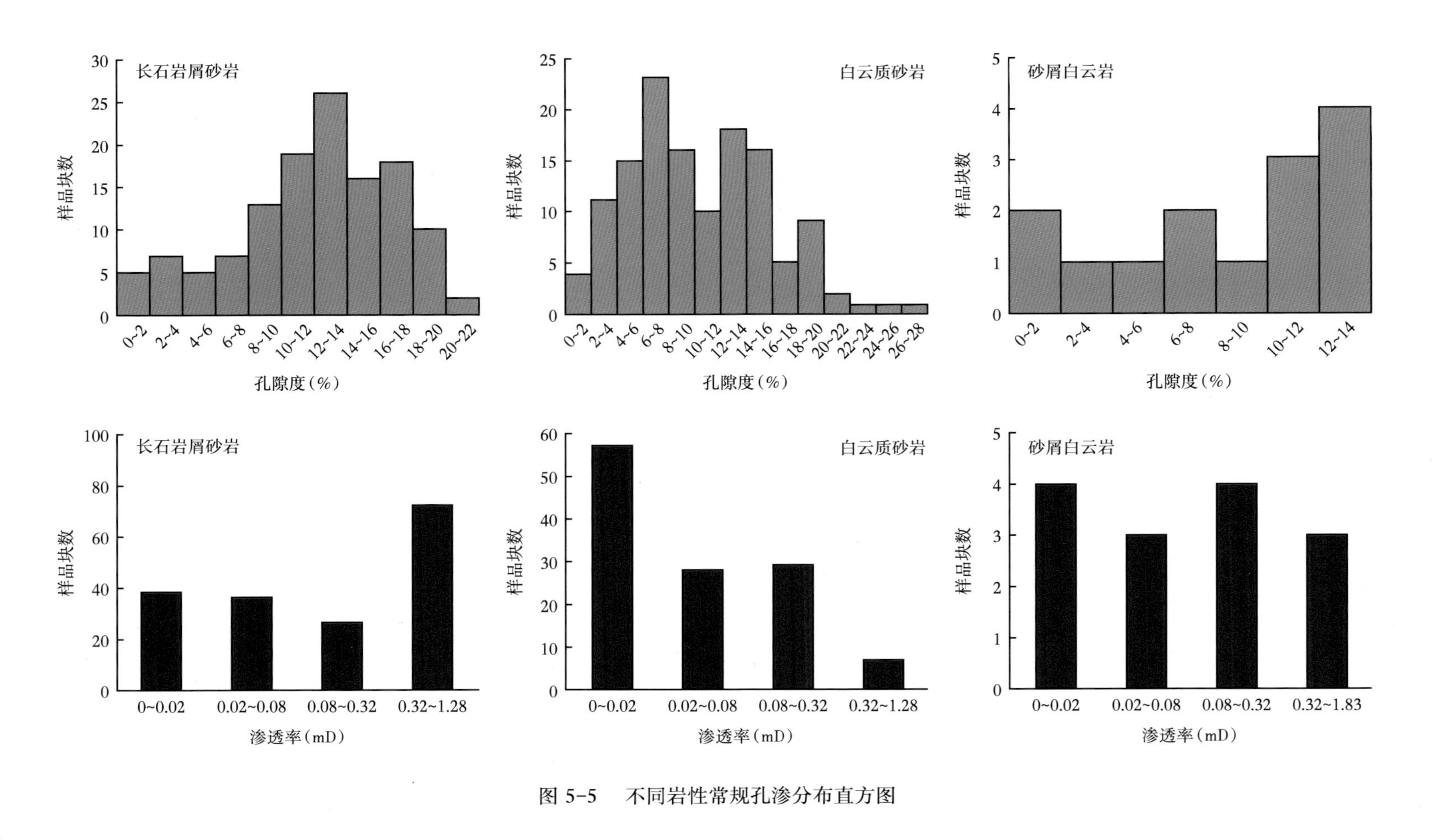

图 5-5 不同岩性常规孔渗分布直方图

第二节　物性参数建模技术

一、核磁测井孔隙度解释方法

与常规测井求取孔隙度相比，核磁共振测井能够提供与储层岩性无关的孔隙度，因此，在岩石特性复杂多变的非均质地层中，核磁共振测井在孔隙度测量的准确性上有很大的优势。根据核磁共振测井测量得到的回波串反演得到 T_2 分布谱，并对其进行分析处理，可求得储层参数。

核磁观测信号的强度与孔隙中流体含氢量有很好的相关性，这是核磁共振测井能够求取孔隙度的依据。经过相关刻度，储层孔隙度能够根据核磁 T_2 分布来求得。与其他孔隙度解释方法相比，核磁共振测井除了能得到总孔隙度、有效孔隙度之外，还能解释出黏土束缚流体、可动流体和毛细管束缚流体孔隙度。核磁计算有效孔隙度公式可表达为：

$$\phi_{e}=\int_{T_{2b}}^{T_{2max}} S(T_2)\,\mathrm{d}T_2 \tag{5-3}$$

式中　T_{2b}——T_2 分布谱上确定有效孔隙度的截止值。

对 T_{2b} 的选取，前人做过大量工作，根据本区取心井的岩心分析数据和核磁共振处理数据，使用岩心刻度测井的方法，统计不同 T_{2b} 值计算的核磁有效孔隙度与岩心分析孔隙度的均方误差，确定当 T_{2b}=1.7ms 时，核磁有效孔隙度与岩心分析孔隙度的均方误差最小，因此 1.7ms 可作为研究区页岩油储层核磁有效孔隙度计算的截止值。

二、常规测井孔隙度解释方法

尽管核磁测井进行孔隙度解释的精度较高，且不受岩性的影响，但核磁测井范围有限、费用高、解释周期长，建立常规测井曲线的孔隙度解释更具有实际应用价值。常规测井方法确定孔隙度，通常具有两种方法：一是岩石物理体积模型方法，即根据岩石组成成分的物理性质差异，把单位体积储层岩石划分成对应的几部分，分析各个小部分对储层岩石物理性质参数的贡献，基于物质平衡联立方程组，通过优化方法进行孔隙度和地层组分含量的求解，该方法具有一定理论基础，但通常适用于组分简单的岩石，芦草沟组矿物种类多，求解结果精度较低；二是岩心刻度测井方法，即通过岩心孔隙度与三孔隙度曲线之间的相关性分析，选取相关性好的测井曲线建立相应的孔隙度模型。

在常规储层中，利用第二种方法可以得到较为合理的孔隙度值，但直接应用到芦草沟组中时会遇到明显问题，主要因为该区芦草沟组页岩油储层岩性复杂多变，不同岩性矿物组成差异明显，如以碳酸盐岩沉积为主岩性和以碎屑沉积为主岩性，具有差异明显的骨架密度、速度等，难以对所有岩性建立一套孔隙度计算公式。基于该区岩性特征，分岩性进行岩心孔隙度与三孔隙度曲线相关性分析，分别建立孔隙度计算模型，实现芦草沟组页岩油储层孔隙度精细解释。

1. 砂岩和白云岩类储层

分白云岩、白云质粉砂岩、粉砂岩、泥岩四种岩性，分别统计岩心孔隙度与三孔隙度测井曲线的相关性（表 5-4）。研究发现，除了白云质泥岩和页岩外，其他岩性与三孔隙度曲线均呈一定相关性，其中与密度测井的相关系数最高，其次是三孔隙度幅度差 dL_1，中子孔隙度和声波曲线与孔隙度的相关系数普遍低于 0.5。因此，可以利用密度曲线建立白云岩、白云质粉砂岩和粉砂岩三类岩性的孔隙度解释模型。具体计算公式见表 5-4。

将孔隙度为 0% 代入表 5-4 中孔隙度计算公式，可大致计算对应岩石的骨架密度，白云岩骨架密度接近于 2.66g/cm³，稍大于白云质粉砂岩，而粉砂岩类骨架密度值为 2.57g/cm³。三种岩性计算的骨架密度值较为合理，也验证了上述孔隙度计算模型的合理性和稳定性。

表 5-4 不同岩性孔隙度与测井曲线相关性分析

岩性	相关系数 R^2				孔隙度计算公式
	DEN	CNL	DT	dL1	
砂屑白云岩和泥晶白云岩	0.74	0.27	0.43	0.70	ϕ=−72.392×DEN+192.28
白云质粉砂岩	0.78	0.31	0.25	0.68	ϕ=−48.402×DEN+128.42
粉砂岩和长石砂岩	0.82	0.55	0.46	0.64	ϕ=−51.341×DEN+131.97
白云质泥岩和页岩	0.0022	0.003	0.0006	0.002	

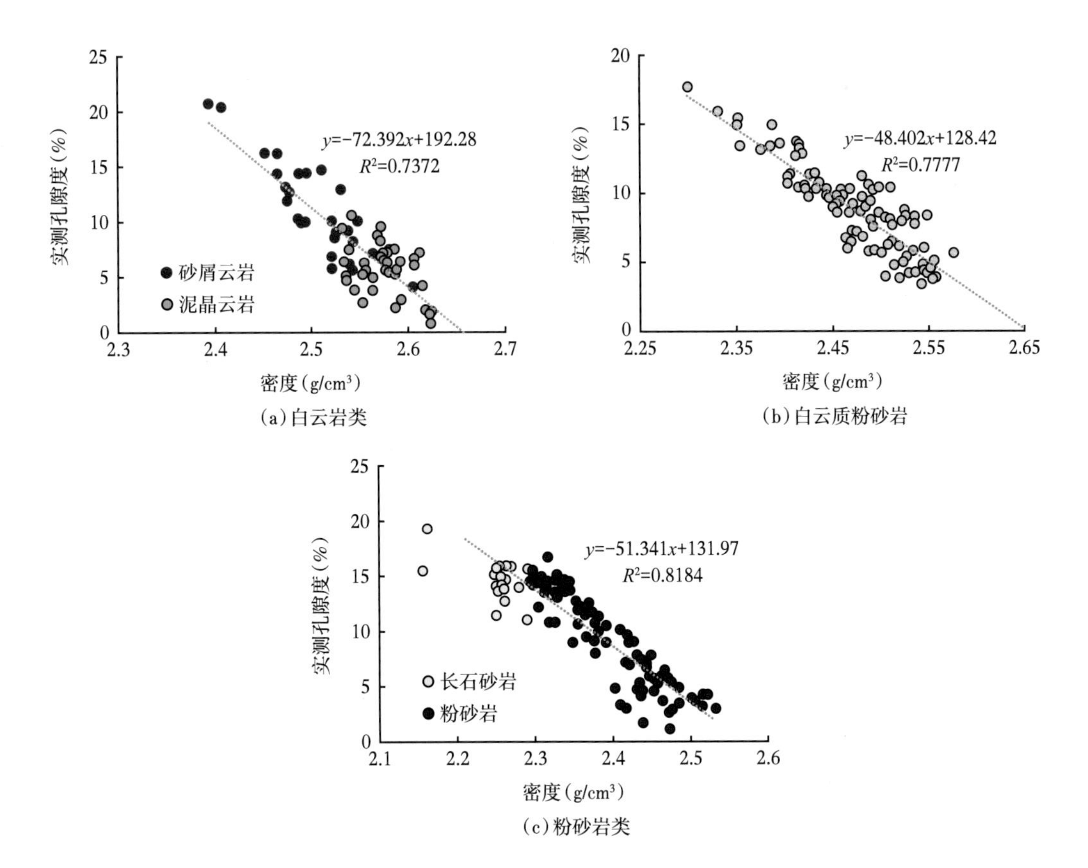

图 5-6 不同岩性孔隙度解释图版

2. 泥岩类储层

对于白云质泥岩和页岩，岩心孔隙度与密度曲线的相关性较弱，难以直接利用相关性建立关系。白云质泥岩和页岩通常具有较高的有机质丰度，其主要成分干酪根的密度值通常低于 1.4g/cm³，这使得泥页岩类岩石的骨架密度值不如砂岩或白云岩为主岩石稳定，且泥页岩中有机质丰度差异较大，孔隙度值普遍偏低，孔隙度对密度曲线的影响会被有机质影响削弱，导致孔隙度与密度曲线的相关性较低。

针对泥页岩的孔隙度计算，本次采用如下方法：首先计算其对应骨架密度值，再利用密度－孔隙度理论计算模型进行评价：

$$\phi = \frac{\rho_b - \rho_{ma}}{\rho_f - \rho_{ma}} = \frac{\rho_b - \rho_{ma}}{0.95 - \rho_{ma}} \tag{5-4}$$

式中 ρ_{ma}——骨架密度值；

ρ_b——密度测井值；

ρ_f——流体密度值，取值 0.95g/cm³。

对于骨架密度值，根据岩心骨架密度值与三孔隙度测井幅度差 dL_1 的相关性来计算，具体公式如图 5-7 所示。

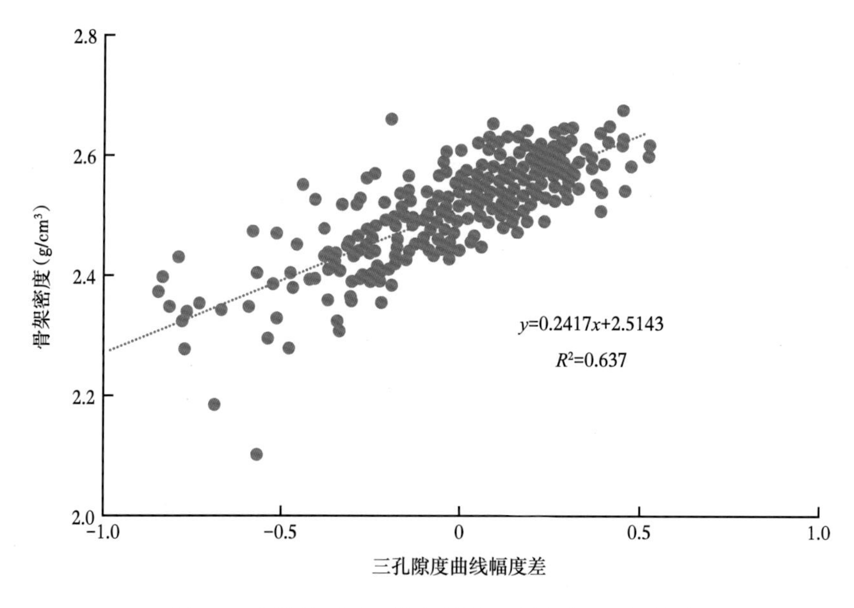

图 5-7　泥页岩类岩石骨架密度与幅度差 dL_1 间关系

3. 孔隙度计算效果

图 5-8 展示了两口井孔隙度计算结果，从图中可知该方法计算的孔隙度与岩心分析数据基本吻合。精度分析表明（图 5-9），测井计算孔隙度与核磁测井计算孔隙度的精度明显高于岩心分析，这一方面由于测井分辨率有限，另外也受岩心归位精度影响。测井计算孔隙度与核磁计算孔隙度的相关系数分布范围在 0.75~0.92 之间，均值为 0.85。

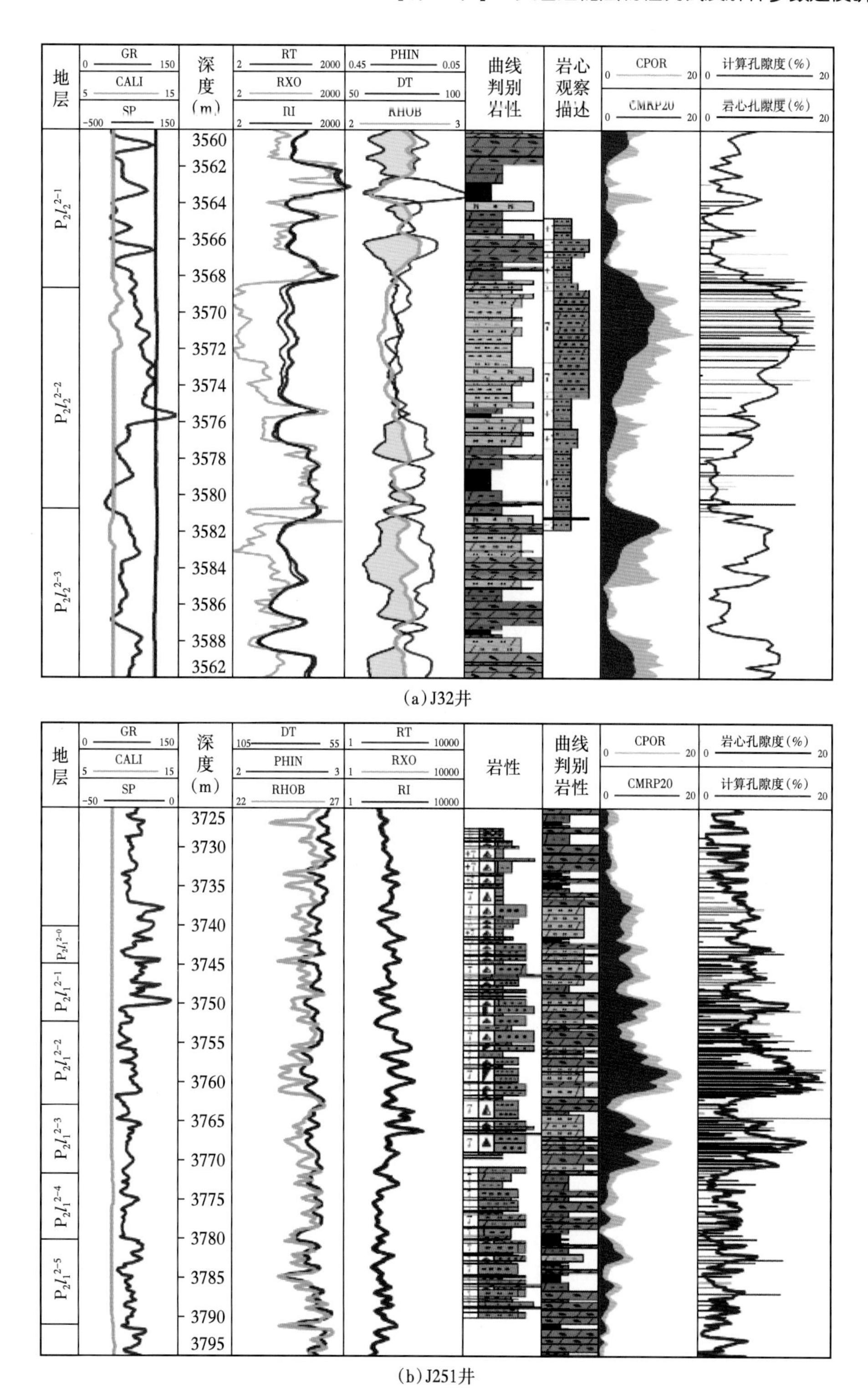

(a) J32井

(b) J251井

图 5-8 基于常规测井孔隙度计算结果

注：DT—声波时差曲线 μs/ft；RHOB—密度曲线，g/cm^3；PHIN—中子曲线

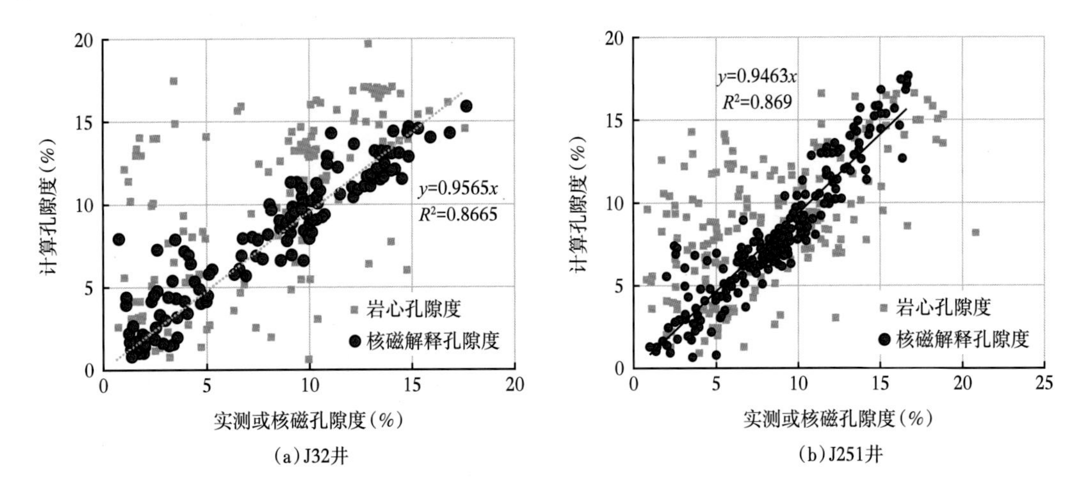

图 5-9 计算孔隙度与岩心分析及核磁测井计算值

三、渗透率模型

在有压差存在的条件下，储层岩石允许流体在其孔隙喉道中通过的性质，称为渗透性，通用渗透率来定量描述储层渗透性的好坏。影响储层渗透率的因素很多，主要因素有粒度中值、孔隙度、泥质含量等。目前尚无能直接反映储层渗透率的测井方法，核磁测井也一样。在测井确定地层渗透率的各种方法中，核磁测井被认为是最可靠的一种，因为一般认为，渗透率与岩石孔径分布有直接关系，而核磁测井的 T_2 分布是孔径分布的近似表达，具有反映地层渗透率的微观基础。

1. 基于常规测井计算渗透率

在没有进行核磁测井时，一般假设储层为孔隙型储层，认为渗透率与孔隙度成正相关关系，采用拟合回归的方式计算渗透率，针对致密页岩油储层，调研国内相关的页岩油计算方法为（Xu et al.，2018；Liu et al.，2013）：

$$\boldsymbol{K}=\left(\frac{\phi}{C_1}\right)^{C_2} \tag{5-5}$$

式中 $\boldsymbol{K}$——渗透率，nD；

ϕ——基于常规测井采用最优化方法反演得到的孔隙度，%；

C_1、C_2——待系数。

2. 核磁测井渗透率模型

核磁共振的渗透率测量是基于实验和理论模型及其相互关系的结合。当这些模型中或关系式中的所有其他因素保持常量时，渗透率随连通孔隙度的增加而增加（焦堃等，2014）。渗透率的单位是一个面积单位。从岩石物理应用 q 在表达式中使用这些特定的尺寸参数都是基于经验给定的，因此也可以使用其他测量参数。图 5-10 展示了这两个模型，对于 100% 盐水饱和岩样，这两个模型得到的渗透率与实验室数据都有很好的相关性，但是当孔隙中含烃时，由于 T_{2gm} 不再由纯粹的孔隙尺寸决定，此时，SDR 模型受含烃影响大，结果会出现较大偏差。

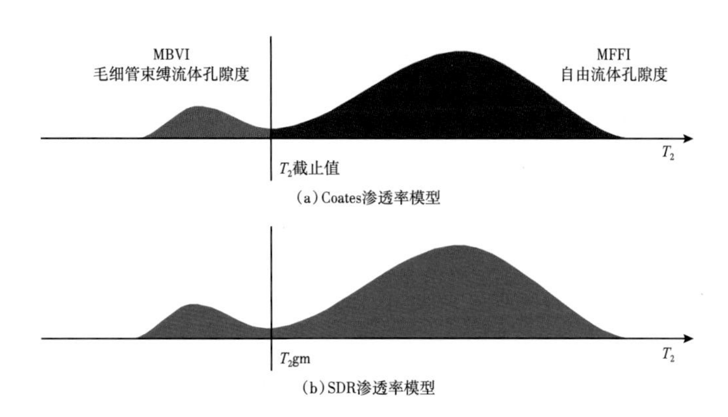

图 5-10 核磁共振测井渗透率模型

（1）自由流体模型。

在自由流体模型 Coates 模型中，渗透率最简单的形式由下式给出：

$$\boldsymbol{K}=\left(\frac{\mathrm{MPHI}}{C}\right)^4\left(\frac{\mathrm{MFFI}}{\mathrm{MBVI}}\right)^2 \tag{5-6}$$

式中 MPHI——有效孔隙度；

MFFI——自由流体孔隙度；

MBVI——束缚水孔隙度；

C—— 一个变量，它取决于地层沉积过程，对于每种地层都是不同的。

经验表明，Coates 模型比平均 T_2 模型更灵活。通过恰当的岩心刻度，Coates 模型已经成功地应用于不同的地层和储层。只要 MBVI 不含任何烃的贡献，那么，它就不受其他流体相，如油和油基钻井液滤液的影响。当分析含烃地层时，需要做含烃校正。

在未冲洗的含气层，由于含氢指数低，Coates 公式中用作孔隙度的 MPHI 可能被低估了，这样 MPHI 就必须做含烃校正，或者使用其他的孔隙度值。在较高的地层压力条件下，含有较高残余气饱和度的地层，其 SBVI 和 CBVI 值较高，使计算的渗透率值偏低。重油和 T_2 值通常都很短，也被认为是 BVI，使计算渗透率也偏低。

（2）平均 T_2 模型。

计算渗透率平均 T_2（或 SDR）模型由下式给出：

$$\boldsymbol{K}=aT_{2\mathrm{gm}}^2\cdot\mathrm{MPHI}^4 \tag{5-7}$$

在式（4-3）中，数值 a 是一个与地层的类型有关的系数，$T_{2\mathrm{gm}}$ 是 T_2 分布的几何平均。

经验表明，SDR 模型对只含水的地层应用非常好。但是，当地层中含油或油基钻井液滤液时，SDR 就向自由流体 T_2 偏移，估算渗透率是不正确的。在原状气层，相对于冲洗过的气层 T_2 平均值太低，计算的渗透率会相应偏低。由于烃对 $T_{2\mathrm{gm}}$ 的影响是不可校正的，因此，SDR 计算渗透率模型对于含烃地层就不适用。

3. 验证分析实例

J10012 井渗透率计算模型对比分析如图 5-11 所示，总体上看，核磁共振渗透率模型计

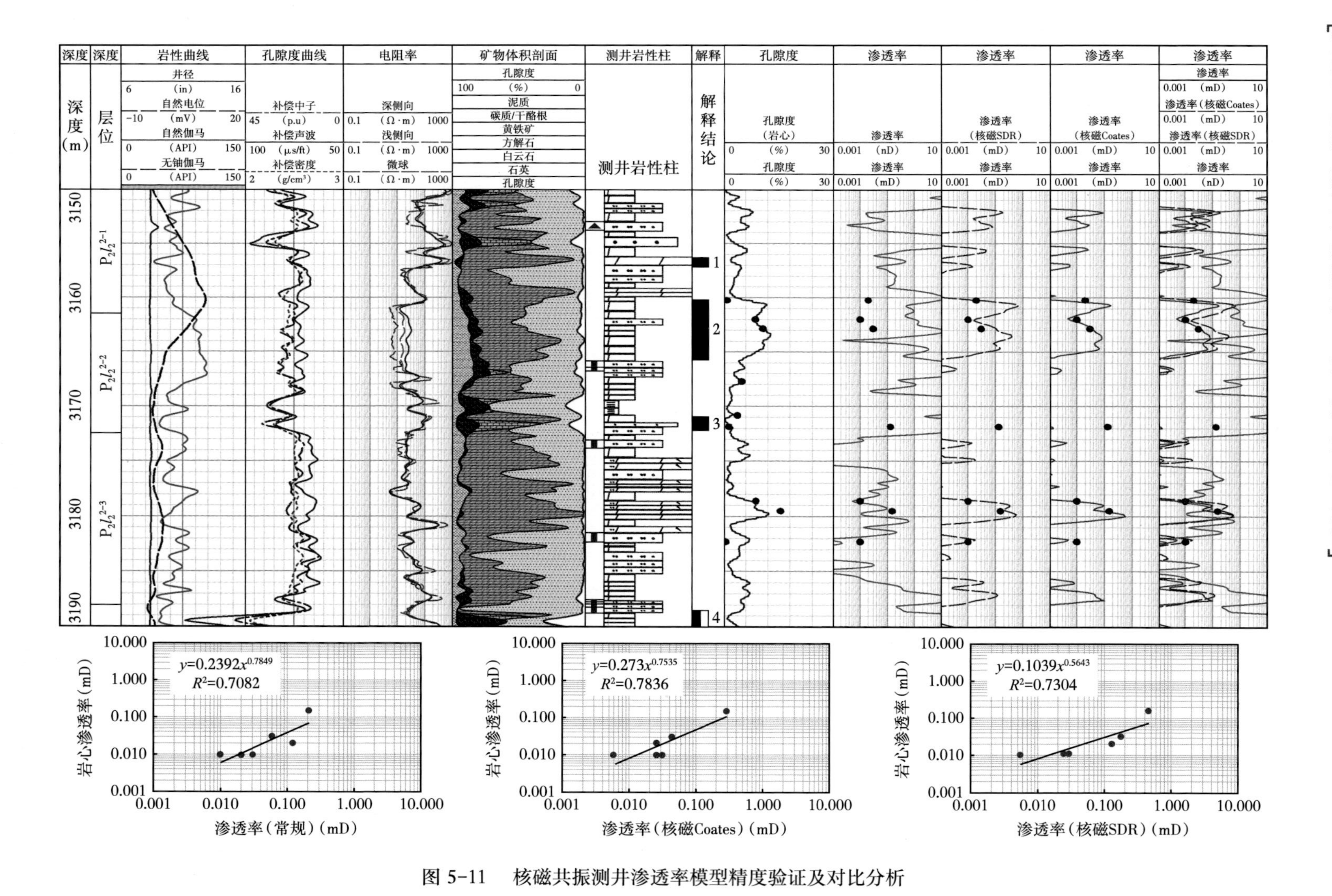

图 5-11　核磁共振测井渗透率模型精度验证及对比分析

算渗透率与岩心更匹配，基于常规孔隙度拟合回归得到渗透率相关性相对要差一些。局部点（深度 3170.7m）的渗透率，岩心异常高值，对应常规孔隙度较低。

定量分析测井计算渗透率与岩心渗透率相关系数关系，其中核磁 Coates 模型、核磁 SDR 模型及常规测井孔隙度拟合回归模型与岩心渗透率相关系数分别为 0.78、0.73、0.71，Coates 模型展示出较强的适应性。

第六章 页岩油储层微观孔隙结构表征及参数反演研究

第一节 微观孔隙结构实验测试

页岩油是一类重要的非常规油气资源，通常赋存于大套暗色页岩及其砂质夹层、白云质夹层等细粒沉积物中，孔隙空间以纳米级孔隙和裂缝为主，该类储层具有岩性复杂多样、低孔隙度、特低渗透率、可动性差等特征。储层品质是这类油气资源有效勘探开发的关键。储层研究的重要目的是寻找致密储层“甜点”，而认清致密页岩层系微观孔隙结构特征、评价油气的赋存状态及可动性，是进行致密储层分级评价的前提，而这些研究内容均需要借助于先进的孔喉结构表征实验测试手段。

一、高压压汞实验原理及步骤

实验原理：压汞法是目前储层微观孔喉结构研究中应用最广泛的实验方法。压汞法的基本原理是由于汞对于大多数固体界面为非润湿相，当汞进入毛细管时需要克服毛细管压力，其中毛细管压力 p_c 与孔隙半径 r、界面张力 σ、静态接触角 θ 满足如下关系：

$$p_c = 2\sigma\cos\theta/r \tag{6-1}$$

根据压汞实验得到的进汞量和对应的压力，作出毛细管压力曲线。然后计算出孔隙或孔喉半径分布曲线。高压压汞法无法具体区分出孔隙和喉道，测量结果虽然可以反映喉道半径的大小，但其含量不仅包括喉道体积，还包括与其相连通的孔隙部分。

高压压汞法参考 GB/T 29171—2012《岩石毛管压力曲线的测定》进行实验，实验仪器采用 AutoPore Ⅳ 9500 孔隙分析仪及电子天平（14237073）。

实验步骤：实验前页岩样品需切割成 $1cm^3$ 的立方体，然后放置于 60℃ 温度下的烘箱中烘干 48h 以上，以除去页岩样品中可能存在的水分和挥发性物质。在高压测试过程中，针对本次分析的页岩样品采取的顺应压力为 5psi，对应的最大孔隙喉道约为 36μm。高压压汞分析（实验仪器如图 6-1 所示）先后经历了低压（压力为 5~30psi）和高压（30~60000psi）两个阶段，在低压和高压阶段的平衡时间分别设置为 10s 和 45s。通过高压压汞法可以获得包括孔隙度、孔隙体积、孔喉分布和孔喉比等孔隙结构参数。

二、低温氮气吸附实验原理及步骤

氮气吸附法可用来定量表征储层微观孔隙结构（小孔），定量提供样品的比表面积及孔径大小。

实验原理：以氮气为吸附介质，在 150℃ 温度下向试样注入氮气，试样表面附着氮气分子，产生多层吸附。在试样中内部多个点上的力能够达到平衡，而在试样表面不同，有剩余的表面自由能，因此氮气分子与试样表面接触时，便为其表面所吸附。

图 6-1　AutoPoreIV9500 压汞仪

实验步骤：在低温条件下，氮气吸附浓度和氦气吸附浓度都达到 99.999%，实验前将 1~3g 样品在 150℃ 温度下脱气 3h，然后将样品研磨粉碎至 250μm 粒径以下后开始实验（实验仪器如图 6-2 所示），向试样注入氮气，试样表面附着氮气分子，在超真空下逐渐加压，使试样吸附气体，编制横轴为相对压力、纵轴为吸附量的吸附等温线。根据吸附等温线和理论公式求解比表面积和孔径大小。

计算试样的比表面积采用 BET 公式：

$$\frac{p}{V_{\mathrm{d}}(p_{\mathrm{o}}-p)}=\frac{1}{V_{\mathrm{m}}\times C}+\frac{C-1}{V_{\mathrm{m}}\times C}\times\frac{p}{p_{\mathrm{o}}} \tag{6-2}$$

式中　V_{d}——吸附量；

V_{m}——单分子层的饱和吸附量；

p/p_{o}——氮气的分压比；

C——第一层吸附热与凝聚热有关常数；

p_{o}——饱和蒸气压；

W_{i}——试样质量。

p/p_{o} 一般选择相对压力在 0.05~0.35 范围内，仪器可测得 V_{d} 值，将 $p/[V_{\mathrm{d}}(p_{\mathrm{o}}-p)]$ 和 p/p_{o} 作图，得一直线，此直线斜率为 $a=(C-1)/(V_{\mathrm{m}}\times C)$，截距为 $b=1/(V_{\mathrm{m}}\times C)$，从而可得 $V_{\mathrm{m}}=1/(a+b)$。最后根据氮气分子截面积 $0.162\mathrm{nm}^2$ 及阿伏加德罗常数 6.02×10^{23}，可推算出试样的比表面积 $s=4.36V_{\mathrm{m}}/W$。再根据毛细凝聚模型 BJH 法，可推断出孔半径 $r=-2r_{\mathrm{o}}V_{\mathrm{m}}/R_{\mathrm{T}}\ln(p/p_{\mathrm{o}})+0.354[-5/\ln(p/p_{\mathrm{o}})]1/3$。

计算比表面积 S 的公式：

$$S=\frac{V_{\mathrm{m}}\sigma N}{V_{\mathrm{N}}}=4.36V_{\mathrm{m}} \tag{6-3}$$

式中 σ——每个氮气分子在吸附剂表面占有的面积；

N——阿伏加德罗常数；

V_N——标准状况下的摩尔体积。

图 6-2 高温高压等温吸附仪

三、核磁共振实验原理及步骤

核磁共振 T_2 弛豫时间是对孔隙结构特征、碎屑颗粒矿物成分及表面性质、流体性质等岩石物性和流体的综合反映，能够获取岩石的有效孔隙度、孔径分布、可动饱和度等地质参数，因此核磁共振已成为非常规油气储层孔隙结构及渗流特征研究的重要手段。

实验原理：利用岩样孔隙流体中的氢原子的核磁共振信号强度与其孔隙度成正比这一特性，来实现孔隙度分析。

实验步骤：首先用酒精和三氯甲烷混合液除去样品中残留沥青，在 110℃ 下烘干 24h，然后测量样品的孔隙度及渗透率。将样品抽真空饱和在 NaCl 溶液（矿化度为 7000mg/L）中，待岩心完全饱和后，进行核磁共振测试（实验设备如图 6-3 所示）。核磁共振在 CMR 核磁共振仪上完成，参数为回拨间隔 0.3ms，等待时间 0.02ms，扫描次数 128 次。

孔隙半径越小，碰撞越频繁，氢核能量损失越快，弛豫时间越短，因此孔隙半径与氢核弛豫率成反比关系，即：

$$\frac{1}{T_2}=\frac{1}{T_{2B}}+\rho_2\left(\frac{S}{V}\right)+\frac{D\left(\gamma G T_E\right)^2}{12} \tag{6-4}$$

式中 T_{2B}——流体的体积（自由）弛豫时间，ms；

D——扩散系数，$\mu m^2/ms$；

G——磁场梯度，Gs/cm；

T_E——回波间隔，ms；

S——孔隙的表面积；

V——孔隙的体积；

ρ_2——岩石的横向表面弛豫强度，μm/ms。

T_{2B} 的数值通常在 2~3s 之间，要比 T_2 大得多。因此式（6-4）中右边的第一项可忽略。当磁场很均匀时（对应 G 很小），且 T_E 足够小时，式（6-4）中右边的第三项也可忽略，于是：

$$\frac{1}{T_2}=\rho_2\left(\frac{S}{V}\right) \tag{6-5}$$

得到 T_2 与孔径 r_c 的关系式为：

$$\frac{1}{T_2}=\rho_2\left(\frac{S}{V}\right)=F_s\frac{\rho_2}{r_c} \tag{6-6}$$

式中 F_s——几何形状因子，对于球状孔隙，F_s=3；对于柱状管道，F_s=2。

从式（6-6）可以看出 T_2 与 r_c 成正比，引入横向弛豫时间与孔喉半径的转换系数 C（单位为 μm/ms），式（6-6）可进一步改写为：

$$r_c\approx\rho F_s\cdot T_2=CT \tag{6-7}$$

根据式（5-7）可以实现核磁横向弛豫时间 T_2 向孔喉半径 r_c 的转换，从而得到核磁孔隙分布，对储层的孔隙结构进行表征。

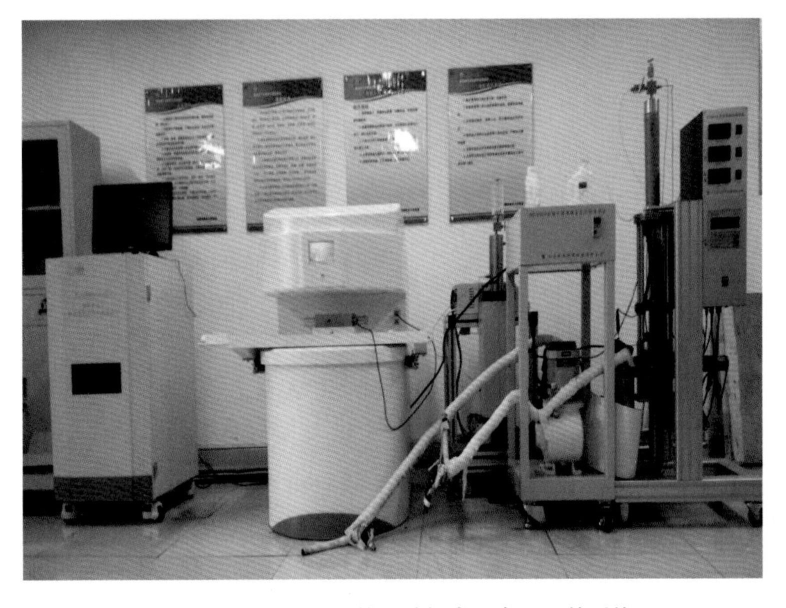

图 6-3 MR-HTHP 核磁共振高温高压驱替系统

四、微米级 CT 原理及步骤

储层微观孔隙结构是指储集岩中孔隙和喉道的几何形状、大小、分布及其相互连通关系，储层岩石的微观孔隙特征直接影响着储层的储集能力与渗流能力。X 射线断层成像技术（Radiation X-Ray Computed Tomography，X-CT）在页岩油储层微观孔隙结构表征中日益成为强有力的检测手段。

实验原理：利用锥形 X 射线穿透物体，通过不同倍数的物镜放大图像，由 360° 旋转得到的大量 X 射线衰减图像重构出孔喉三维结构特征。

实验步骤：X 射线源和探测器分别置于转台两侧，X 射线穿透放置在转台上的样本后被探测器接收，样本可进行横向、纵向平移和垂直升降运动，以改变扫描分辨率。当岩心样本纵向移动时，距离 X 射线源越近，放大倍数越大，岩心样本内部细节被放大，三维图像更加清晰，但同时可探测的区域会相应减小；相反，样本距离探测器越近，放大倍数越小，图像分辨率越低，但是可探测区域增大。样本的横向平动和垂直升降用于改变扫描区域，但不改变图像分辨率。放置岩心样本的转台本身是可以旋转的，在进行 CT 扫描（蔡司 ZeissXradiaVersa510）时，转台带动样本转动，每转动一个微小的角度后，由 X 射线照射样本获得投影图。将旋转 360° 后所获得的一系列投影图进行图像重构后得到岩心样本的三维图像，经过二值化操作可区分孔隙和骨架，进而得到孔隙三维分布及孔喉分布（图 6-4）。

(a)骨架三维显示　(b)孔隙三维显示　(c)孔喉等效网络　(d)孔喉等效球棍模型

图 6-4　微米级 CT 处理结果

第二节　微观孔隙结构特征及评价

一、基于高压压汞的孔隙结构特征及孔喉大小分布

高压压汞通过记录非润湿相的汞注入和退出的过程，揭示岩石孔喉大小、连通性及分

选性等信息。芦草沟组页岩油储层的孔喉结构具有很强的非均质性（表 6-1），排驱压力分布在0.01~30.00MPa之间，均值为3.25MPa，退汞效率小于50%，喉道分选系数在0.58~5.90范围内，最大进汞饱和度大多在 80% 以上，只有 20% 的样品小于 80%，表明高压压汞实验基本能全面刻画页岩储层储集空间分布。总体来看，芦草沟组页岩油储层的排驱压力高，退汞效率低，孔喉分布范围变化大，孔喉连通性较差。

根据高压压汞形态来看，可将吉木萨尔凹陷芦草沟组页岩油储层的压汞曲线分为弱平台状、直线状和上凸状三种形态，分别代表不同的孔喉组合类型及连通性（图 6-5）。

表 6-1 高压压汞实验样品孔隙结构参数表

曲线形态	样品编号	岩性	孔隙类型	泥质含量（%）	孔隙度（%）	渗透率（mD）	中值半径（μm）	排驱压力（MPa）	最大孔喉半径（μm）	最大进汞饱和度（%）
弱平台形	J10014-44	白云质砂岩	粒间溶孔	3.25	9.0	0.02	0.30	0.63	1.17	94.7
	J10013-01	白云质砂岩	粒间溶孔	4.97	10.5	0.01	0.10	0.63	1.17	92.9
	J10022-40	长石岩屑砂岩	残余粒间孔和粒间溶孔	12.52	14.0	0.04	0.22	1.27	0.58	86.8
	J10012-26	长石岩屑砂岩	残余粒间孔和粒间溶孔	5.69	10.7	0.33	0.14	1.27	0.58	87.6
	J10022-41	白云质砂岩	粒间溶孔	27.90	11.6	0.01	0.10	0.29	0.29	80.7
	J10016-13	白云质砂岩	粒间溶孔	19.67	9.1	0.11	0.23	0.63	1.17	93.1
	J10012-31	长石岩屑砂岩	残余粒间孔和粒间溶孔	18.69	15.4	0.15	0.20	0.63	1.17	92.4
	J10016-14	白云质砂岩	粒间溶孔	24.58	14.5	0.02	0.10	2.55	0.29	93.0
	J10016-20	白云质砂岩	粒间溶孔	12.19	8.8	0.11	0.17	0.63	1.17	89.5
	J10016-47	白云质砂岩	粒间溶孔	2.94	10.9	0.01	0.07	2.55	0.29	97.2
高斜率直线形	J10014-42	白云质砂岩	晶间孔	10.80	1.2	0.02	0.01	2.55	0.29	76.7
	J10014-08	长石岩屑粉砂岩	粒间溶孔和晶间孔	9.68	4.2	0.048	0.03	0.63	1.17	85.2
	J10016-22	长石岩屑粉砂岩	晶间孔	8.95	7.6	0.02	0.04	1.27	0.58	72.8
	J10022-36	白云质砂岩	晶间孔	7.29	1.9	0.01	0.001	5.11	0.14	67.1
	J10013-06	长石岩屑粉砂岩	粒间溶孔和晶间孔	12.90	3.5	0.02	0.02	0.63	0.02	89.8
	J10012-25	白云质砂岩	晶间孔	8.64	1.6	0.01	0.01	5.11	0.14	70.4
低斜率直线形	J10012-28	长石岩屑砂岩	粒内溶孔	8.73	3.7	0.01	0.01	20.45	0.04	73.6
	J10016-15	砂屑云岩	粒内溶孔	10.59	10.7	0.01	0.01	10.23	0.07	76.7
	J10012-27	长石岩屑粉砂岩	粒内溶孔	14.86	4.8	0.004	0.02	5.11	0.14	71.6
	J10014-07	长石岩屑粉砂岩	粒内溶孔	15.60	7.3	0.003	0.01	10.23	0.07	81.7
	J10022-37	砂屑云岩	粒内溶孔	22.60	4.6	0.005	—	—	0.07	75.5
	J10013-03	长石岩屑粉砂岩	粒内溶孔	8.56	9.3	0.01	0.021	10.23	0.07	97.0
上凸形	J10012-24	泥质粉砂岩	晶间孔	64.59	0.8	0.002	—	20.48	0.036	20.7
	J10012-29	泥质粉砂岩	晶间孔	69.47	1.3	0.01	—	10.23	0.07	38.1
	J10016-17	长石岩屑粉砂岩	晶间孔	62.50	1.7	0.02	—	20.45	0.04	32.8
	J10013-05	长石岩屑粉砂岩	溶蚀孔和晶间孔	50.56	0.5	0.01	—	20.45	0.04	46.2

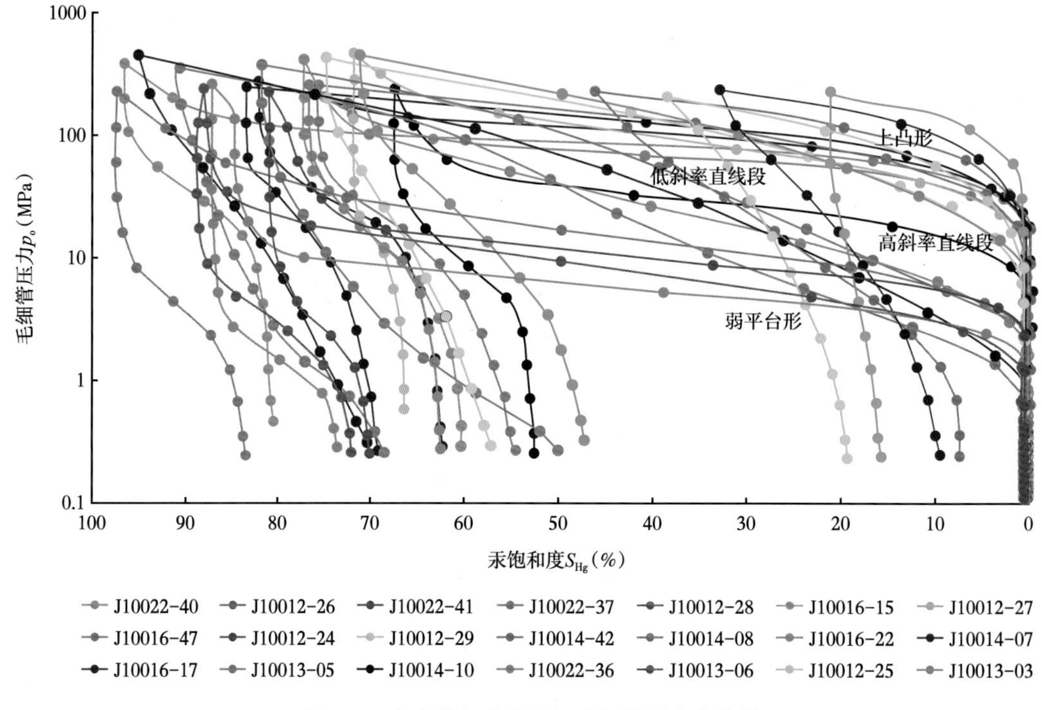

图 6-5　吉木萨尔芦草沟组毛细管压力曲线图

1. 弱平台形

弱平台形样品具有较低的排驱压力，最大孔喉半径大，孔喉分选较好，主要以白云质砂岩为主。该类样品的泥质含量介于 2.94%~27.90% 之间，平均值为 13.24%；排驱压力在 0.29~2.55MPa 之间，平均值为 1.11MPa，最大孔喉半径介于 0.29~1.17μm 之间，平均值为 0.79μm；最大进汞饱和度介于 80.70%~97.20% 之间，平均值为 90.79%。通过显微镜下薄片鉴定分析，该类样品的孔隙类型主要为粒间溶蚀孔和残留粒间孔，具有大孔—细喉特征，孔喉连通关系相对较好（图 6-6）。

2. 高斜率直线形

高斜率样品具有中等排驱压力，进汞饱和度较低，孔喉分选性差。通过高压压汞实验数据分析发现，大多数长石岩屑砂岩和白云质砂岩样品的压汞曲线形态呈高斜率直线状，泥质含量介于 7.29%~12.9% 之间，平均值为 9.71%；排驱压力在 1.27MPa~5.11MPa 之间，平均值为 2.55MPa；最大孔喉半径介于 0.14~0.58μm 之间，平均值为 0.39μm；最大进汞饱和度在 67.1%~89.3% 之间，平均值为 77.0%，相对较低。通过显微镜下薄片鉴定分析，该类样品粒间溶蚀孔和晶间孔相对发育，孔喉连通关系较差（图 6-7）。

3. 低斜率直线形

低斜率直线形样品的排驱压力高，具有较低的进汞饱和度，最大孔喉半径小，但孔喉分选相对较好。通过高压压汞实验数据分析发现，该类样品主要为长石岩屑砂岩和砂屑云岩，其泥质含量介于 6.34%~22.60% 之间，平均值为 11.69%；排驱压力在 5.11~10.20MPa 之

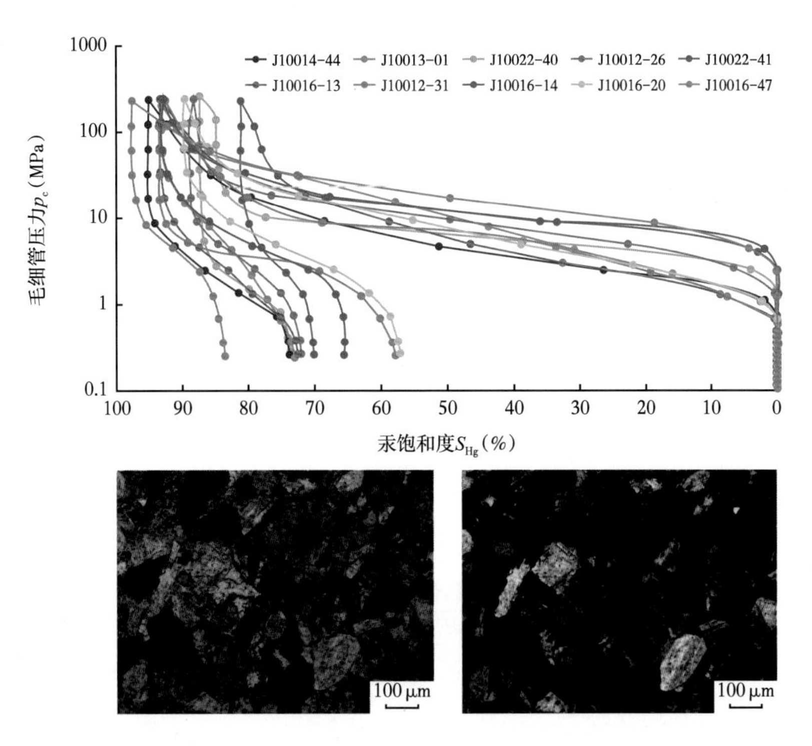

图 6-6 弱平台形毛细管压力曲线及薄片显微镜下特征

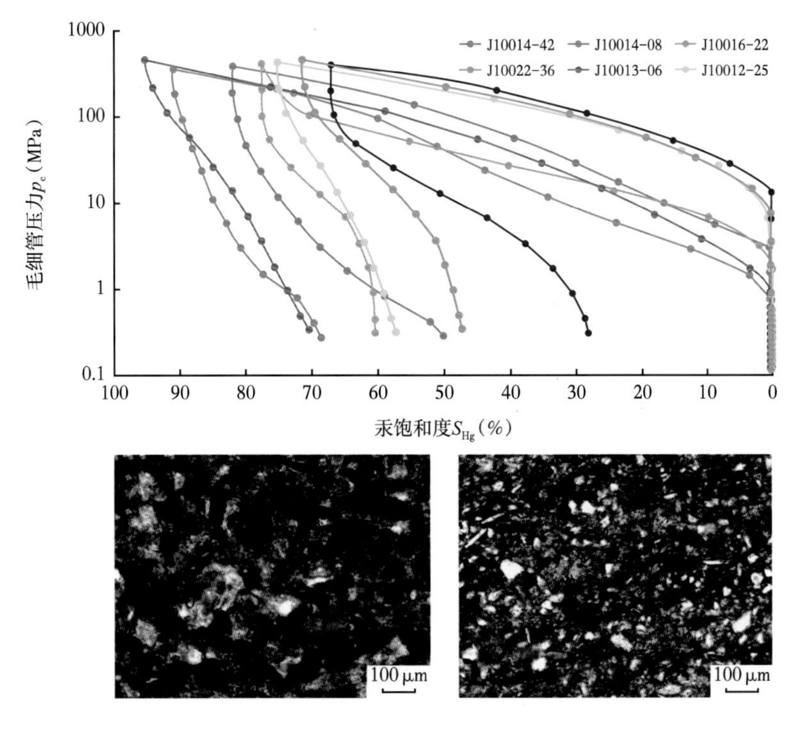

图 6-7 高斜率直线形毛细管压力曲线及薄片显微镜下特征

间，平均值为11.25MPa；最大孔喉半径介于0.07~0.14μm之间，平均值为0.08μm；最大进汞饱和度在67.4%~94.9%之间，平均值为79.35%。通过显微镜下薄片鉴定分析，该类样品的粒内溶蚀孔隙发育，孔喉连通关系好（图6-8）。

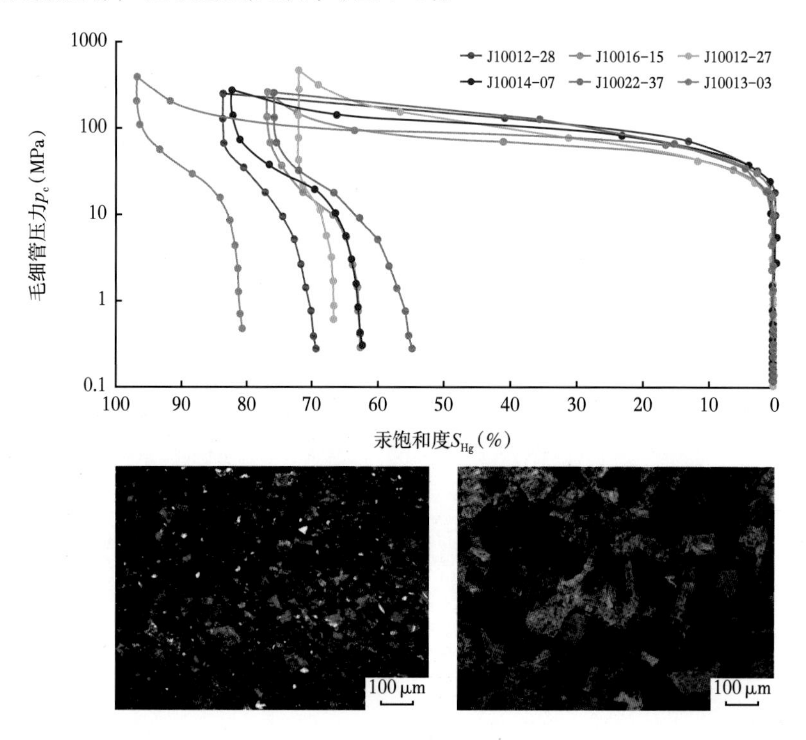

图6-8 低斜率直线形毛细管压力曲线及薄片显微镜下特征

4. 上凸形

上凸形样品具有较高的排驱压力，通常大于10MPa，退汞效率较低，孔喉分选性差。通过数据统计分析，该类样品主要为泥岩类或粒度更细的粉砂岩类，显微镜下可见黏土晶间孔相对发育，局部可见微裂缝（图6-9）。

二、基于核磁共振的孔隙分布特征

页岩油储层核磁共振测量结果呈现出明显非均质性，所有样品T_2分布均小于500ms，其中T_2小于10ms的比例通常高于60%，随物性尤其是渗透率的增大，T_2分布逐渐右移，意味着孔径逐渐增大。

对于页岩油这类以纳米级孔隙占主导的储层，岩石中氢核的弛豫机制以面弛豫为主，因此T_2值反比于面弛豫率，而正比于孔体积与比表面积之比，当孔隙形态相近时，T_2与孔径具有一一对应关系。压汞法常用于标定T_2谱，然而，高压压汞主要测量孔喉体积，而核磁共振主要测量孔隙体积，不区分孔隙和喉道，两者在测量原理及表征内容上有所不同，当岩石中喉道和孔隙难以区分，或者孔喉比较小时，可直接利用孔喉分布形态标定T_2谱，但当孔喉比较大时，需要考虑进汞滞后的影响，不能过分强调形态对应，此时可基于渗阈理论进行标定。本次采用渗阈理论进行页岩油样品的T_2谱标定，系数分布范围为20~160nm/ms，均值接近80nm/ms。

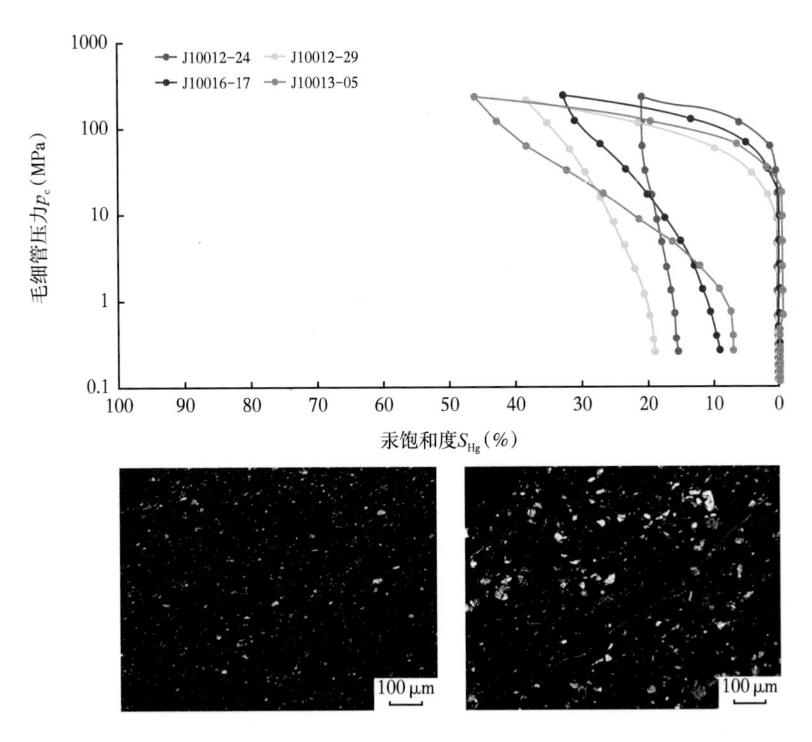

图 6-9 上凸形毛细管压力曲线及薄片显微镜下特征

根据 T_2 分布形态，将样品划分为三类：窄对称单峰［图 6-10（c）、（d）］、宽单峰［图 6-10（b）］和双峰［图 6-10（a）］形态，前两类均为明显单峰，在长弛豫时间（10~100ms）内通常会出现一个幅度很小的次峰，这两类的区别在于主峰发育的位置及宽度，窄对称单峰的主峰分布小于 10ms，分布范围窄，对称性好，说明孔隙类型相对单一，而宽单峰的主峰分布范围明显变宽，峰值明显右移，T_2 大于 10ms 的比例明显增多；双峰型的两个主峰通常位于 1ms 附近和 10~100ms 之间，该类样品粒度相对偏粗，既发育较大的粒间孔或粒间溶蚀孔，也发育黏土有关孔及晶间孔，孔隙非均质性增加。由此可知，由窄对称单峰、宽单峰到双峰型，页岩油储层的较大孔含量逐渐增多，孔隙类型也逐渐增加，非均质性变强。

双峰型样品孔径分布范围最大，弛豫时间主要分布在 0.01~300ms 之间对应孔隙直径通常为 0.01~100μm，孔隙类型为粒间孔、粒间溶孔、粒内溶孔与极少量的晶间孔；粗双峰型样品孔径分布相较双峰型范围较小，且仅有一个峰，弛豫时间主要为 0.01~100ms，对应孔径通常为 0.01~10μm，孔隙类型为粒间溶孔和粒内溶孔及少量的晶间孔；单峰型样品孔径分布范围更小，弛豫时间主要分布在 0.01~10ms 之间，对应孔径为 0.01~2μm，孔隙类型为单一的粒内溶孔和晶间孔。双峰型—粗单峰型—单峰型的孔隙类型遵循复杂—简单的规律。

三、基于低温液氮吸附的孔隙分布特征

低温液氮吸附实验分别获得样品的等温吸附 / 脱附曲线［图 6-11（a）］、孔隙直径分布图［图 6-11（b）］和孔隙结构参数（表 6-2）。

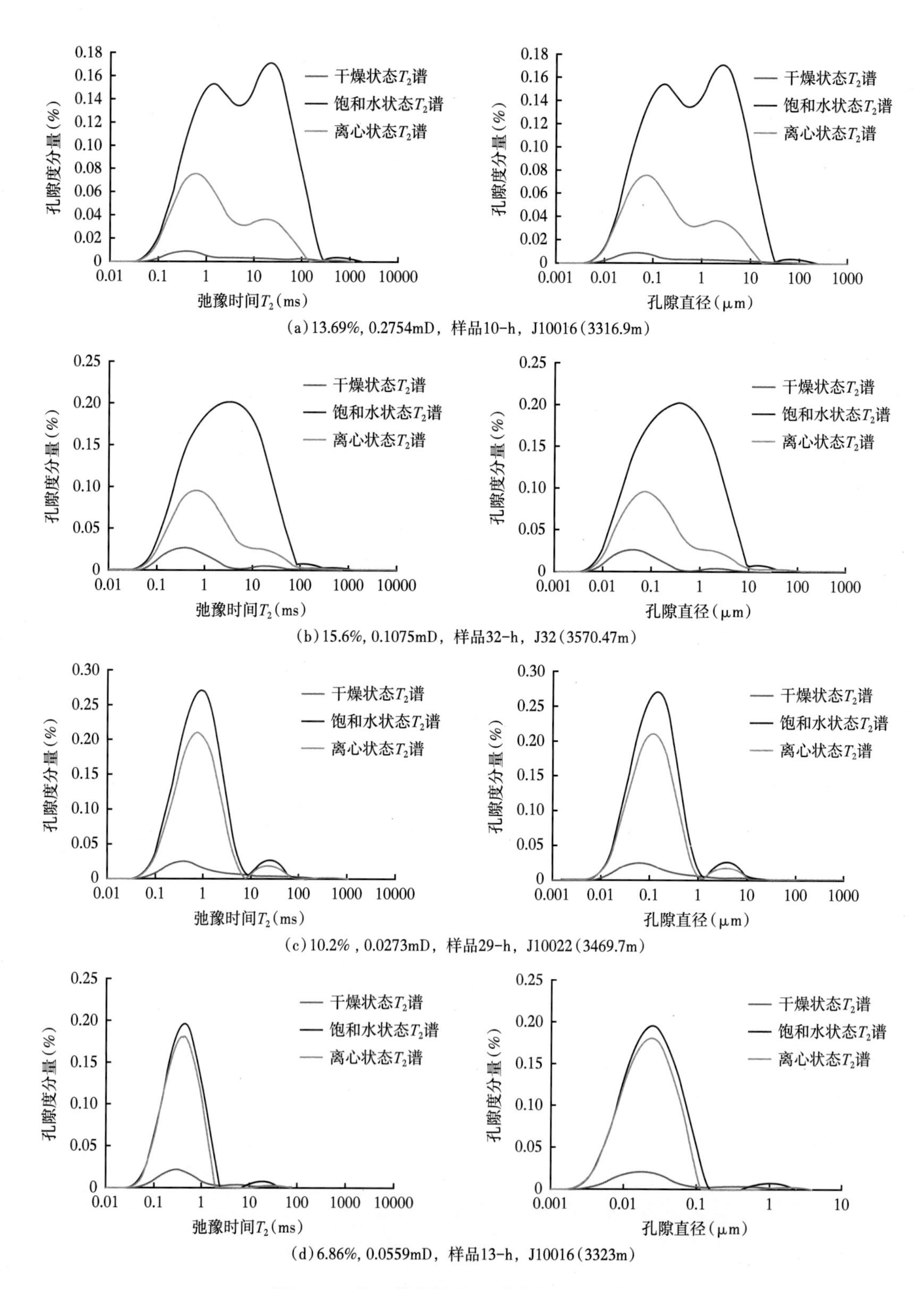

图 6-10　典型样品核磁 T_2 谱分布及孔径分布

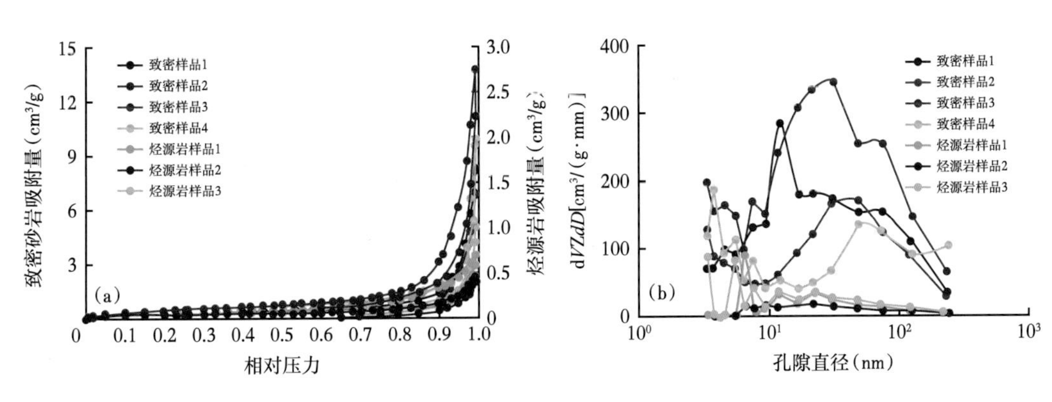

图 6-11　等温吸附 / 脱附曲线（a）和孔隙直径分布曲线（b）

从图 6-11（a）可以看出，4 块致密样品的等温吸附 / 脱附曲线基本重合，在相对压力接近 1 时氮气吸附量急剧上升，这一点与 H3 型等温吸附 / 脱附曲线（在较高相对压力区域没有表现出任何吸附限制）相同，滞后环相对较小，反映的是似片状颗粒组成的非刚性聚集体的槽状孔，对应的孔隙直径主要分布在 10~100nm 之间，为单峰型。3 块烃源岩样品的等温吸附 / 脱附曲线属于 H3 型，但相对于致密样品，滞后环较大，反映的是四周开放的平行板孔，各个尺寸的孔隙均较发育，孔隙连通性较好。对应孔隙直径主要分布在 1~30nm 之间，为多峰型，略小于致密样品（刘一衫等，2019）。

表 6-2　低温液氮吸附实验样品孔隙结构参数表

样品编号	比表面积（m^2/g）	孔隙体积（mm^3/g）	平均孔隙直径（nm）	孔隙直径分布峰值（nm）
致密样品 1	1.14	12.85	32.70	12.31
致密样品 2	1.90	21.15	34.70	32.79
致密样品 3	0.89	10.57	37.80	52.05
致密样品 4	0.88	15.34	49.21	38.28
烃源岩样品 1	0.15	1.13	25.99	6.58
烃源岩样品 2	0.18	1.60	31.19	3.41
烃源岩样品 3	0.12	0.70	21.85	23.27

四、基于微米级 CT 的孔隙分布特征

微米级 CT 扫描在不破坏样本的条件下，能够通过大量的图像数据对很小的特征面进行全面展示；CT 图像反映的是 X 射线在穿透物体过程中能量衰减的信息，岩心内部的孔隙结构与相对密度大小和三维 CT 图像的灰度成正相关关系。

相对于压汞实验和扫描电镜等实验分析方法，CT 扫描法的优势在于对岩石样品全方位、

大范围快速无损扫描成像，通过 CT 扫描得到的数字岩心可以更加直观地研究储层的微观孔隙特征，通过三维数字岩心可以对孔喉大小、连通性、形态做出定性分析和定量评价，广泛运用于微观孔隙结构评价方面。

通过微米级 CT，结合高压压汞实验和扫描电镜观察发现，吉木萨尔芦草沟组发育大孔—细喉型、短导管状、树形网络三种孔喉组合关系，分别对应粒间（溶蚀）孔、粒内溶蚀孔和黏土晶间孔等储集空间。

五、基于不同实验方案的结果与分析

微观孔隙结构的表征技术方法众多，各种方法均存在一定优缺点，多种技术联合是非常规储层孔喉结构表征的常用手段。其中，高压压汞技术在常规压汞的基础上增大进汞压力，可通过进汞压力的升降来获取岩样的微观孔喉结构参数信息，能够直接获取孔隙和喉道的半径分布曲线，也可以分别提供孔隙与喉道的毛细管压力曲线，给出孔隙、喉道半径和孔喉半径分布等岩石微观孔隙结构特征参数，提供反映孔隙、喉道发育程度及孔隙、喉道之间的配套发育程度（孔喉半径比）等信息，但此技术由于进汞压力过高，在实验过程中可能会造成人工裂隙，且其在大孔隙的测量中存在信息丢失现象。核磁共振可以进行致密油储层微观孔隙结构的无损检测，但由于岩石驰豫率不同，导致 T_2 值换算的孔喉大小存在差异，且容易受到岩心中磁性物质及温度等的影响。低温氮气吸附实验可以定性、定量地获取孔隙类型、大小及孔径分布信息，在页岩微观尺度纳米、微米级孔隙结构表征中得到广泛运用，但只能计算 50nm 以内孔隙的孔径分布。微米 CT 扫描可以直观地研究微观孔隙特征，能对孔喉大小、连通性及形态做出定性定量分析，但对样品薄片处理要求较高，观察具有局部性，不能快速大范围获取孔隙结构信息，且观察结构带有个人主观色彩，偏差较大。

通过高压压汞实验分析得知，芦草沟组页岩油储层的孔喉结构具有很强的非均质性，排驱压力分布。在 0.01~30.00MPa 之间，均值为 3.25MPa，退汞效率小于 50%，喉道分选系数在 0.58~5.90 范围内，最大进汞饱和度大部分在 80% 以上，只有 20% 的样品小于 80%，表明高压压汞实验基本能全面刻画页岩储层储集空间分布。总体来看，芦草沟组页岩油储层的排驱压力高，退汞效率低，孔喉分布范围变化大，最大孔喉半径介于 0.07~1.17μm 之间，孔喉连通性较差。核磁共振测量结果也表示页岩油储层呈明显非均质性，所有样品 T_2 分布均小于 500ms，其中 T_2 小于 10ms 的比例通常高于 60%，随物性尤其是渗透率的增大，T_2 分布逐渐右移，意味着孔径逐渐增大，孔隙直径介于 0.01~100μm 之间，孔隙类型为粒间孔、粒间溶孔、粒内溶孔与极少量的晶间孔。利用微米级 CT 扫描技术发现，吉木萨尔芦草沟组发育大孔—细喉型、短导管状、树形网络三种孔喉组合关系，分别对应粒间（溶蚀）孔、粒内溶蚀孔和黏土晶间孔等储集空间。以上三种实验手段分别对孔喉大小、孔径分布、连通性及孔隙类型进行了精细表征，且均说明了吉木萨尔芦草沟组页岩油储层的孔喉结构复杂，非均质性较强。

基于前面研究，芦草沟组页岩油储层孔隙分布范围大，但微孔含量低、比表面积小，所以低温气体吸附不适用，主要优选高压压汞和核磁共振方法，联合微米级 CT 扫描进行页岩油储层的微观孔隙结构表征。首先根据高压压汞实验，利用 Washburn 公式计算得到孔喉大小分布；测试物性后，进行烘干、饱和水和离心状态下核磁共振测试，核磁共振在 CMR 核磁共振仪上完成，参数为回拨间隔 0.3ms，等待时间 0.02ms，扫描次数 128 次。核磁共振测量后，样品进行微米级 CT 扫描，更加直观地研究储层的微观孔隙特征，通过三维数字岩心对孔喉大小、连通性、形态做出定性分析和定量评价。

第三节 孔隙结构参数反演研究

一、理论基础

核磁共振实验是利用氢原子核自身的磁性及其与外加磁场相互作用的原理，通过测量岩石孔隙流体中氢核核磁共振弛豫信号的幅度和弛豫速率建立 T_2 谱，来研究岩石孔隙结构的技术（刘国恒等，2015）。

对于水润湿相岩石，在磁场很均匀、扩散系数不大的情况下，假设岩石孔隙具有规则的几何形状，且扩散弛豫和体积弛豫能忽略不计，则 T_2 横向弛豫时间可表示为（赵靖舟等，2016）：

$$\frac{1}{T_2}=\rho_2\frac{S}{V}=F_s\frac{\rho_2}{r_{por}} \tag{6-8}$$

式中 T_2——岩石横向弛豫时间，ms；

ρ_2——岩石表面弛豫率，μm/ms；

S——岩石孔隙表面积，μm^2；

V——岩石孔隙体积，μm^3；

r_{por}——孔隙半径，μm；

F_s——孔隙几何形状因子（球状孔隙 F_s=3，柱状管道孔隙 F_s=2），无量纲。

根据毛细管压力理论，如果假设岩石孔隙半径与孔喉半径之间成比例或者具有一定的正相关关系，则进汞压力 p_c 与核磁共振测得的 T_2 弛豫时间也具有相关关系（杨峰等，2014）：

$$p_c=C\frac{1}{T_2} \tag{6-9}$$

式中 p_c——进汞压力，MPa；

C——核磁共振测井 T_2 弛豫时间与毛细管压力之间转换系数，MPa·ms。

确定 C 值后，可用式（6-9）将核磁共振 T_2 分布转化为连续分布的伪毛细管压力曲线。

将式（6-9）代入式（6-8）可得：

$$r_{por}=\frac{CF_s\rho_2}{p_c} \tag{6-10}$$

二、计算孔隙结构参数

所有毛细管压力、孔隙结构特征参数均可通过毛细管压力曲线获得。对于低孔隙度、低渗透率储层，应先利用微分相似原理确定每块岩样 T_2 弛豫时间与毛细管压力 p_c 之间的横向转换系数 C，然后利用分段等面积法确定每块岩样 T_2 弛豫时间与毛细管压力 p_c 之间的纵

向转换系数 D_1、D_2，并建立它们与核磁共振渗透率、孔隙度之间的回归关系，得到所有深度点的伪毛细管压力曲线（Dewers et al.，2012；Bai et al.，2013）。

分段等面积法：

$$\int_{p_{\min}}^{p_{\max}\int dp\to\min}\left[S_{Hg}(p)-S_{Hg}(p_c)\right] \tag{6-11}$$

式中 $S_{Hg}(p)$——利用累计 T_2 谱得到的进汞饱和度关于驱汞压力的函数，%；

$S_{Hg}(p_c)$——岩心实验得到的进汞饱和度关于驱汞压力的函数，%；

p、p_c、$p_{\min}$、$p_{\max}$——分别为驱汞压力、岩心的驱汞压力、最小驱汞压力、最大驱汞压力，MPa。

给定任意一个 C 的解，分别求出大孔径、小孔径部分的纵向转换系数：

$$D_1=\sum_{j=M_1}^{N_1}S_{Hg,j}\Big/\sum_{i=1}^{M}A_{m,i} \tag{6-12}$$

$$D_2=\sum_{j=1}^{M_1}S_{Hg,j}\Big/\sum_{i=M}^{N}A_{m,i} \tag{6-13}$$

式中 D_1——纵向小孔径部分转换系数；

D_2——纵向大孔径部分转换系数；

$S_{Hg,j}$——压汞曲线第 j 个分量的累计进汞饱和度，%；

N——压汞曲线总分量个数；

M——孔径尺寸分界点处对应的压汞分量数；

$A_{m,i}$——T_2 谱经横向刻度转换后的伪毛细管压力曲线第 i 个分量幅度，%。

由于孔隙半径与孔喉半径存在相关性，得到伪孔径分布曲线可进一步建立孔隙结构参数计算公式。

最大孔喉半径 $r_{\max}$ 计算公式为：

$$r_{\max}=r\left[\frac{r(i)\Delta S_{Hg}(i)+r(i-1)\Delta S_{Hg}(i-1)}{S_{Hg}(i)+\Delta S_{Hg}(i-1)}\right]_{Hg_{\max}} \tag{6-14}$$

式中 $\Delta S_{Hg}(i)$——伪毛细管压力曲线第 i 个分量的进汞饱和度，%；

$S_{Hg}(i)$——伪毛细管压力曲线第 i 个分量的累计进汞饱和度，%；

$r(i)$——第 i 个孔喉半径分量，μm。

孔喉加权均值 r_{avg} 计算公式为：

$$r_{avg}=\frac{\sum_{i=1}^{13}r(i)\Delta S_{Hg}(i)}{\sum_{i=1}^{13}\Delta S_{Hg}(i)} \tag{6-15}$$

排驱压力 p_{th} 计算公式为：

$$p_{th}=\frac{0.735}{r_{\max}} \tag{6-16}$$

中值压力 p_{50} 计算公式为：

$$p_{50}=\frac{p_c(i+1)-p_c(i)}{S_{Hg}(i+1)-S_{Hg}(i)}\left[50-S_{Hg}(i)\right]+p_c(i) \tag{6-17}$$

中值半径 r_{50} 计算公式为：

$$r_{50}=\frac{0.735}{p_{50}} \tag{6-18}$$

三、模型岩心实验数据标定

从上述孔隙结构参数计算模型可以看出，计算方法的关键是把核磁共振 T_2 谱转换成伪毛细管压力曲线；根据上述过程，收集该区 J10025 井 23 个压汞实验数据的标定如下图所示，从图 6-12 中可以看出每个岩样纵横向转换系数值域范围，其中横向转换系数 C 的范

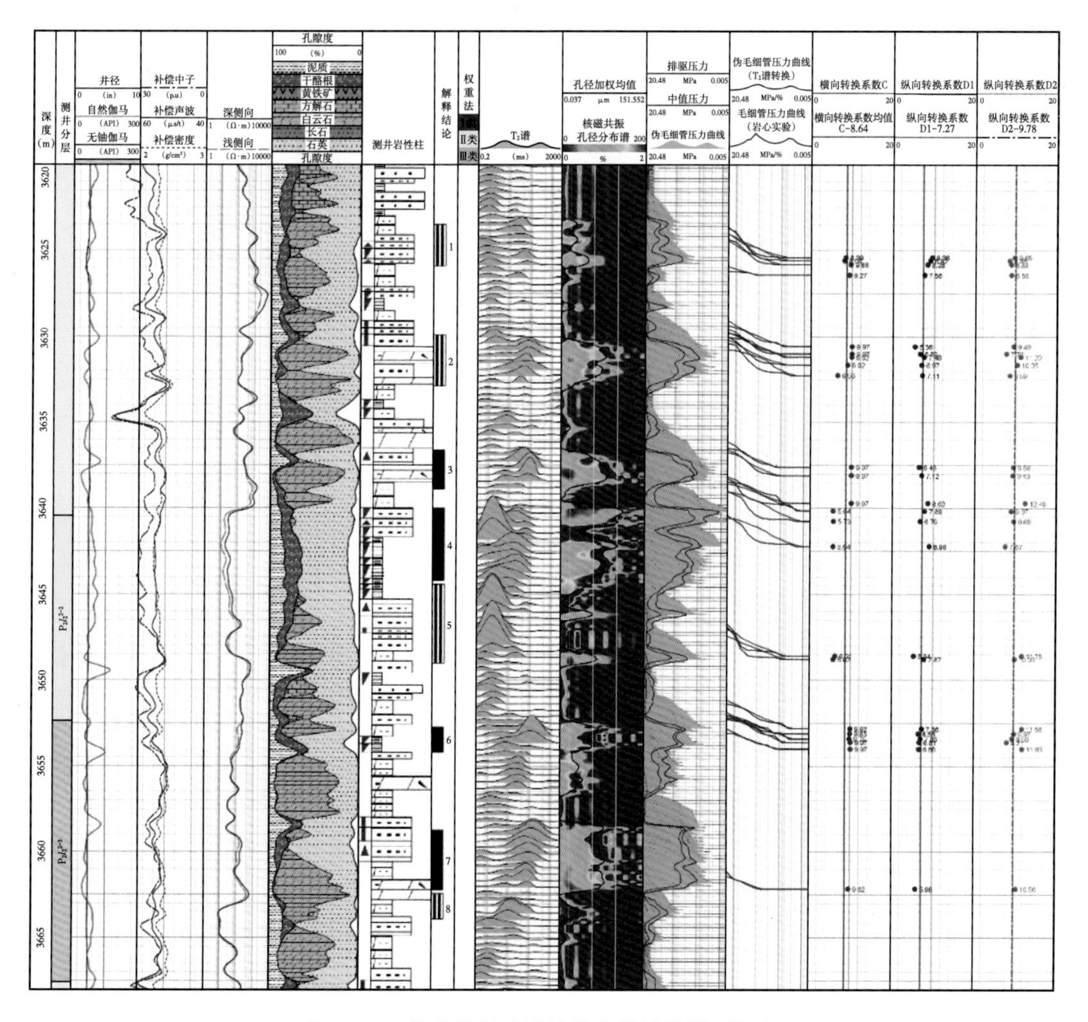

图 6-12　核磁共振孔隙结构参数计算模型标定

围是［5.3，9.8］，均值为 8.64；纵向转换系数 D_1 的取值范围是［5.36，9.36］，均值为 7.27；纵向转换系数 D_2 的取值范围是［7.67，11.93］，均值为 9.78。

四、孔径分布谱解释模型

基于核磁共振测井提取伪毛细管压力曲线以及孔径分布曲线的方法（Kiepper et al.，2014），基于核磁共振识别并评价基质孔隙结构模型如图 6-13 所示。

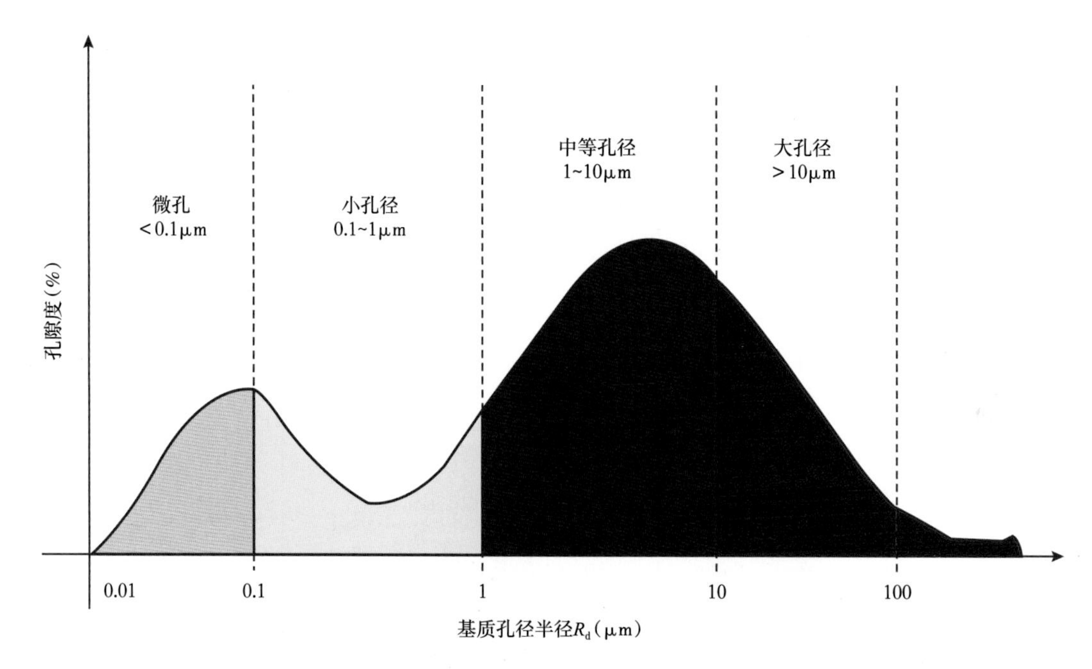

图 6-13　基于核磁孔径分布曲线评价孔隙结构模型示意图

第四节　研究实例分析

一、吉 174 井孔隙结构参数反演标定分析

如图 6-14 所示，吉 174 井核磁共振测井孔隙结构参数提取精度分析，从图中可以看出，基于核磁共振测井资料计算的最大孔喉半径、中值半径、排驱压力、中值压力等测井曲线均随岩心压汞实验提取对应参数沿深度变化包络线变化，二者一致性好，其中，最大孔喉半径、中值半径的相关系数均在 0.8 以上。

二、J10025 井孔隙结构参数反演标定分析

如图 6-15 所示，J10025 井核磁共振测井孔隙结构参数提取精度分析，从图中可以看出，核磁共振测井资料计算的孔隙度结构参数最大孔喉半径、中值半径、排驱压力、中值压力均随岩心压汞实验提取对应参数沿深度变化包络线变化，在泥岩段二者一致性相对较差，粉砂岩、白云质砂岩段一致性相对较好，最大孔喉半径、中值半径相关系数分别为 0.60、0.65。

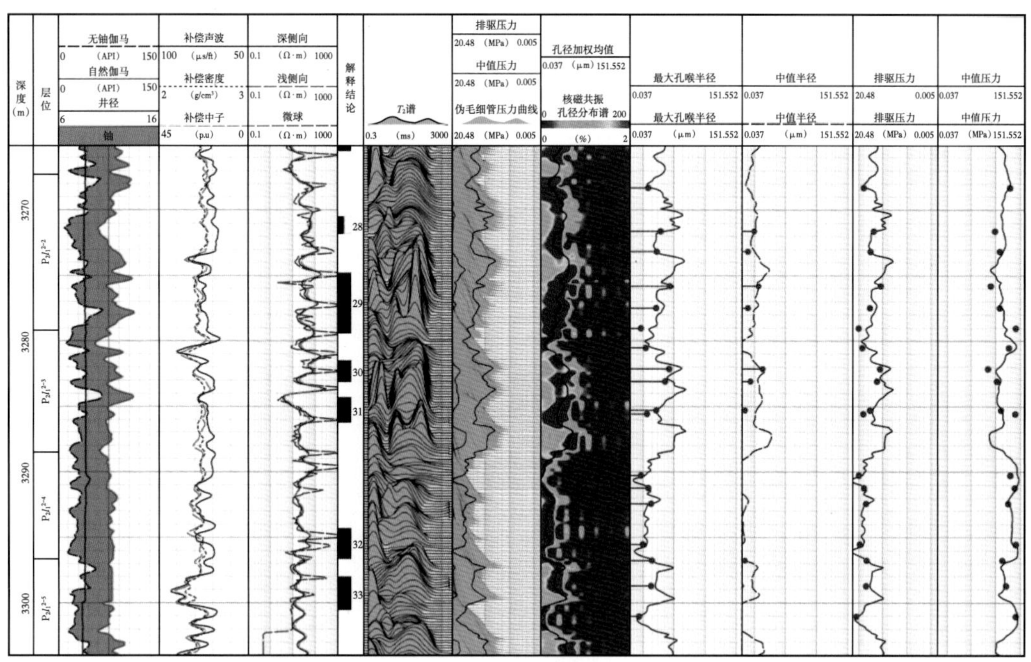
(a)孔隙结构参数提取

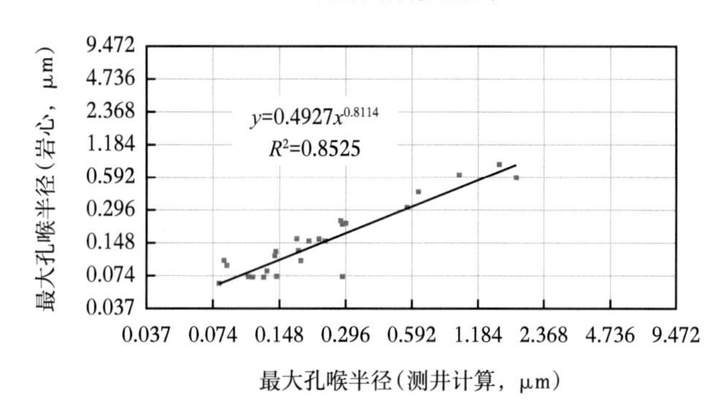

(b)最大孔喉半径对比

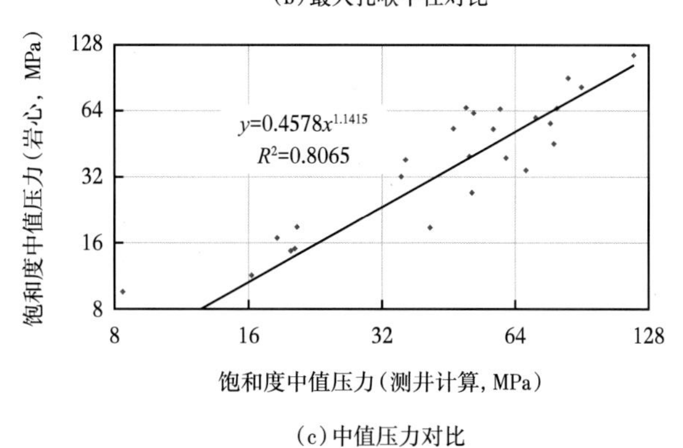

(c)中值压力对比

图 6-14 吉 174 井核磁共振测井孔隙结构参数提取精度分析

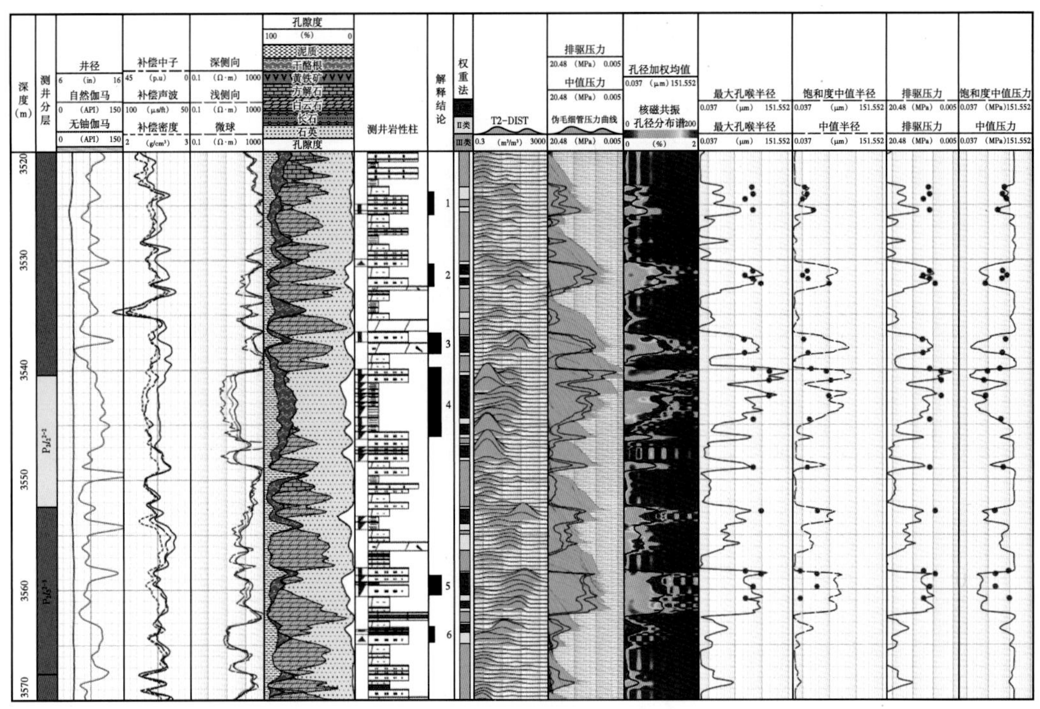

(a)孔隙结构参数提取

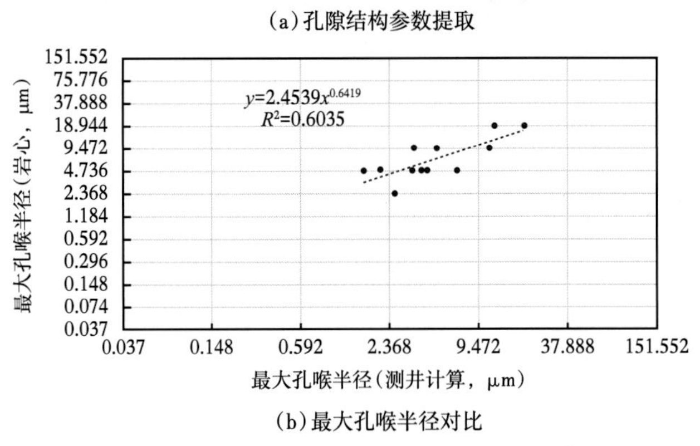

(b)最大孔喉半径对比

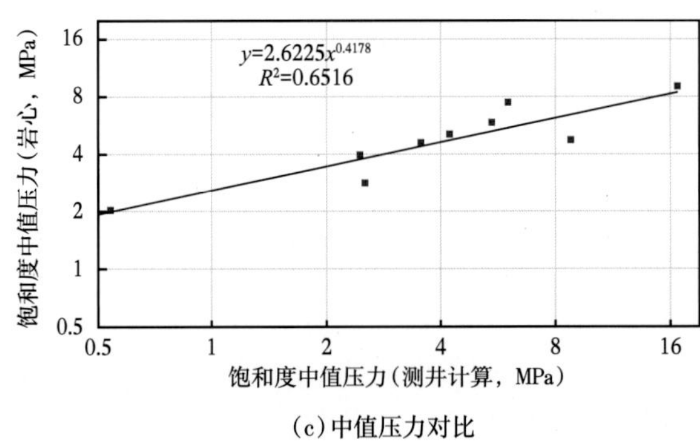

(c)中值压力对比

图 6-15　J10025 井核磁共振测井孔隙结构参数提取精度分析

第七章　页岩油储层含油性及可动性评价

第一节　含油性评价

一、含油饱和度实验测试

含油饱和度的实验确定方法包括热解（干馏法）和抽提（蒸馏法），应用岩石热解和抽提参数计算含油饱和度，一方面可及时获得储层含油性评价指标，另一方面可弥补测井在特殊层段无法获得含油饱和度的不足，与核磁共振数据结合分析，可以获得连续的含油饱和度曲线。岩石热解分析的主要参数有 S_0、S_1、S_2 和 P_g 单位为 mg/g。S_0 为 90℃检测的单位质量储集岩中的烃含量，即单位质量岩石中所储的气态烃总量，如果是含油储层,S_0 为 0；S_1 为 300℃检测的单位质量储集岩中的烃含量，即单位质量岩石中所储的液态烃总量；S_2 为 300~600℃检测的单位质量储集岩中的烃含量，即单位质量岩石中所储的重质烃、胶质、沥青质等杂质的裂解烃总量；P_g 为含油气总量，$P_g=S_0+S_1+S_2$；岩石抽提法获取含油饱和度是将现场取得的用 50mL 甲苯浸泡的岩样转移至扎克斯仪器中。通过加热甲苯使岩样中的水汽化，经冷却水不断冷却被收集到捕集管中，当捕集管内水的体积不再增加时停止蒸馏，记下水的体积，取出岩样经除油、烘干、称重、测定其孔隙度后，用差减法计算出岩心中含油含水饱和度。吉 174 井 P_2l 层热解数据见表 7-1。

表 7-1　吉 174 井 P_2l 层热解数据

样品编号	样品深度（m）	含油性	样品描述	分析结果	
				S_1（mg/g）	S_1+S_2（mg/g）
2012-02522	3114.73	荧光	深灰色泥岩	0.28	4.15
2012-02495	3115.87	荧光	深灰色泥岩	0.49	19.49
2012-02523	3117.75	荧光	深灰色泥岩	0.53	23.01
2012-02527	3137.70	荧光	深灰色石灰质泥岩	0.05	0.52
2012-02497	3140.74	荧光	深灰色泥岩	0.34	7.23
2012-02498	3141.24	荧光	深灰色泥岩	0.38	17.22
2012-02499	3145.44	荧光	灰色泥岩	0.47	25.46
2012-02500	3145.79	荧光	灰色泥岩	0.47	14.97
2012-02528	3146.19	荧光	深灰色泥岩	0.25	3.36
2012-02529	3146.54	荧光	深灰色泥岩	0.23	1.09
2012-02530	3147.68	荧光	深灰色泥岩	0.12	1.96
2012-02501	3149.22	荧光	深灰色泥岩	0.20	6.12
2012-02541	3187.70	荧光	深灰色泥岩	0.39	10.42
2012-02542	3188.62	荧光	灰色石灰质泥岩	0.36	7.54
2012-02543	3189.83	荧光	灰色白云质泥岩	0.14	8.64

二、核磁测井含油饱和度解释

利用核磁测井资料计算含油饱和度的关键技术是确定含油饱和度对应 T_2 谱的起算时间，选取应用密闭取心分析的含油饱和度数据与核磁共振测得的 T_2 谱值进行迭代，从而确定含油饱和度的核磁共振 T_2 谱的起算时间。通过迭代法确定含油饱和度 T_2 谱的起算时间，计算均方根误差：

$$AT_2(j)=\sum_{j=1}^{m}\frac{1}{n}\sum_{i=1}^{n}\left(\mathrm{SO}_i-\mathrm{SSO}_{ji}\right)^2 \tag{7-1}$$

式中 $AT_2(j)$——第 j 个迭代 T_2 值的均方根计算误差；

n——含油饱和度实验数据的个数；

SO_i——第 i 个样点的含油饱和度测量数据；

SSO_{ji}——第 j 个迭代 T_2 值的第 i 个计算的含油饱和度。

均方根误差最小的 T_2 值为计算含油饱和度的 T_2 谱的起算时间，即 AT_2。图 7-1 为吉 176 井密闭取心井段应用不同的 AT_2 值计算的含油饱和度均方根误差，均方根误差最小时对应的 AT_2 为 6ms。

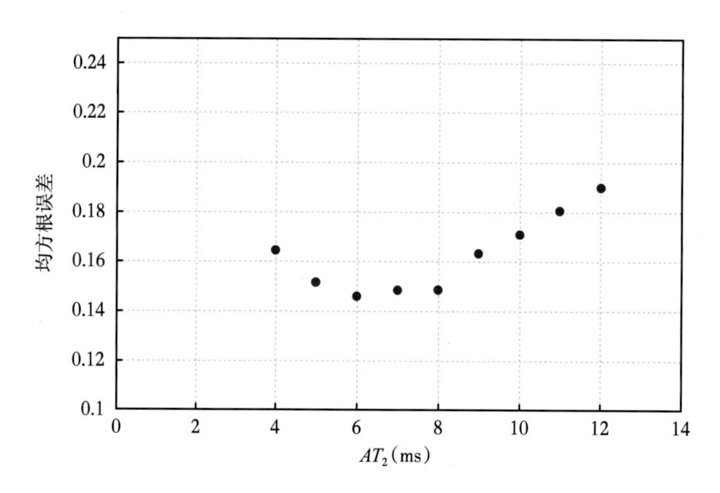

图 7-1 吉 176 井不同的 AT_2 值计算的均方根误差变化图

通过储层"七性"特征研究，本区储层中原油的赋存状态为"大孔亲油，饱含油；小孔亲水，饱含水"，基于该认识应用确定的 AT_2 值和核磁共振测井获得的连续 T_2 谱按公式（7-2）计算每个测点的饱和度：

$$S_{\mathrm{o}}=1-\left(\sum_{i=AT_{\mathrm{S}}}^{AT_2}\phi_i\right)\Big/\left(\sum_{i=AT_{\mathrm{S}}}^{AT_{\mathrm{D}}}\phi_i\right) \tag{7-2}$$

式中 S_{o}——含油饱和度；

ϕ_i——为第 i 毫秒核磁共振 T_2 谱对应的孔隙相对体积；

AT_2——为含油饱和度的核磁共振 T_2 谱起算时间；

AT_S——为有效孔隙度的核磁共振 T_2 谱起算时间；

AT_D——为有效孔隙度的核磁共振 T_2 谱终止时间。

图 7-2 为吉 176 井应用确定的 AT_2 和核磁共振测井获得的连续 T_2 波谱计算饱和度的实例。

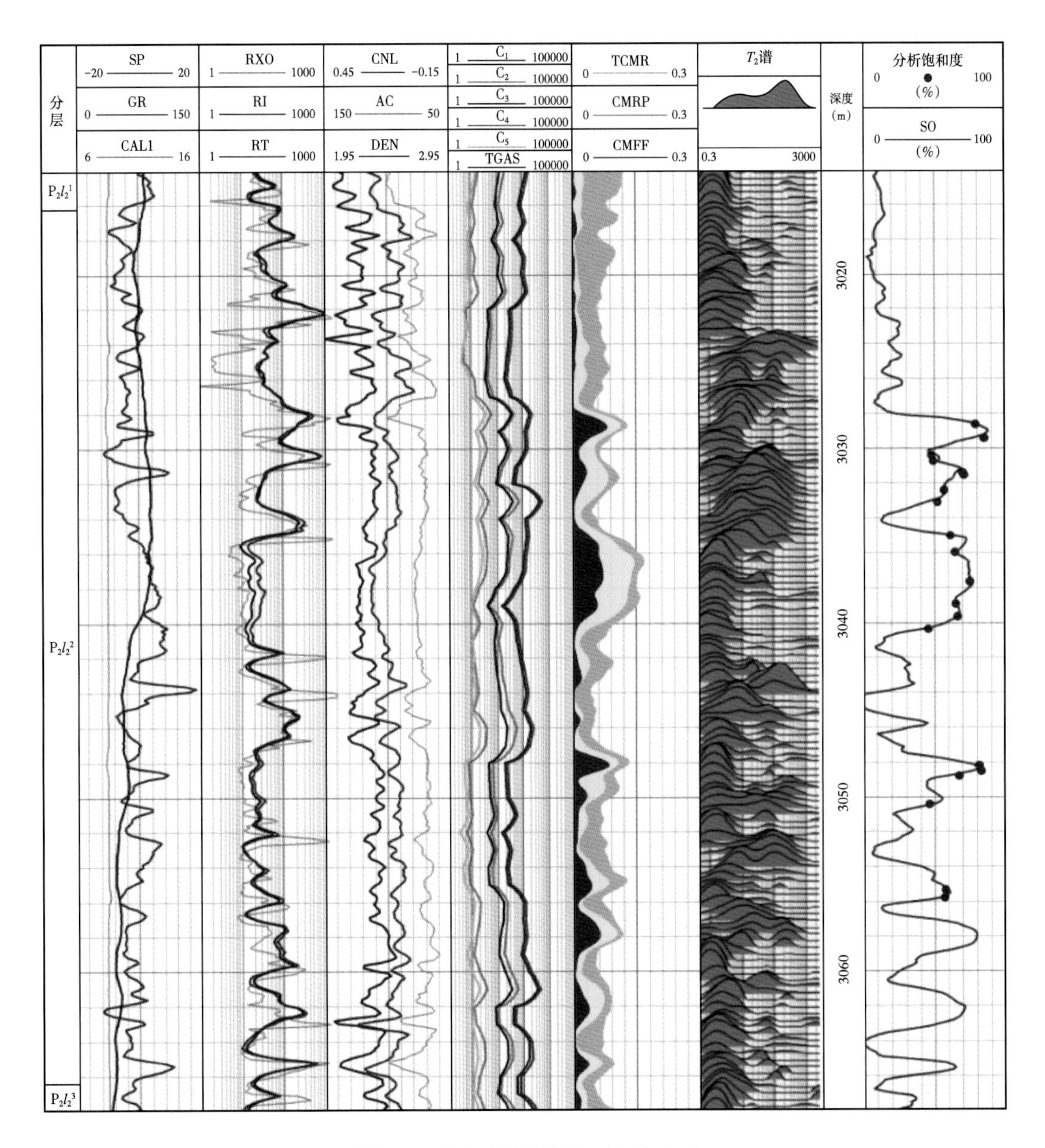

图 7-2 吉 176 井饱和度处理成果图

全区具有密闭取心饱和度实验数据和应用本方法计算的饱和度误差分析显示计算饱和度的相对误差平均值为 2.74%，计算精度较高。

运用该饱和度解释模型对本区单井含油饱和度进行核磁解释，并对实验分析的岩心含油饱和度数据和核磁计算的含油饱和度进行误差分析（表 7-2），吉 176 井分析结果显示二者绝对误差范围为 -4.90%~4.42%，平均值为 2.95%，完全能够满足储量计算的精度要求。

表 7-2 吉 176 井二叠系芦草沟组 $P_2l_2^2$ 含油饱和度误差分析数据表

井号	层位	样品深度（m）	校正深度（m）	岩心分析饱和度（%）	核磁解释饱和度（%）	绝对误差（%）
吉 176	$P_2l_2^2$	3026.57	3028.61	78.80	77.56	-1.24
	$P_2l_2^2$	3027.38	3029.42	84.70	79.80	-4.90
	$P_2l_2^2$	3028.37	3030.41	47.80	51.46	3.66
	$P_2l_2^2$	3028.69	3030.73	49.00	52.84	3.84
	$P_2l_2^2$	3029.33	3031.37	70.00	66.05	-3.95
	$P_2l_2^2$	3029.48	3031.52	71.00	66.62	-4.38
	$P_2l_2^2$	3030.36	3032.40	56.80	56.50	-0.30
	$P_2l_2^2$	3031.03	3033.07	52.10	47.29	-4.81
	$P_2l_2^2$	3032.96	3035.00	61.50	62.57	1.07
	$P_2l_2^2$	3033.93	3035.97	64.60	66.60	2.00
	$P_2l_2^2$	3035.61	3037.65	75.00	76.90	1.90
	$P_2l_2^2$	3036.89	3038.93	65.10	66.06	0.96
	$P_2l_2^2$	3037.61	3039.65	66.50	66.99	0.49
	$P_2l_2^2$	3038.31	3040.35	45.40	44.65	-0.75
	$P_2l_2^2$	3046.01	3048.19	81.20	77.25	-3.95
	$P_2l_2^2$	3046.32	3048.50	82.60	79.65	-2.95
	$P_2l_2^2$	3046.59	3048.77	67.50	62.91	-4.60
	$P_2l_2^2$	3048.24	3050.42	46.10	50.52	4.42
	$P_2l_2^2$	3053.13	3055.31	57.60	58.98	1.38
	$P_2l_2^2$	3053.57	3055.75	57.00	58.37	1.37
	平均					2.95

第二节 含油性特征及评价

通过对吉 174 井、吉 31 井、吉 34 井和 J10025 井四口井的油水饱和度实验资料分析，孔隙度越大的样品，含水饱和度越小，即含油饱和度越大。出现富含油、油侵、油斑的岩性多是含灰云质粉砂岩、白云质细砂岩。如图 7-3 所示，吉 31 井实验分析含油饱和度分布在 70%~95% 之间，总体含油性好、饱和度高。

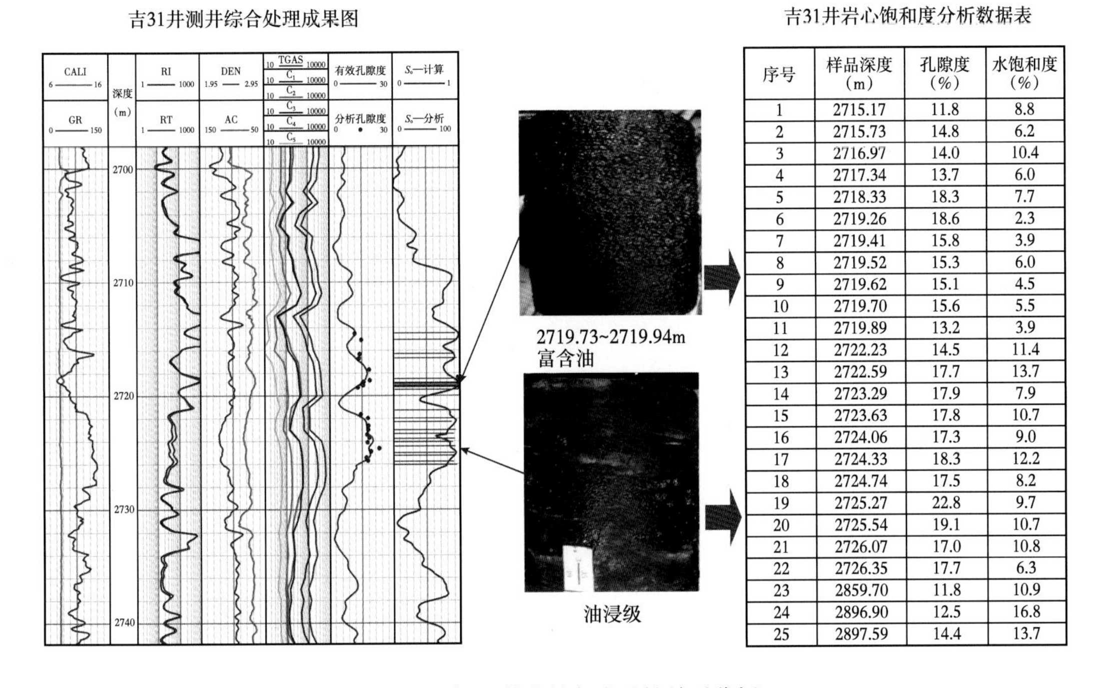

吉31井岩心饱和度分析数据表

序号	样品深度（m）	孔隙度（%）	水饱和度（%）
1	2715.17	11.8	8.8
2	2715.73	14.8	6.2
3	2716.97	14.0	10.4
4	2717.34	13.7	6.0
5	2718.33	18.3	7.7
6	2719.26	18.6	2.3
7	2719.41	15.8	3.9
8	2719.52	15.3	6.0
9	2719.62	15.1	4.5
10	2719.70	15.6	5.5
11	2719.89	13.2	3.9
12	2722.23	14.5	11.4
13	2722.59	17.7	13.7
14	2723.29	17.9	7.9
15	2723.63	17.8	10.7
16	2724.06	17.3	9.0
17	2724.33	18.3	12.2
18	2724.74	17.5	8.2
19	2725.27	22.8	9.7
20	2725.54	19.1	10.7
21	2726.07	17.0	10.8
22	2726.35	17.7	6.3
23	2859.70	11.8	10.9
24	2896.90	12.5	16.8
25	2897.59	14.4	13.7

图 7-3　吉 31 井物性与含油性关系分析

第三节　含油饱和度参数建模

水在碎屑岩储层中存在形式：有储存在砂岩微细孔喉中的残留滞水（毛细管束缚水）和靠表面分子力作用吸附在大孔隙喉道表面上的薄膜滞水（黏土束缚水），这两种水均不易流动，统称为束缚水；在储集在大孔隙喉道内可以流动的自由水，因此水也有自由水和束缚水之分（刘琼，2013）。油藏内流体饱和度的一般表达式为：

$$S_o+S_w=1 \quad (7\text{-}3)$$

式中　S_o、S_w——分别为含油饱和度、含水饱和度。

根据上述认识，该公式可以改写为：

$$S_{ol}+S_{or}+S_{wl}+S_{wi}=1 \quad (7\text{-}4)$$

式中　S_{ol}、S_{or}——分别为可动油、残余油饱和度，%；

S_{wl}、S_{wi}——分别为自由水、束缚水饱和度，%。

基于前述章节岩石物理实验，得到了计算 S_w 的 a、b、m、n 值，即可以计算 S_w，计算含油饱和度 S_o：

$$S_o = 1-S_w \quad (7\text{-}5)$$

因此，S_o 只能间接得到，先计算 S_w 是关键，下面对 S_w 计算模型进行探讨、适应性进行分析。

一、含水饱和度模型

1. Archie 模型

$$S_{wT}=\sqrt[n]{\frac{a\cdot b\cdot R_w}{\phi_e^m\cdot R_t}} \tag{7-6}$$

或者：

$$S_{wT}=\sqrt[n]{\frac{a\cdot b\cdot R_w}{\phi_T^m\cdot R_t}} \tag{7-7}$$

式中　a、b——弯曲度；

R_t——原状地层电阻率，Ω·m；

R_w——地层水电阻率，Ω·m；

ϕ_e——有效孔隙度；

ϕ_T——总孔隙度；

S_{wT}——总含水饱和度；

m——胶结指数；

n——饱和度指数。

2. 双水模型

原始模型：

$$C_t=\frac{1}{a}\phi_T^m S_{WT}^n\left[C_w+\frac{S_{wb}}{S_{WT}(C_{CW}-C_w)}\right] \tag{7-8}$$

式中　C_t——原状地层电导率，$C_t=\frac{1}{R_t}$，S/m；

a——弯曲度；

ϕ_T——总孔隙度；

S_{WT}——总含水饱和度；

m——胶结指数；

n——饱和度指数；

C_w——地层水的电导率，$C_w=\frac{1}{R_W}$，S/m；

S_{wb}——束缚水饱和度，$S_{wb}=\frac{\phi_{cbw}+\phi_{bvi}}{\phi_T}$；

ϕ_{cbw}——黏土束缚水孔隙度；

ϕ_{bvi}——毛细管束缚水孔隙度；

C_{cw}——黏土水电导率，$C_{cw}=2.16\times10^{-4}\times(T+504.4)\times(T-16.7)$，S/m；

T——地层温度，°F。

3. Simandox 模型

$$\frac{1}{R_{\mathrm{t}}}=\frac{V_{\mathrm{cl}}^{d}}{R_{\mathrm{cl}}}S_{\mathrm{w}}^{n/2}+\frac{\phi_{\mathrm{e}}^{m}\cdot S_{\mathrm{w}}^{n}}{aR_{\mathrm{w}}\left(1-V_{\mathrm{cl}}^{d}\right)} \tag{7-9}$$

式中 a——弯曲度；

d——泥质影响指数，一般取 1，取值范围 1~2；

R_{t}——原状地层电阻率，Ω·m；

R_{w}——地层水电阻率，Ω·m；

ϕ_{e}——有效孔隙度；

S_{w}——总含水饱和度；

V_{cl}——黏土含量；

m——胶结指数；

n——饱和度指数。

4. 印度尼西亚（Indonesia）模型

$$\frac{1}{R_{\mathrm{t}}}=\left[\frac{V_{\mathrm{cl}}^{1-\frac{V_{\mathrm{cl}}}{2}}}{\sqrt{R_{\mathrm{cl}}}}+\frac{\phi_{\mathrm{e}}^{m/2}}{\sqrt{a\cdot R_{\mathrm{w}}}}\right]^{2}S_{\mathrm{w}}^{n} \tag{7-10}$$

式中 a——弯曲度，无单位，取值范围 1~2；

R_{t}——原状地层电阻率，Ω·m；

R_{w}——地层水电阻率，Ω·m；

R_{cl}——泥岩电阻率，Ω·m；

ϕ_{e}——有效孔隙度；

S_{w}——总含水饱和度；

V_{cl}——黏土含量；

m——胶结指数；

n——饱和度指数。

斯伦贝谢 ELANPlus 在印度尼西亚计算模型基础上进行了改进，得到了新的含水饱和度计算模型：

$$\sqrt{C_{\mathrm{t}}}=\left[\sqrt{C_{\mathrm{ucl}}}\cdot V_{\mathrm{cl}}^{evcl-mvcl\,\cdot\,Vcl}+\frac{\sqrt{C_{\mathrm{uwa}}}}{\sqrt{a}}\cdot\phi^{0.5\,\cdot\,m\left(1+\frac{c2}{\phi}\right)}\right]\cdot\left(\frac{V_{\mathrm{uwa}}}{\phi}\right)^{\frac{n}{2}} \tag{7-11}$$

5. Patchett–Herrick 模型

$$C_{\mathrm{t}}=\left(1-V_{\mathrm{shl}}\right)\left[\frac{1}{a}\phi_{\mathrm{T}}^{m}S_{\mathrm{WT}}^{n}\cdot\left(C_{\mathrm{w}}+\frac{B\cdot Q_{\mathrm{V}}}{S_{\mathrm{WT}}}\right)\right]+V_{\mathrm{shl}}\cdot C_{\mathrm{sh}} \tag{7-12}$$

式中 C_{t}——原状地层电导率，$C_{\mathrm{t}}=\dfrac{1}{R_{\mathrm{t}}}$，Ω·m，测井曲线；

C_w——地层水的电导率，$C_w=\dfrac{1}{R_w}$，S/m；

a——弯曲度；

ϕ_T——总孔隙度；

S_{wT}——总含水饱和度；

m——胶结指数；

n——饱和度指数。

B 值来源于 Juhasz 库或利用下述方法计算：

$$B=\frac{-1.28+0.225\cdot T_c-0.0004059\cdot T_C^2}{\left(1+R_w^{1.23}\right)\cdot\left(0.045\cdot T_C-0.27\right)} \tag{7-13}$$

式中 T_C——地层的温度，℃。

$$Q_V=\frac{S_{wb}}{vQ\cdot Alpha}=\frac{\dfrac{\phi_{cbw}+\phi_{bvi}}{\phi_T}}{\left(0.3\cdot\dfrac{320}{T+25}\right)\cdot\left(\dfrac{Salinity}{40}\right)^{0.5}}=\frac{\left(\phi_{cbw}+\phi_{bvi}\right)\left(T+25\right)}{96\cdot\phi_T\cdot\left(\dfrac{C_0}{40}\right)^{0.5}} \tag{7-14}$$

或者：

$$Q_V=\frac{S_{wb}}{0.6425\cdot C_0^{-0.5}+0.22}=\frac{\phi_{cbw}+\phi_{bvi}}{\left(0.6425\cdot C_0^{-0.5}+0.22\right)\cdot\phi_T} \tag{7-15}$$

式中 ϕ_{cbw}——黏土束缚水孔隙度；

ϕ_{bvi}——毛细管束缚水孔隙度；

ϕ_T——总孔隙度；

S_{wb}——束缚水饱和度，$S_{wb}=\dfrac{\phi_{cbw}+\phi_{bvi}}{\phi_T}$；

C_0——地层水矿化度，mg/L；

T——温度，K。

二、含水饱和度模型适应性分析

1. 计算 S_w 的岩—电参数

根据本项目开展的岩—电实验得到不同岩性岩—电参数见表 7-3。

表 7-3 分岩性确定的岩—电参数表

岩性		Archie 参数			
		a	m	b	n
长石粉砂岩	$\phi<6.5\%$	0.93	1.52	1.0	1.69
	$6.5\%<\phi<10.5\%$	1.04	2.09		
	$\phi>10.5\%$	1	2.41		

续表

岩性	Archie 参数			
	a	m	b	n
白云质砂岩	1.03	2.16	1.0	1.76
砂屑云岩	1.26	1.83	1.0	1.85
均值	1.05	2.00	1.0	1.77

从上表可以看出，不同的岩性岩电实验参数存在差别。

2. 不同 S_w 计算模型效果对比

采用前述 6 种不同的 S_w 模型处理 J10025 井，计算 S_w 与岩石物理实验得到的 S_w 对比如图 7-4 所示。

从图 7-4 中可以看出：

（1）在井段 3523.4~3526.8m，3551.7~3558.1m 对于白云质泥岩、砂质泥岩、碳质泥岩及页岩：Patchett-Herrick 模型展示出更好的适应性；

（2）在井段 3535.1~3536.2m 对于白云岩，斯伦贝谢改进后的 Indonesia 模型计算 S_w 与岩心符合性最好；

（3）整体上看，对于粉砂岩、白云质砂岩、粗砂岩，Archie 模型、双水模型、Simandox 模型、Indonesia 模型及改进模型，均表现出比 Patchett-Herrick 模型更好适应性；Archie 模型、Simandox 模型不具优势；Indonesia 原模型可以被改进后的模型替代。

三、建立含水饱和度模型

根据前述章节不同岩性岩—电参数的实验研究以及不同 S_w 计算模型的适用性研究，建立该区的 S_w 计算模型：

$$S_w=\begin{cases}\sqrt[n]{\left[a\cdot\dfrac{1}{\phi_T^m}\cdot\dfrac{(C_t-V_{shl}\cdot C_{sh})}{(1-V_{shl})}-B\cdot Q_V\right]\cdot R_w}\ (Patchett-Herrick\text{模型})\\ \sqrt[n]{\dfrac{C_t}{\left[\sqrt{C_{ucl}}\cdot V_{cl}^{evcl-mvcl\cdot Vcl}+\dfrac{\sqrt{C_{uwa}}}{\sqrt{a}}\cdot\phi^{0.5\cdot m\left(1+\frac{c2}{\phi}\right)}\right]^2}}\ (Elan-Indonesia\text{模型})\\ \sqrt[n]{\dfrac{a\cdot b\cdot R_w}{\phi_e^m\cdot R_t}}\ (Archie\text{模型})\end{cases} \tag{7-16}$$

且当岩性为白云质泥岩、砂质泥岩、碳质泥岩及页岩时，选用 Patchett-Herrick 模型；当岩性为纯的白云岩或石灰质云岩时，选用斯伦贝谢 Elan 模块对 Indonesia 的改进模型；当岩性为粉砂岩、细砂岩、粗砂岩或白云质砂岩时，选用 Archie 模型。因为该 S_w 模型针对不同岩性含水饱和计算方法进行了优选，可以称该 S_w 模型为含水饱和度混合模型（简称为 $S_{w\text{-}Mixing}$）岩—电对应的参数如实验得到的岩—电参数表（图 7-5）。

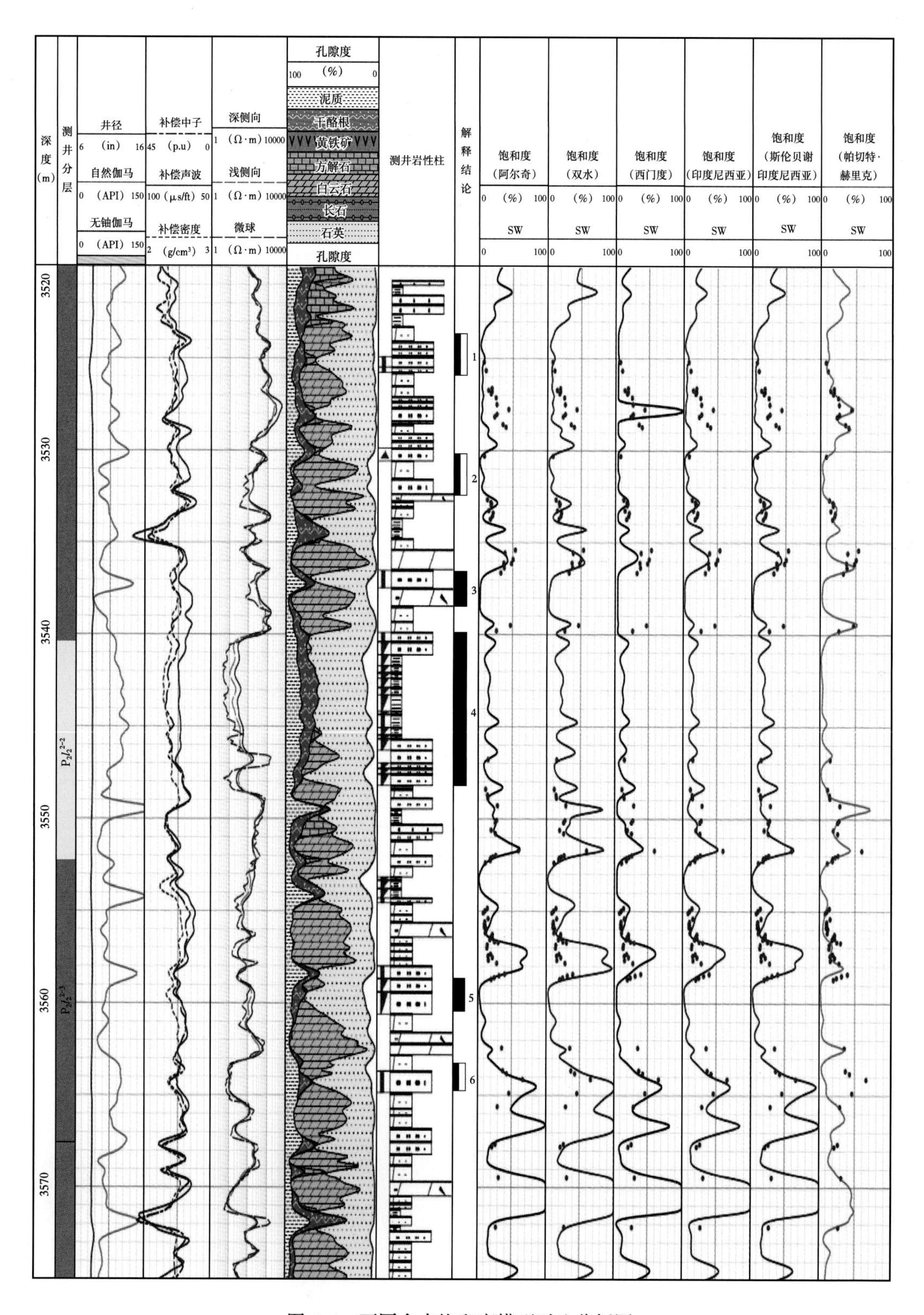

图 7-4　不同含水饱和度模型对比分析图

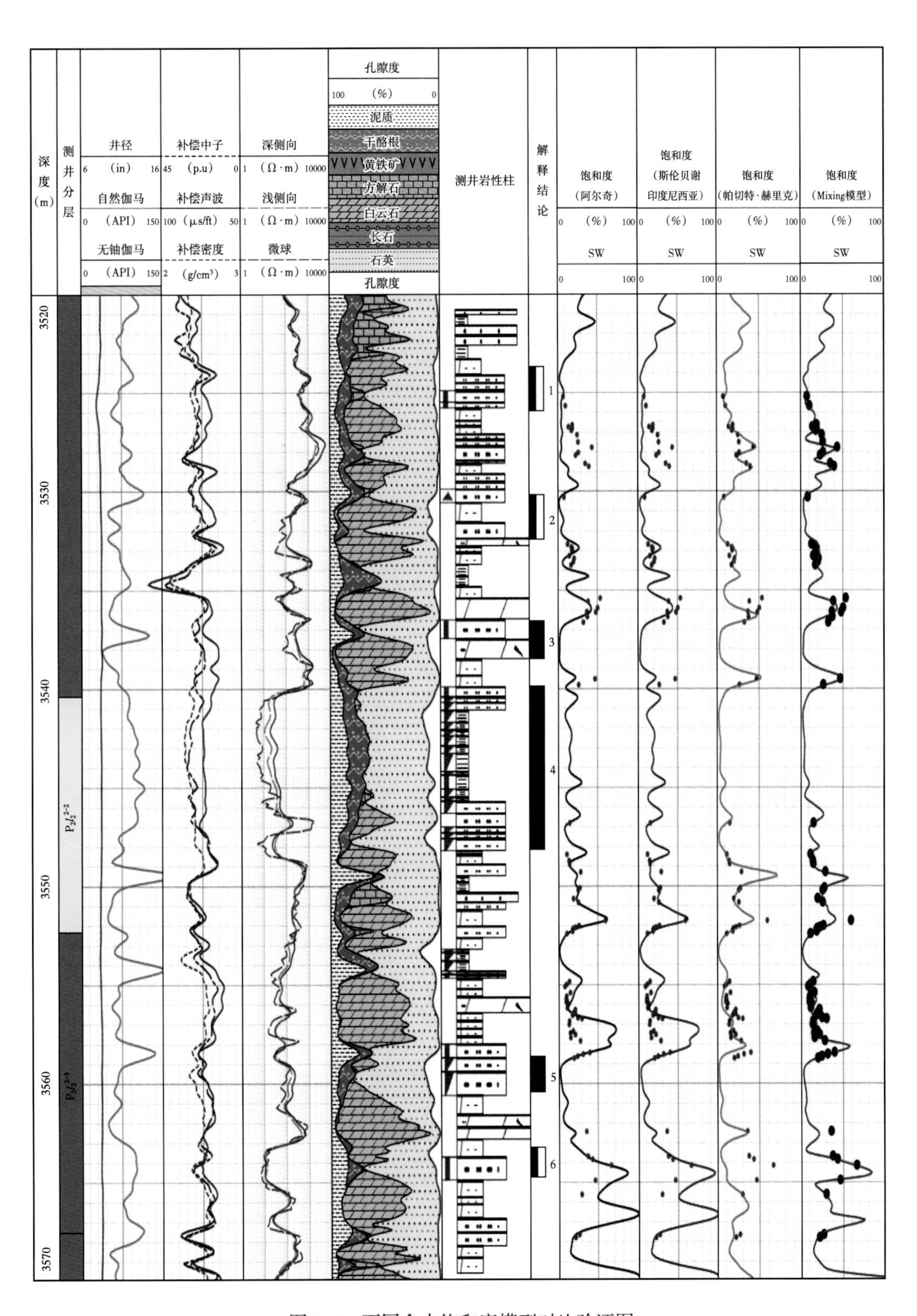

图 7-5 不同含水饱和度模型对比验证图

四、含水饱和度模型 $S_{w-Mixing}$ 对比验证

1. 计算模型对比

如图 7-7 所示，J10025 井不同岩性、不同 S_w 计算方法与岩心得到的 S_w 计算模型验证情况。

2. 相关性分析

J10025 井不同含水饱和度模型与岩心实验得到含水饱和度交会如图 7-6 所示，从图中可以看出：前述建立了 $S_{w-Mixing}$ 模型计算得到的含水饱和度与岩心实验提供的含水饱和度相关性最好，达到 0.88。

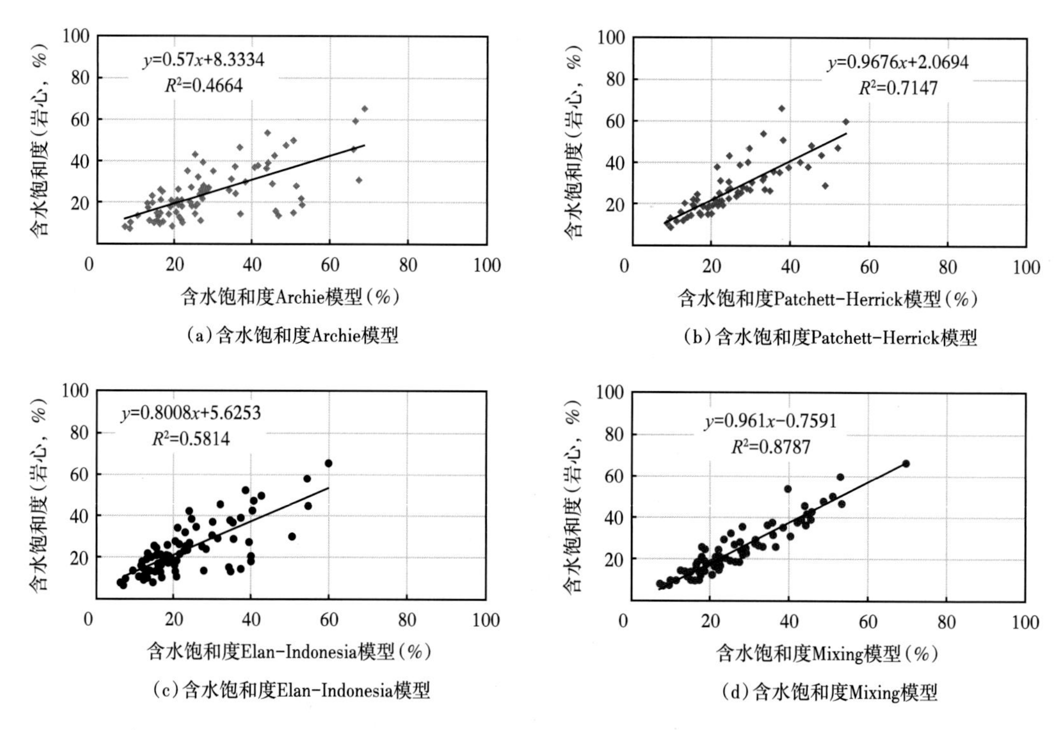

图 7-6　含水饱和度模型与岩心实验相关性分析

3. 误差定量分析

不同饱和度模型计算的饱和度误差分析见表 7-4。

表 7-4　不同饱和度模型计算的饱和度误差分析表

序号	饱和度模型	均值	均值绝对误差	相对误差
1	含水饱和度（Archie）	28.31	3.84	15.69%
2	含水饱和度（DualWater）	35.91	11.44	46.76%
3	含水饱和度（Indonesia）	22.47	1.99	8.15%
4	含水饱和度（Patchett-Herrick）	23.15	1.32	5.39%
5	含水饱和度（Elan-Indonesia）	23.53	0.94	3.84%
6	含水饱和度（Simandox）	22.52	1.94	7.94%
7	含水饱和度（Mixing）	22.52	1.94	7.94%

第四节 可动性特征及评价

整体来看，由Ⅰ类储层到无效储层可动量减小，但不同类型储层在不同压差下的可动量（图 7-7）及可动孔径分布上存在明显差异（图 7-8）。

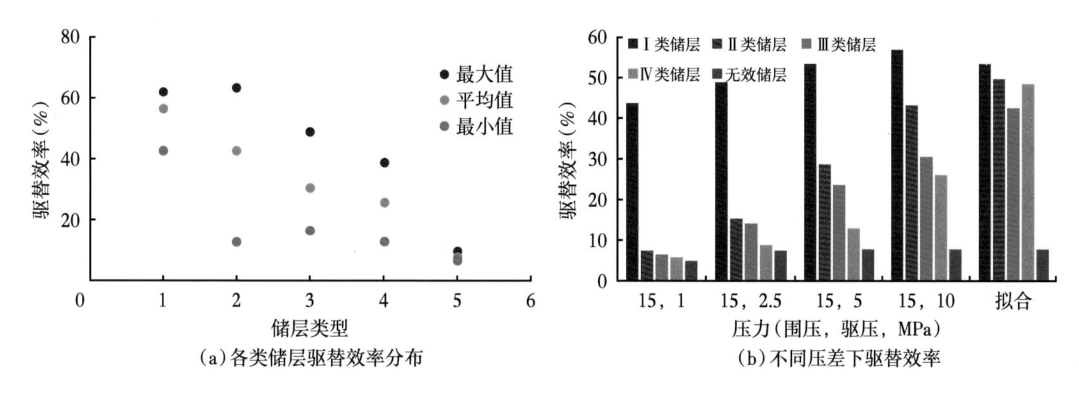

图 7-7 不同类型储层可动油评价

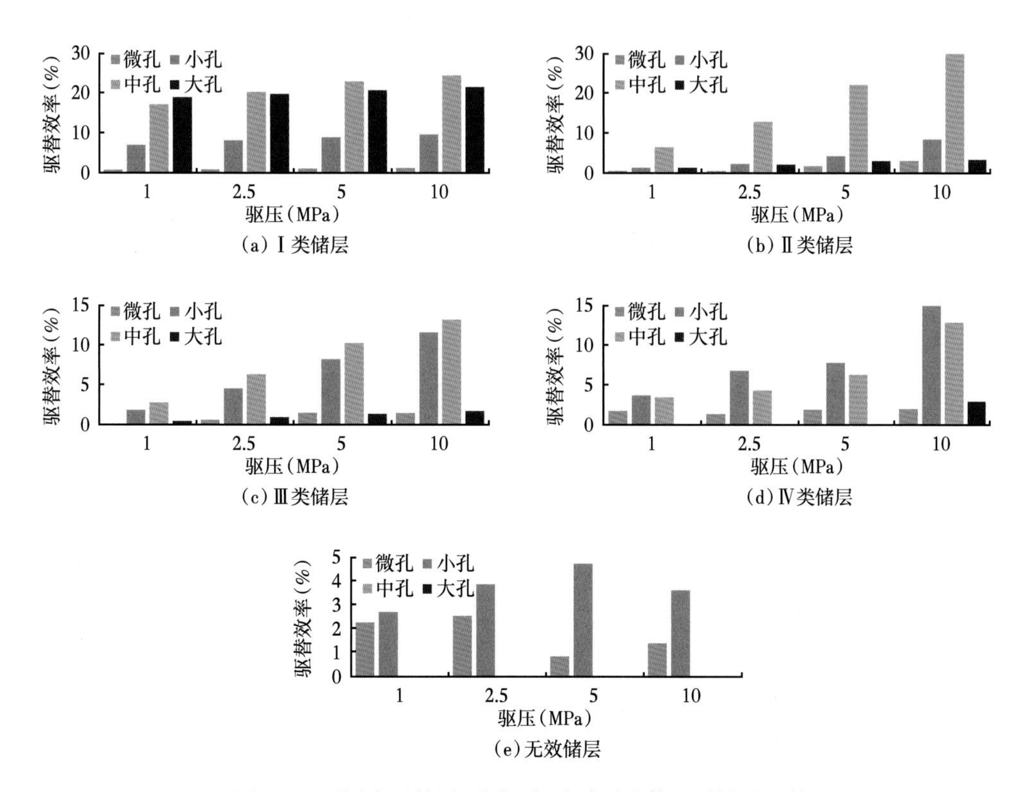

图 7-8 不同类型储层不同区间孔隙对流体可动性的贡献

Ⅰ类储层：驱替效率（即可动流体饱和度）范围为 42.76%~61.71%，均值为 56.51%；拟合最大可动油饱和度为 52.96%，这说明 10MPa 下Ⅰ类储层内的可动流体可以认为完全被排出（图 7-7），且在不同压差下可动量变化不大，即低压下可将大部分可动流体排除；Ⅰ类储层中，中—大孔对储层流体可动性贡献最大。

Ⅱ类储层：驱替效率范围为12.79%~63.36%，均值为42.79%；拟合最大可动油饱和度为49.57%，相较Ⅰ类储层，Ⅱ类储层明显随着压差的变大，可动量持续上升（图7-7）；由图7-9，Ⅱ类储层中，中孔对储层流体可动性贡献最大。

Ⅲ类储层：可动油饱和度范围为16.31%~48.74%，均值为42.19%；拟合最大可动油饱和度为43.79%，与Ⅱ类储层相似，Ⅲ类储层的可动量随着压差的变大稳定上升；小—中孔对储层可动性贡献最大。

Ⅳ类储层：可动油饱和度范围为12.94%~38.9%，均值为25.97%；拟合最大可动油饱和度为48.36%，Ⅳ类储层的可动量在驱压为5MPa之后有一个明显的增大拐点，说明其低压的动力远小于高压的动力；小—中孔对储层可动性贡献最大。

无效储层：可动油饱和度范围为6.34%~9.28%，均值为7.81%；拟合最大可动油饱和度为7.81%，不同压差下可动流体变化不大；微—小孔对储层可动性贡献最大。

一、页岩油储层可动油影响因素

页岩油可的动性整体受孔喉大小及矿物含量的控制（图7-9）。

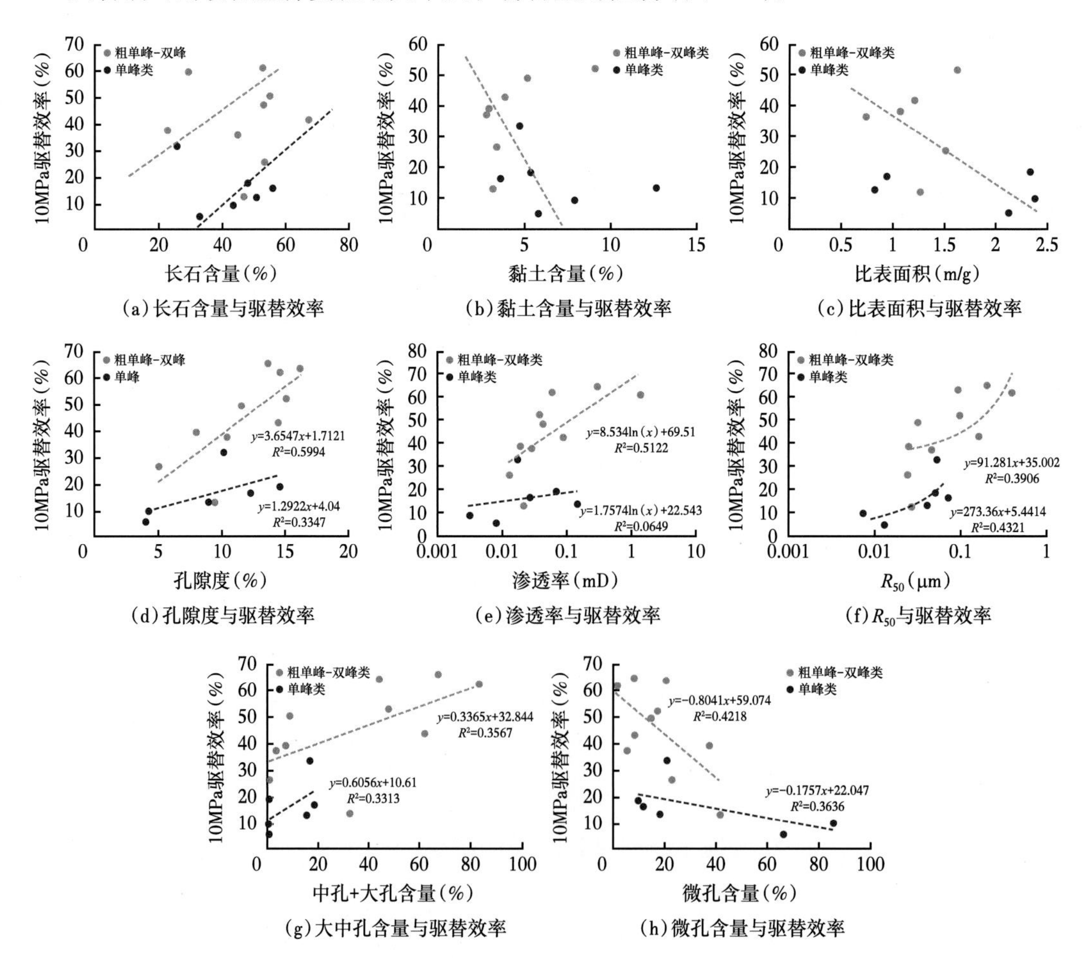

图7-9　可动性影响因素分析

将驱替样品根据核磁形态分为单峰型和粗峰—双峰型样品（不同的峰型代表不同的孔隙结构，粗峰—双峰型样品通常大孔含量较高，通常为粗粒样品；而单峰型样品通常大孔含量较小，通常为细粒样品）研究可动性的影响因素。

矿物成分如易发生溶蚀作用的长石含量与驱替效率成正比［图 7-9（a）］，通常为杂基和胶结物的黏土含量与驱替效率成反比［图 7-9（b）］。能够体现孔喉大小的参数如比表面积能够反映多孔介质中小孔的含量［图 7-9（c）］与驱替效率成反比，R_{50}［进汞饱和度为 50% 的孔喉半径，图 7-9（g）］与驱替效率成正比，大—中孔的含量与驱替效率成正比［图 7-9（g）］，微孔含量与驱替效率成反比［图 7-9（h）］。

二、页岩油可动丰度解释

1. 页岩油可动性分区界线

原油在页岩中赋存状态包括吸附态和游离态两部分，吸附态主要以库仑等作用力吸附在有机质及黏土矿物表面，该部分原油难以动用，而游离态主要分布在较大孔隙内，是页岩油开发的主要部分，同时在较大孔喉中游离态可动性最好。由此可知，页岩油的可动性受 TOC、孔喉结构的控制。

前人研究表明，S_1/TOC 常被用来表征页岩油的可动性，S_1 为热解游离烃量，S_1/TOC 表示单位 TOC 上的游离烃量，该值越大反映页岩油的可动量越多、可动性越好。图 7-10 显示了芦草沟组页岩油 S_1/TOC 与 TOC 的变化关系，可看出 S_1/TOC 多小于 200，且随 TOC 增加呈现先增大至峰值然后再减小趋势，当 TOC＜1% 时，S_1/TOC 普遍小于 75，说明游离烃量较少，主要因为 TOC 太低、生烃量不足；当 TOC＞4% 时，该比值也小于 75，尽管生烃量较多，但生烃多吸附在干酪根表面，游离烃比例较少，页岩油可动性也较差；当 TOC 在 1%~4% 范围内，S_1/TOC 普遍大于 75，表明页岩油的游离烃占比最高、可动性较好。因此利用该界线可确定纯泥岩型页岩油的可动性界线。该界线对于砂岩或白云岩型储层不适用，因为该类储层对应较低 TOC、但 S_1 较大。

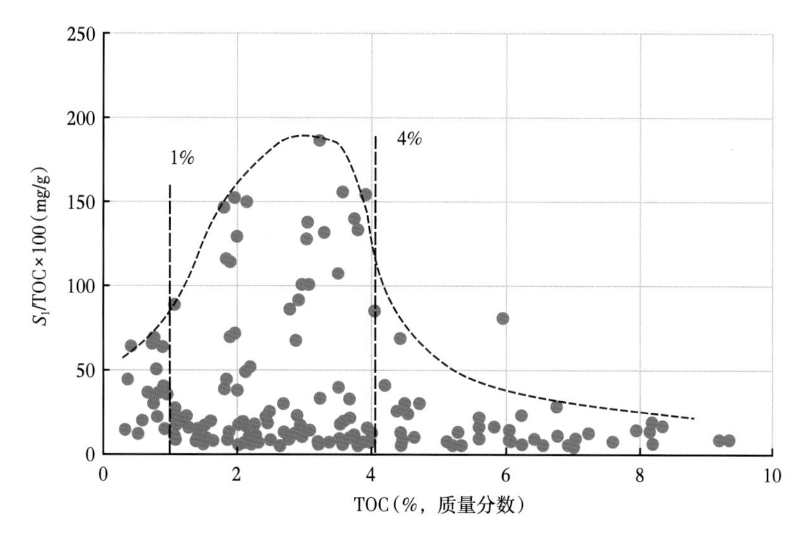

图 7-10　纯泥岩 S_1/TOC 与 TOC 间关系

对于砂岩类或白云岩类页岩油储层，主要根据驱替效率与孔喉半径间关系进行可动性评价。统计不同驱替压差下页岩油驱替效率，与孔喉半径 R_{50} 进行相关分析（图 7-11），发现随样品 R_{50} 增大，驱替效率呈现出分段变化趋势。当 R_{50} < 20nm 时，在所有驱替压差下，页岩油驱替效率均较小，R_{50} 在 20~70nm 之间时，随孔喉半径和驱压增加，驱替效率呈缓慢增大，整体效率低于 15%，而当 R_{50} > 70nm 时，在所有驱替压差下，效率均呈现快速增大趋势，意味着页岩油的可动性明显增强。R_{50} 分别在 20nm 和 70nm 处驱替效率发生突变，存在明显的拐点变化，可作为页岩油能否可动、可动性好坏的截止值。

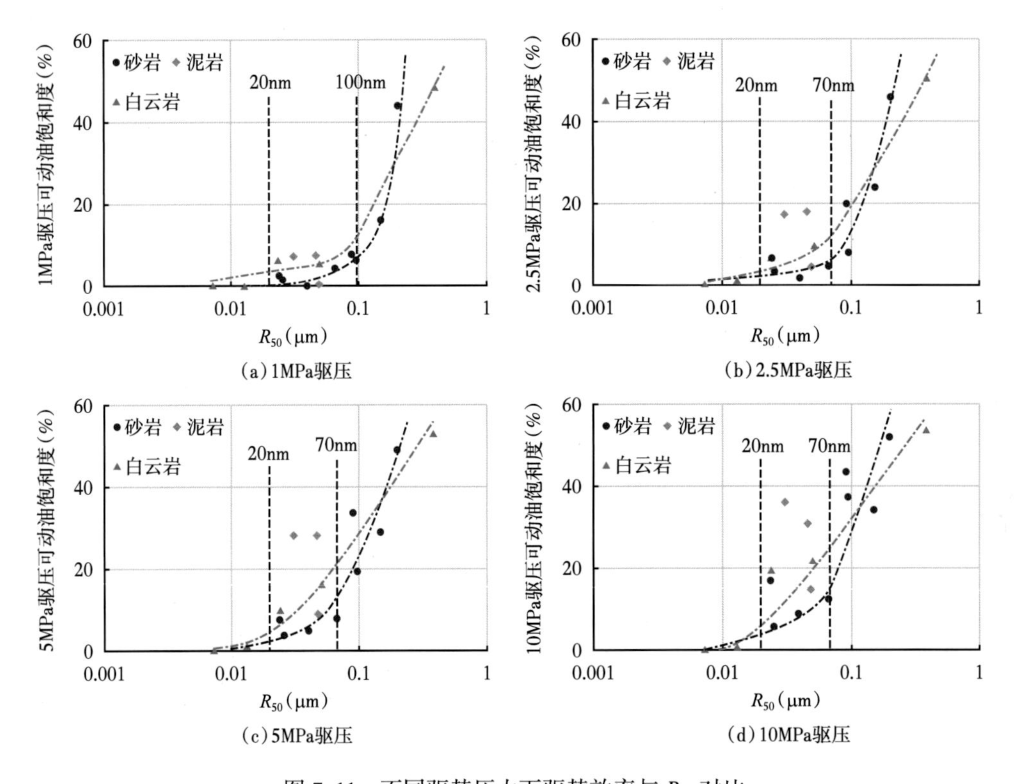

图 7-11　不同驱替压力下驱替效率与 R_{50} 对比

当岩石孔喉半径 R_{50} < 20nm 时，说明页岩孔喉整体变小、比表面积大，页岩油基本以吸附态束缚在有机质及黏土矿物表面，很难流动；当 R_{50} > 70nm 时，说明岩石孔喉整体偏大、比表面积小，页岩油主要以游离态存在大孔喉中，在较小压差下就能发生流动，可动性明显变好；而 R_{50} 位于 20~70nm 范围内，吸附态和游离态并存，页岩油可动性相对较差。因此孔喉半径 R_{50} 分别为 20nm、70nm 可作为页岩油可动性下限及好的界线。

核磁共振测井通常用于评价页岩油的可动量，目前通常采用 T_2=20ms 作为截止值。本次利用压汞孔喉分布均值与相应深度点的核磁测井 T_2 谱均值进行对比（图 7-12），实现孔喉大小到 T_2 的转换，R_{50} 分别为 20nm、70nm 时，对应 T_2 均值分别为 11ms 和 35ms。前期研究表明当 T_2 > 6ms 时，可认为含油孔隙，T_2 在 6~11ms 之间可认为吸附态油对应孔隙，T_2 在 11~35ms 之间可认为是吸附态和游离态并存孔隙，而 T_2 > 35ms 可认为是游离态油对应孔隙。

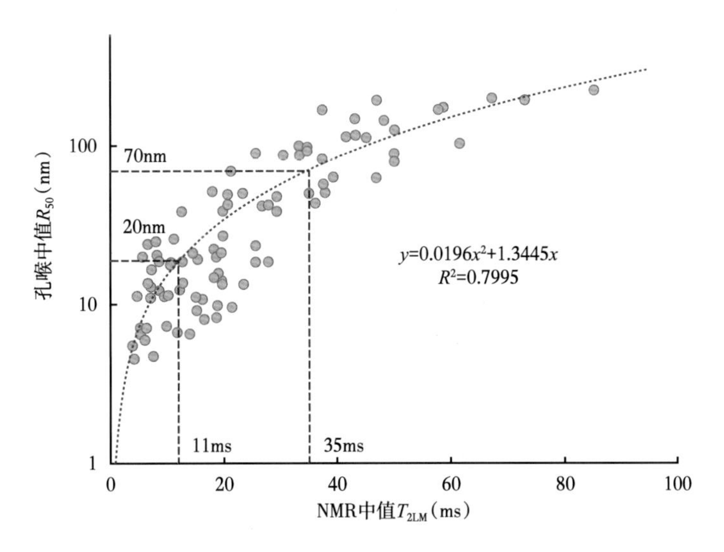

图 7-12 核磁测井 T_2 中值与 R_{50} 间关系

2. 可动性测井评价方法

通过统计 10MPa 驱压下页岩油样品的可动油饱和度，根据孔隙度可得到可动油孔隙度，该值反映页岩样品中可动油的绝对量。统计可动油孔隙度与有效孔隙度、矿物成分及孔喉参数等的关系发现，可动油孔隙度与有效孔隙度呈正比、与黏土含量成反比关系（图 7-13），因此可以综合利用有效孔隙度、黏土含量建立可动油孔隙度评价模型。

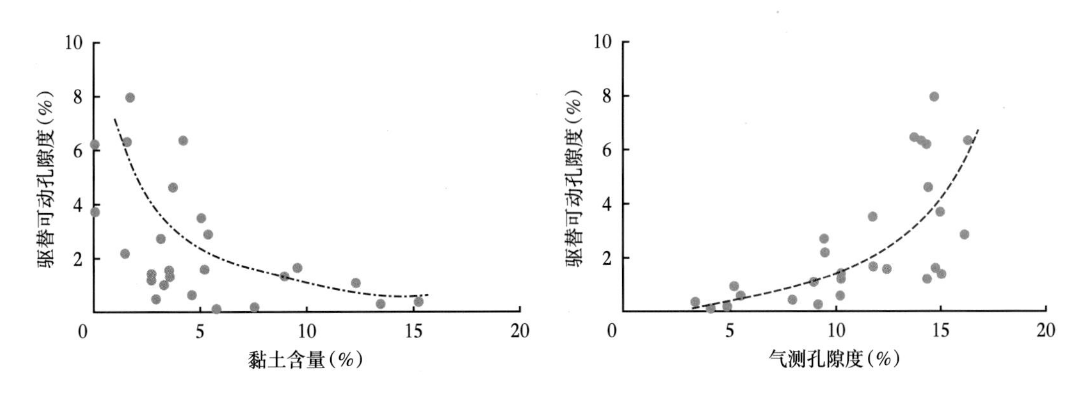

图 7-13 可动孔隙度影响因素分析

可动油孔隙度解释模型：

$$\phi_{可动1}=0.57\phi-0.02V_{sh}\cdot\phi-1.96 \tag{7-17}$$

$$\phi_{可动2}=0.36e^{0.52(0.57\phi-0.02V_{sh}\cdot\phi-1.96)} \tag{7-18}$$

$$\phi_{可动}=\max(\phi_{可动1},\phi_{可动2}) \tag{7-19}$$

第五节 研究实例分析

根据上述公式可实现可动油孔隙度测井解释。由于可动油孔隙度是在 10MPa 驱压下得到的，它反映了 10MPa 驱压下页岩油的可动性，但并不代表页岩油的可动量，因此与 35ms 核磁解释的可动油孔隙度具有差异。通过对比不同截止值下核磁解释的可动油孔隙度结果，发现本次建立的可动油孔隙度与 85ms 截止值对应的孔隙度结果较为一致（图 7-14）。

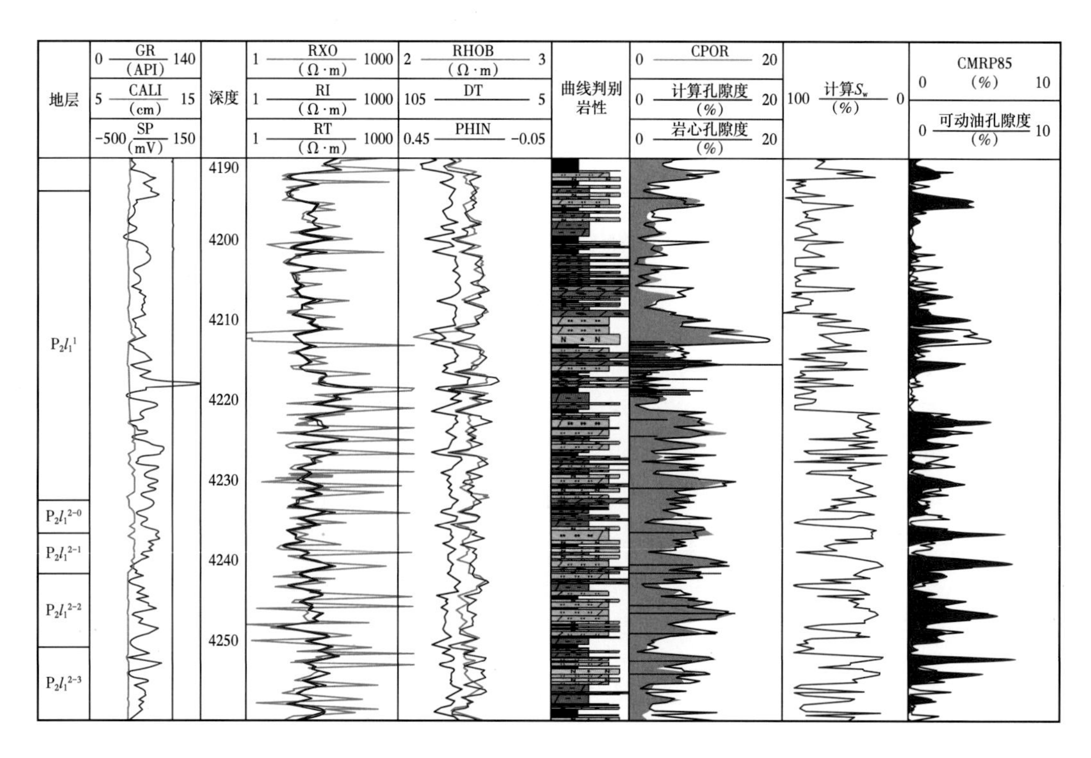

图 7-14 J36 井可动油孔隙度测井解释结果（红色为 85ms 截止值核磁解释可动孔隙度）

注：图中，DT 为声波时差曲线，μs/ft；RHOB 为密度曲线，g/cm³；PHIN 为中子曲线

第八章　页岩油储层岩石力学特征及可压性评价

储层的脆性与可压性与地层的岩石力学性质密切相关，而岩石力学参数确定的方法包括动态法及静态法两种。利用声波全波列测井或者阵列声波（偶极子声波）测井的测量信息，可以提取地层的纵波时差和横波时差，利用纵横波时差、密度测井值可以计算岩石的动态力学参数。在实验室模拟岩石在原位状态下（温度、压力等），测试岩心的力学参数，即是静态力学参数。静态参数的获得成本较高，但是可以得到更为丰富的岩石力学特征。测井资料由于其具有数据深度连续、深度大、高效等特点，动态力学参数的计算，可以来弥补静态力学参数不连续性的缺点。

第一节　静态岩石力学特征

根据研究目的，主要包括的室内力学实验包含三轴条件下的岩石弹性模量、泊松比、抗压强度、内聚力、内摩擦角等强度参数。

一、三轴压缩实验原理与步骤

在实验前，样品端面的制作要符合一定的标准。因为样品端面的沟槽或孔洞处会形成应力集中点，导致样品在相当低的载荷下破坏。

采用车床或表面研磨制备样品时，样品周边如果粗糙，必须修整光滑。对于抗压强度实验的圆柱体岩样，ISRM 规定的标准是：

（1）样品端面应当磨平至 0.02mm；

（2）样品端面应当垂直于样品轴，误差在 0.001° 内；

（3）样品的周边应当是光滑的，并且没有不规则的凸起，而且在样品整个长度上的直径差不超过 0.3mm。

岩石的非均匀性，单块岩石的实验数据不可能代表某一层的性质，必须做足够数量的岩样。实验样品的数量取决于结果的偏差系数和平均值的精度与可靠性。

根据国际岩石力学学会和现场实验标准化委员会提供的（ISRM Suggested Methods—LABORATORY TESTING）《SM for Determining the Strength of Rock Materials in Tri-axial Compression-1978》《SM for Determining the Uniaxial Compressive Strength and Deformability of Rock Materials–1979》，以及中华人民共和国行业标准《水利水电工程岩石实验规程》（SL264-2001），及《煤和岩石物理力学性质测定方法　第 9 部分》（GBT 23561.9—2009），煤和岩石三轴强度及变形参数测定方法。进行岩石取心和标准岩石力学式样加工，图 8-1 为加工后的三轴压缩实验岩石力学标准岩心，其中进行岩石力学实验的岩心为 9 块，具体编为 3 个组，数据见表 8-1。

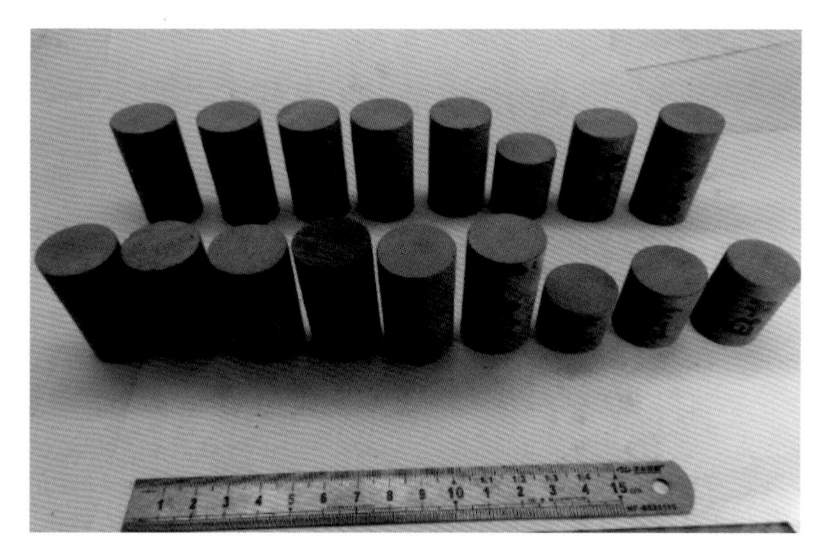

图 8-1　吉木萨尔芦草沟组岩石力学实验样品

表 8-1　矿物学脆性指数计算方法统计表

岩心组	原样品编号	实验岩心编号	井号	深度（m）	直径（mm）	高度（mm）	质量（g）	密度（g/cm^3）
第三组	J43-28	C1-V	J43	2938.1	25.15	49.78	60.55	2.45
	J43-28	C2-V			25.13	49.66	60.52	2.46
	J43-28	C3-V			25.14	49.48	60.58	2.47
第四组	J43-75	D1-V	J43	2960.9	25.16	51.74	65.38	2.54
	J43-75	D2-V			25.14	50.88	64.23	2.54
	J43-75	D3-V			25.15	51.15	63.58	2.50
第五组	41	E1-H	J43	3740.0	25.09	25.48	29.25	2.32
	41	E2-H			25.09	32.69	38.11	2.36
	41	E3-H			25.09	34.56	39.41	2.31

三轴压缩实验所用的实验设备与基本过程介绍如下。

本研究所用的伺服控制岩石力学三轴实验系统（型号 TAW-1000 型，图 8-2），采用了德国（DOLI）公司的 EDC 全数字伺服测控器。

可以模拟地层的温度、压力条件进行多种岩石力学实验，其技术指标如下：

（1）轴向力 1000kN；

（2）围压 100MPa；

（3）孔隙压力 60MPa；

（4）温度：-20~150℃。

将岩样放置在高压釜内，通过液压油给岩心施加侧向压力（围压 σ_3），通过压机液缸给岩心以位移 0.1mm/min 施加轴向应力（σ_1）。实验过程中保持围压恒定，逐渐增加轴向载荷，直到岩石破坏。这样可得到岩石加载过程中轴向应变、周向应变随轴向应力的变化曲线，同时得到岩心破坏时轴向应力 σ_1 和围压 σ_3。

实验结束后，在 σ—τ 坐标系中可画出岩石破坏应力圆。用相同的岩样在不同侧向压力 σ_3 下进行三轴实验，可以得到一系列岩石破坏时的 σ_1、σ_3 值，可画出一组破坏应力圆。这组破坏应力圆的包络线，即为岩石的抗剪强度曲线。

库仑—摩尔破坏准则是目前岩石力学最常用的一种强度准则。该准则认为岩石沿某一面发生破坏，不仅与该面上剪应力大小有关，而且与该面上的正应力有关。岩石并不沿最大剪应力作用面产生破坏，而是沿剪应力与正应力达到最不利组合的某一面产生破坏。即：

$$|\tau_f| = \tau_0 + \sigma_n \cdot \tan\phi \tag{8-1}$$

$$f = \tan\phi \tag{8-2}$$

式中 τ_f——岩石剪切面的抗剪强度，MPa；

τ_0——岩石固有的剪切强度，MPa；

σ_n——剪切面上的正应力，MPa；

ϕ——内摩擦角，(°)；

f——内摩擦系数。

在 σ—τ 坐标系下，库仑—摩尔破坏准则可以用如图 8-2 所示的一条直线来表示。

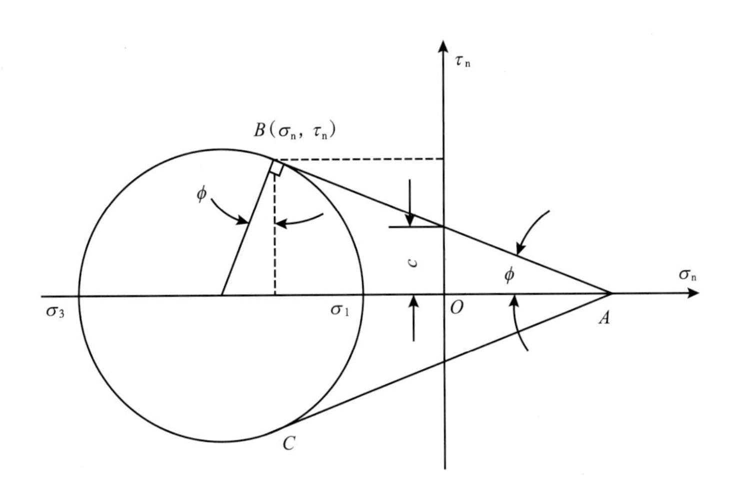

图 8-2 长春朝阳高温高压三轴岩石力学测试系统

二、静态岩石力学实验结果

对 9 块岩石进行三轴压缩实验后，取得的静态岩石力学结果如图 8-3、表 8-2 所示，

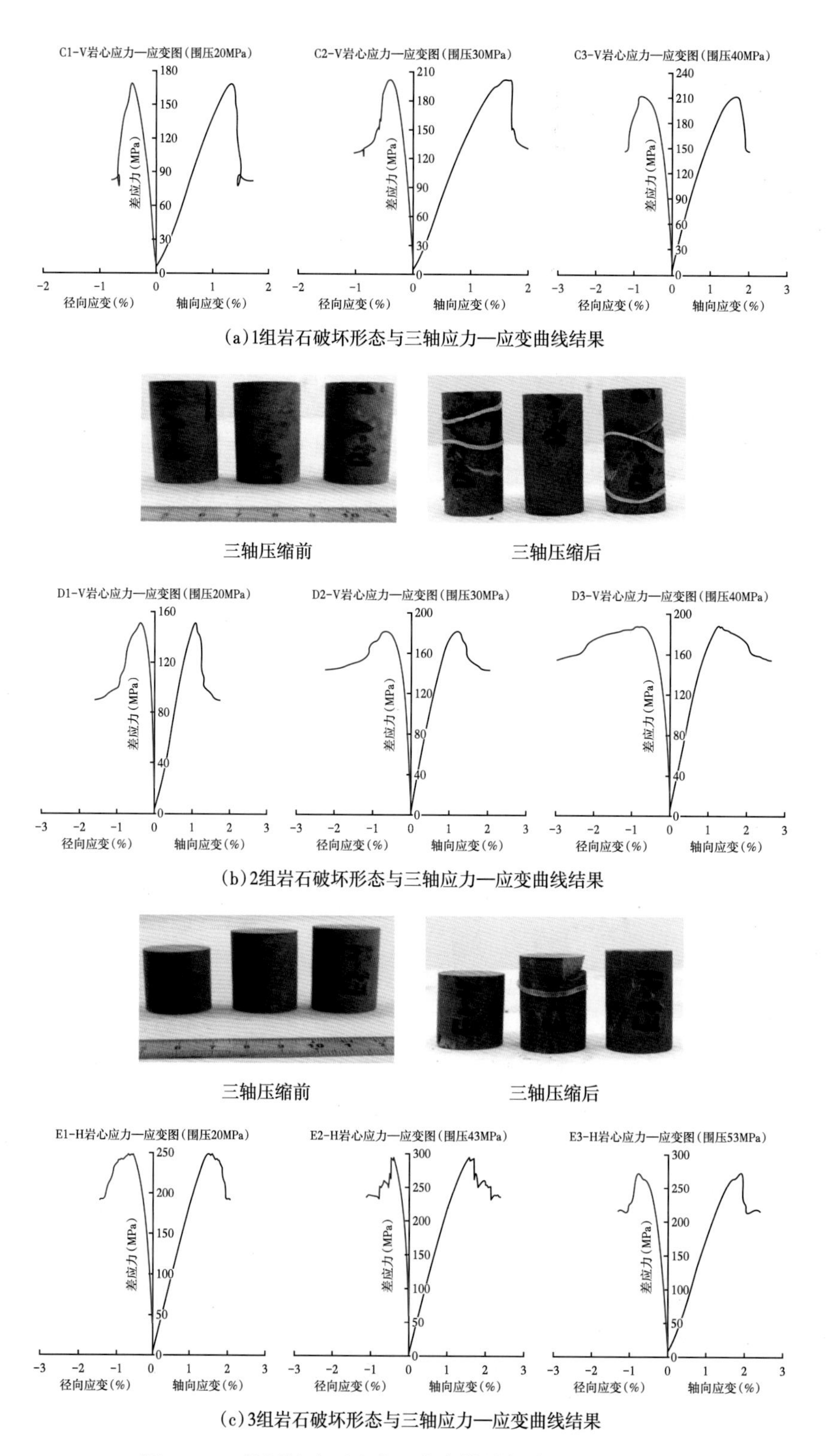

(a)1组岩石破坏形态与三轴应力—应变曲线结果

(b)2组岩石破坏形态与三轴应力—应变曲线结果

(c)3组岩石破坏形态与三轴应力—应变曲线结果

图 8-3　三轴压缩岩石应力—应变结果与破坏形态示意图

从岩石力学结果来看，杨氏模量范围在 14682~21958MPa 之间，泊松比范围在 0.136~0.283 之间，岩石破坏时主要呈现单剪切的破坏模式，致密岩石主要以单剪切方式破裂，同时虽然存在压实、弹性变形、应变硬化和应变软化四个阶段，但其中压实阶段不明显，同时破裂之后应力跌落速度相对较块，说明岩石本身微裂隙含量较低，测试岩石整体具有较好的脆性特征。

表 8-2　吉木萨尔岩石力学结果统计表

岩心组	原样品编号	实验岩心编号	井号	围压（MPa）	差应力（MPa）	弹性模量（MPa）	泊松比	内聚力（MPa）	内摩擦角（°）
第三组	J43-28	C1-V	J43	20.00	168.79	14682.06	0.251	36.49	31.26
	J43-28	C2-V		30.00	201.80	16581.01	0.184		
	J43-28	C3-V		40.00	211.93	17094.50	0.250		
第四组	J43-75	D1-V	J43	20.00	151.38	15718.08	0.136	34.56	28.95
	J43-75	D2-V		30.00	181.74	20919.02	0.243		
	J43-75	D3-V		40.00	188.91	20067.54	0.283		
第五组	41	E1-H	J43	20.00	247.98	19159.39	0.216	58.76	30.67
	41	E2-H		43.00	295.88	21958.20	0.159		
	41	E3-H		53.00	272.31	17342.49	0.211		

通过过往岩石力学结果，回归得到了岩石杨氏模量与抗压强度、杨氏模量与抗拉强度及动静态岩石杨氏模量的转换关系曲线（图 8-4）。

静态杨氏模量与动态杨氏模量关系：

$$y=1.3241x+10287 \tag{8-3}$$

静态杨氏模量与抗压强度关系：

$$y=0.0921x0.7289 \tag{8-4}$$

静态杨氏模量与抗拉强度关系：

$$y=1.3557x+9.3492 \tag{8-5}$$

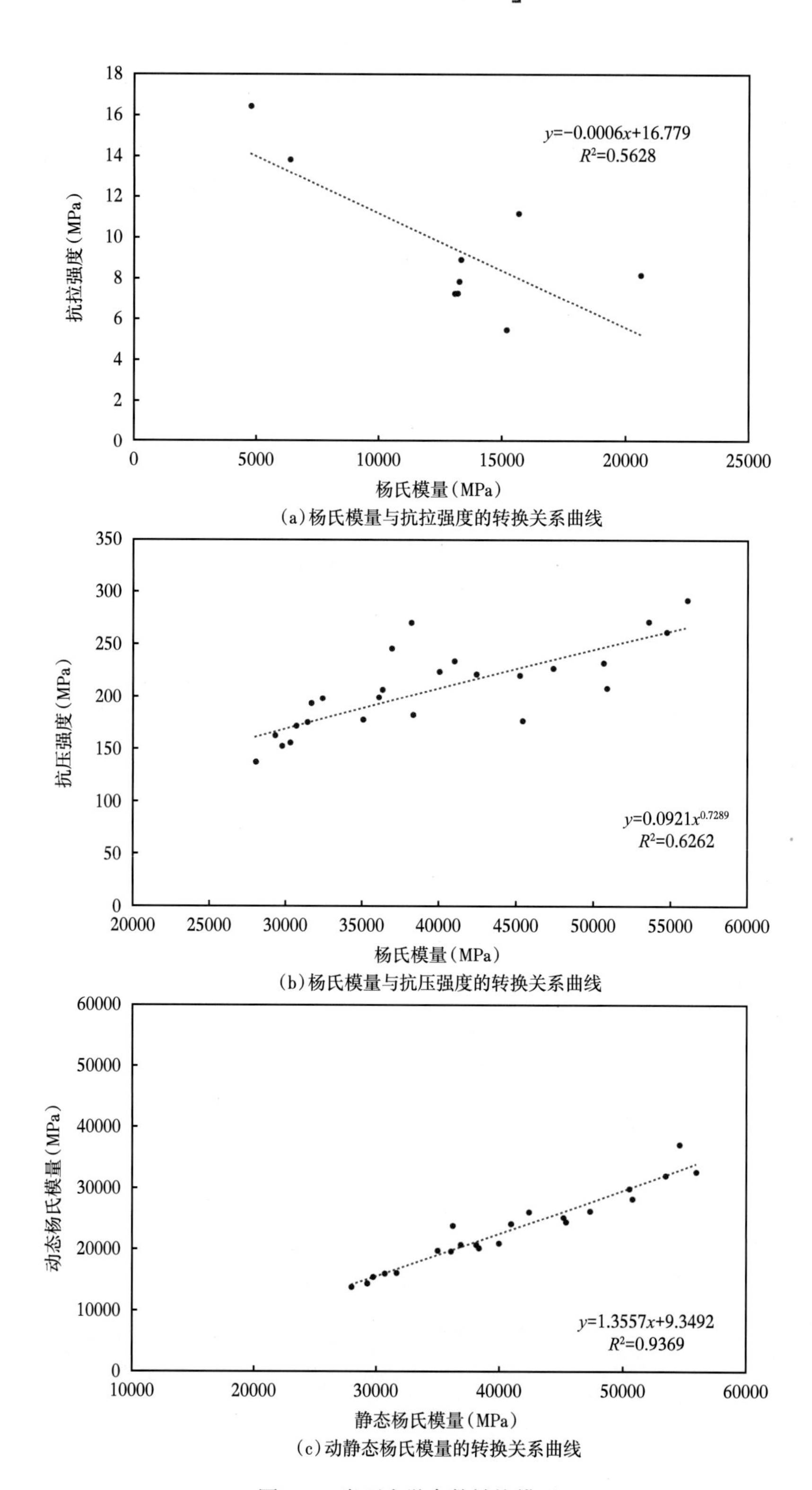

(a)杨氏模量与抗拉强度的转换关系曲线

(b)杨氏模量与抗压强度的转换关系曲线

(c)动静态杨氏模量的转换关系曲线

图 8-4　岩石力学参数转换模型

第二节 岩石力学评价

一、横波数据的拟合模型

统计关系法是将实际获得的横波时差与其对应的常规测井的纵波时差进行相关性分析，建立二者的统计关系式，并用该关系式来对无横波时差的井来进行横波时差预测。笔者在研究过程中使用该方法进行横波时差关系的拟合，以存在纵横波数据为基础，分别采用线性和对数回归方法分别得到吉木萨尔区块的纵横波回归关系公式：

$$DTS=2.3022DTC-112.5 \tag{8-6}$$

图 8-5 为回归横波时差（DTSN）和实际横波时差（DTSM）的关系对比图，以吉 34 井和吉 36 井为例。可以看出，实测横波时差与回归横波时差之间具有比较好的关系。

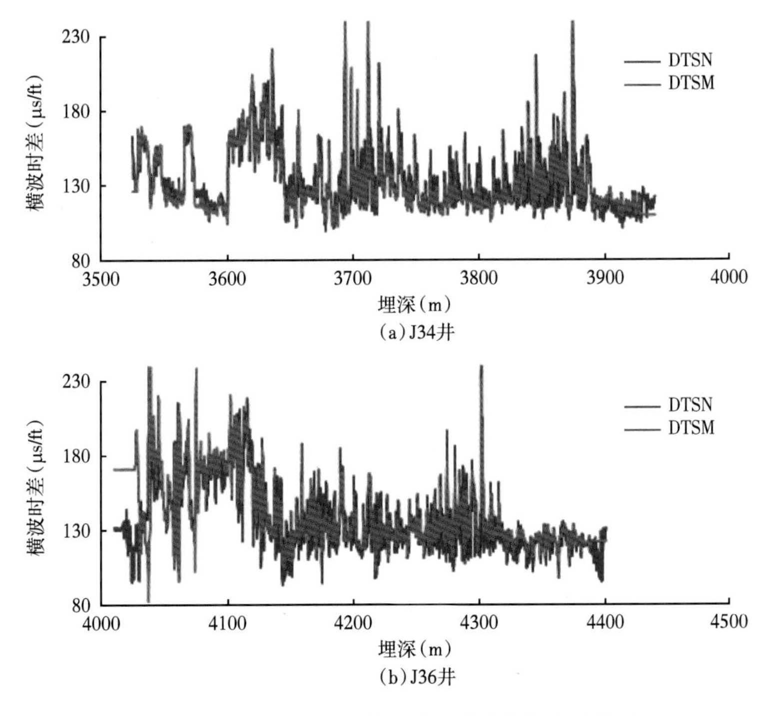

图 8-5 J34 井与 J36 井横波时差计算值与实测值对比

二、岩石弹性和强度参数测井计算原理

杨氏模量、剪切模量及泊松比等是描述岩石弹性形变的主要参数，统称为岩石的弹性参数。利用声波时差（纵波和横波）及密度测井值可以计算动态弹性参数。

利用测井数据计算杨氏模量的公式为：

$$E_{\mathrm{d}}=\frac{\rho}{\Delta t_{\mathrm{s}}^{2}}\frac{\left(3\Delta t_{\mathrm{s}}^{2}-4\Delta t_{\mathrm{p}}^{2}\right)}{\left(\Delta t_{\mathrm{s}}^{2}-\Delta t_{\mathrm{p}}^{2}\right)}\times 9.299\times 10^{7} \tag{8-7}$$

泊松比的计算公式为：

$$v_{\mathrm{d}}=\frac{\left(\Delta t_{\mathrm{s}}^{2}-2\Delta t_{\mathrm{p}}^{2}\right)}{2\left(\Delta t_{\mathrm{s}}^{2}-\Delta t_{\mathrm{p}}^{2}\right)} \tag{8-8}$$

利用泊松比和岩石模量可以得到剪切模量和体积模型等参数，剪切模量表征应力与切向应变之比，计算公式为：

$$G=\frac{4.681\times10^{7}\times\rho\times\left(3\Delta t_{\mathrm{s}}^{2}-4\Delta t_{\mathrm{p}}^{2}\right)+0.7306\times\Delta t_{\mathrm{s}}^{2}\left(\Delta t_{\mathrm{s}}^{2}-\Delta t_{\mathrm{p}}^{2}\right)}{\Delta t_{\mathrm{s}}^{2}\left[0.4648\times\left(\Delta t_{\mathrm{s}}^{2}-2\Delta t_{\mathrm{p}}^{2}\right)+2.2644\times\left(\Delta t_{\mathrm{s}}^{2}-\Delta t_{\mathrm{p}}^{2}\right)\right]} \tag{8-9}$$

体积模量指流体压力和体积应变之比，计算公式为；

$$K=\frac{4.681\times10^{7}\times\rho\times\left(3\Delta t_{\mathrm{s}}^{2}-4\Delta t_{\mathrm{p}}^{2}\right)+0.7306\times\Delta t_{\mathrm{s}}^{2}\left(\Delta t_{\mathrm{s}}^{2}-\Delta t_{\mathrm{p}}^{2}\right)}{3\times\Delta t_{\mathrm{s}}^{2}\left[0.7356\times\left(\Delta t_{\mathrm{s}}^{2}-2\Delta t_{\mathrm{p}}^{2}\right)-0.4648\times\left(\Delta t_{\mathrm{s}}^{2}-2\Delta t_{\mathrm{p}}^{2}\right)\right]} \tag{8-10}$$

Miller 和 Deere 在实验基础上建立了岩石单轴抗压强度与弹性模量、黏土含量之间的关系；R.A Farguhar、B.G.D.Sinan 和 B.R.Crawford 研究了岩石单轴抗压强度与固有抗剪强度、孔隙度之间的关系；E.C.Onyia 统计了所研究区域三轴抗压强度与测井值（声波速度、电阻率、自然伽马值）之间的关系，用于估算所研究区域的岩石强度；另外，还有一些研究者统计分析了岩石强度与测井值之间的关系。其中 Miller 和 Deere 等建立的岩石单轴抗压强度关系式应用最广泛。

单轴抗压强度是指在单向受压条件下岩体整体破坏时的应力。单轴抗压强度在一定程度上间接地反映了地层的破裂强度。

$$\sigma_{\mathrm{c}}=0.0045E_{\mathrm{d}}\left(1-V_{\mathrm{sh}}\right)+0.008E_{\mathrm{d}}V_{\mathrm{sh}} \tag{8-11}$$

抗张强度是指岩体在受拉伸达到破坏时的极限应力。可用抗张强度直接判别岩体强度大小，在疏松、裂缝发育地层，抗张强度降低明显。

$$\sigma_{\mathrm{t}}=0.000375E_{\mathrm{s}}\left(1-0.78V_{\mathrm{sh}}\right) \tag{8-12}$$

岩石断裂韧性反映的是裂缝形成之后维持向前延伸的能力，其值越小，裂缝越容易延伸。线弹性力学根据断裂发生时位移形态把裂缝分为张开型（Ⅰ型）、错开型（Ⅱ型）和撕开型（Ⅲ型）三种基本形态。应力强度因子（K_{I}）是一个与岩石本身性质、裂缝尺寸及应力状态有关的量，反映了裂缝尖端应力奇异性的强度。断裂韧性与拉伸强度之间有一定的关系，不同学者得到两者之间的关系式均为线性（Ⅰ型断裂韧性）：

$$K_{\mathrm{IC}}=0.354\sigma_{\mathrm{t}} \tag{8-13}$$

三、芦草沟组测井岩石力学参数计算结果

利用上述原理，根据常规测井数据进行岩石力学基本参数的解释。图 8-6 展示了四口井的解释结果，能清楚揭示杨氏模量（calE，MPa）、泊松比（calV）和脆性指数（calBI）等力学参数在纵向上的变化特征。

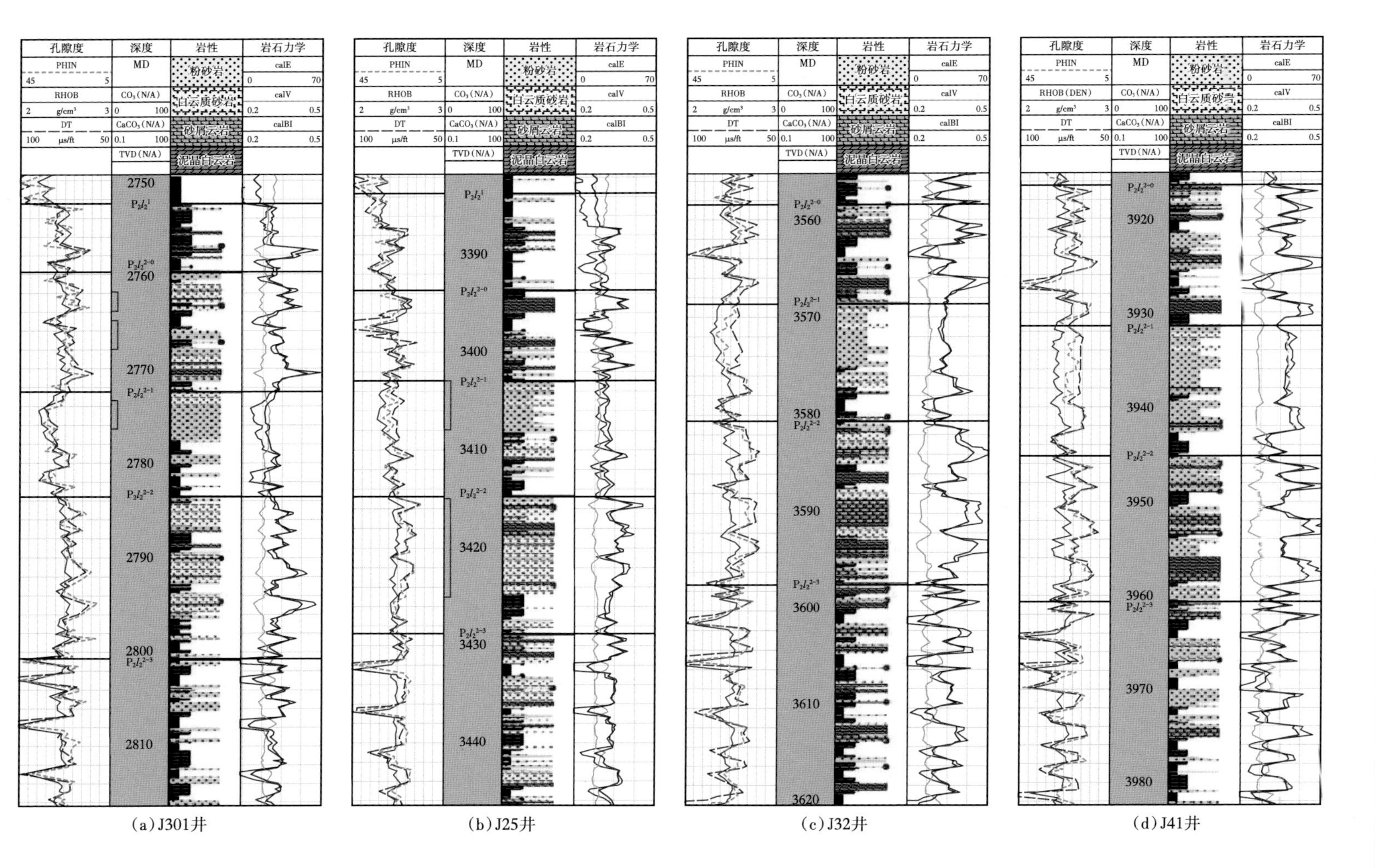

图 8-6 吉木萨尔芦草沟组岩石力学参数解释成果图

注：calE—杨氏模量，MPa；calV—泊松比；calBI—脆性指数，MPa；DT—声波时差曲线，μs/ft；RHOB—密度曲线，g/cm³；PHIN—中子曲线

第三节 岩石力学参数及可压性参数建模

一、地应力评价模型

油藏地应力对油气资源的形成、运移及储集等有直接控制作用，这种作用主要表现为：一方面，地应力的时空变化控制着含油气盆地的类型及演化过程，而且构造动力又为有机质的热演化和转化过程提供能量，从而促进有机质向烃类转化，如地质构造的形成与演化是构造应力作用及变化的结果；油田地应力场状态决定着断层的形态和分布等；另一方面，油藏地应力也是油气运移、储集的驱动力，现今地应力直接影响着油气田的开发，如储层中油气运移和聚集与地应力密切相关；在钻井过程中井壁的稳定性与地层岩石的力学性质、地层剖面的地应力状态有密切关系；在“甜点”改造中地应力场状态、地层岩石的力学性质决定着水力压裂的裂缝形态、方位和延伸方向，影响着压裂的增产效果；注水开发中井网的布置和调整直接依赖于对地应力场的研究程度。因此，在油气勘探开发中进行地应力场的研究已经引起国内外石油界的普遍重视。

地应力主要来源于上覆岩层重力、地层压力、构造活动力，是地壳中的岩体在某一瞬时、一定范围内所处的应力状态。

1. 垂向地应力模型

上覆岩层压力是进行孔隙压力分析、破裂压力计算的必要参数，上覆岩层压力通常要通过对上覆地层密度的积分获得，设地层高度为 H_1，储层某一深度为 H_2，上覆岩层压力可以通过下式计算：

$$\sigma_{\mathrm{v}}=\int_{H_1}^{H_2}\rho g\mathrm{d}h \tag{8-14}$$

式中 ρ——岩石密度，g/cm^3；

g——重力加速度；

h——深度。

对于有密度测井数据的井，只需按照式（8-14）对密度进行积分就可以获得上覆岩层压力。对于有密度测井数据的井，只需按照式（8-14）对密度进行积分就可以获得上覆岩层压力。为了评估上覆岩层压力，国内外学者提出了各种方法，总的来说可以将这些方法分为两类，即密度补足法和上覆岩层压力直接评估法。本研究对这些方法进行了系统的总结与分析。

密度补足法中，Garder 方法通过密度—声波相关性确定上部地层密度，其他方法通过下部地密度测井数据的拟合来确定上部地层密度。通过下部密度测井数据拟合确定上部地层的密度，基本上是建立在连续沉积压实假设的基础上的，类似的方法还有孔隙度法。孔隙度法通常通过建立孔隙度随井深变化曲线获得。假设岩石的体积密度由两部分组成，一部分是岩石骨架密度，另外一部分是孔隙流体密度，即：

$$\rho_{\mathrm{r}}=(1-\phi)\rho_{\mathrm{matrix}}+\phi\rho_{\mathrm{fluid}} \tag{8-15}$$

式中 ϕ——地层孔隙度；

ρ_{matrix}——岩石骨架密度；

ρ_{fluid}——孔隙流体密度。

在式（8-15）中，由于地层骨架密度和孔隙流体密度基本为常数，岩石的体积密度的变化主要是由于孔隙度变化引起的。由于孔隙度通常随井深的增加按照指数的形式降低，在深度—孔隙度对数［H–ln（ϕ）］坐标系中，孔隙度具有直线趋势线，这样：

$$\phi = \phi_0 \mathrm{e}^{-kH} \tag{8-16}$$

确定深水浅层地层密度的另外一种方法就是声波—密度相关关系法，这种方法实质是对于有测井数据的井段，通过回归建立声波时差测井数据和密度测井数据之间的相关关系，然后通过浅层地震层速度数据或 VSP 测井数据对浅层密度进行评估。

上覆岩层压力的直接评估方法有以下几种方法。

Amoco Method 法：

$$\mathrm{OBG} = \frac{\left[8.55 \cdot \mathrm{WD} + \rho_{\mathrm{avg}}\left(Z - \mathrm{WD} - \mathrm{AD}\right)\right]}{Z} \tag{8-17}$$

式中 OBG——上覆岩层密度；

ρ_{avg}——地层平均密度；

Z——测井垂深；

WD——地面海拔高度；

AD——转盘面与海平面之间的间隙高度。

2. 水平地应力模型

计算水平应力的方法较多，常用的有多孔弹性水平应变模型法、双轴应变模型法、莫尔库仑应力模型法、黄氏模型法等方法。一般认为最大、最小水平地应力分量 σ_{H} 和 σ_{h} 是由上覆岩层压力的泊松效应引起的，或是由构造运动所产生的构造应力引起的。传统水平地应力本构模型主要还包括基于广义胡可定律的 Matthews 和 Kelly 模型、Anderson 模型、Terzaghi 模型等。

Terzaghi 模型的计算公式为：

$$\sigma_{\mathrm{h}} = \frac{v}{1-v}\left(\sigma_{\mathrm{v}} - p_{\mathrm{p}}\right) + p_{\mathrm{p}} \tag{8-18}$$

考虑到垂向应力随深度变化而变化，将骨架应力系数转换为岩石力学参数中的泊松比；但是将地层假设为各向同性的线弹性孔隙介质，且无水平方向应变。

Anderson 模型：

$$\sigma_{\mathrm{h}} = \frac{v}{1-v}\left(\sigma_{\mathrm{v}} - \alpha p_{\mathrm{p}}\right) + \alpha p_{\mathrm{p}} \tag{8-19}$$

地应力的各向异性模型则以黄氏模型和组合弹簧模型为主。黄氏模型认为地下岩层的地应力主要由上覆岩层压力和水平方向构造应力构成，且水平方向上的构造应力与上覆岩层的有效应力成正比。

$$\sigma_{\mathrm{H}}=\left(\frac{v}{1-v}+w_1\right)\left(\sigma_{\mathrm{v}}-\alpha p_{\mathrm{p}}\right)+\alpha p_{\mathrm{p}}$$
$$\sigma_{\mathrm{h}}=\left(\frac{v}{1-v}+w_2\right)\left(\sigma_{\mathrm{v}}-\alpha p_{\mathrm{p}}\right)+\alpha p_{\mathrm{p}} \tag{8-20}$$

组合弹簧模型中认为地应力是由上覆岩层重力、构造应力和孔隙压力三部分组成，同时地层还被假设为均质、各向同性体。其计算公式为：

$$\sigma_{\mathrm{H}}=\frac{v}{1-v}\left(\sigma_{\mathrm{v}}-\alpha p_{\mathrm{p}}\right)+\frac{v}{1-v^2}\varepsilon_{\mathrm{H}}+\frac{v}{1-v^2}\varepsilon_{\mathrm{h}}+\alpha p_{\mathrm{p}}$$
$$\sigma_{\mathrm{h}}=\frac{v}{1-v}\left(\sigma_{\mathrm{v}}-\alpha p_{\mathrm{p}}\right)+\frac{v}{1-v^2}\varepsilon_{\mathrm{h}}+\frac{v}{1-v^2}\varepsilon_{\mathrm{H}}+\alpha p_{\mathrm{p}} \tag{8-21}$$

式中 σ_{H}——最大水平主应力；

σ_{h}——最小水平主应力；

ε_{H}——最大水平主应力方向的应变；

ε_{h}——最小水平主应力方向的应变。

二、地应力现场约束方法

地应力现场评价方法主要是对现今地应力的计算，可以通过直接测量法和间接测试法进行获取。直接测试法主要通过小型压裂或者地漏实验数据对最小水平主应力进行计算，这是目前工业界普遍接受且最为准确、可靠的现场地应力直接确定方法，但是在工程实际中，很多情况下并没有完整的两个或多个周期的地漏试验曲线，所以一般仅能获得破裂压力和闭合应力（最小水平主应力）大小。同时，虽然结合破裂压力值和抗拉强度可以反演获取最大水平主应力，但是对于深井而言，最大水平主应力求取精度被证实十分有限。这主要是因为 Kirsch 方程不能很好地描述套管下方的裸眼段，裸眼段由于受到钻井液的冲蚀，会出现不规则性；且裂缝重张压力值无法直接获取。间接测试法主要是依赖于钻井过程中的破裂和坍塌压力数据，同时结合成像测井和井径数据对求取的地应力值进行约束，属于确定地应力大小的间接方法，由于在实际工程中，破裂和坍塌压力值受多种因素共同影响，所以有时需要进行数据剔除并进行统计学分析，难度由最大水平主应力大小的确定。同时，在利用钻井资料进行地应力计算时，需要先用成像资料判断是否发生崩落、诱导压裂缝主要发生在那些井段，因此成像测井质量和解释结果对应用该方法将十分关键。

1. 水力压裂或者地漏地应力直接测试方法

Hubbert 和 Willis（1957）研究了水力压裂产生的张破裂与周围现场应力的关系理论。Scheidegger（1962）、Fairhust（1964）、Kehle（1964）完善其理论，井壁压裂过程中，考虑围岩孔隙压力的效应，应力计算时要注意压裂液渗入围岩的影响。Gretener（1965）认为难以精确估计压裂液渗入围岩时对地层破裂压力的影响。Haimson（1968）分析了压裂液渗入的影响，认为压裂液渗入地层，会降低地层的破裂压力。Haimson 等为了验证理论假说，进行大量室内试验，结果表明所有破裂的产生均是张性破裂，与理论推测相符。

水力压裂法在现场测量地应力，并记录压裂过程中压力随时间的变化，利用岩石力学参数以及压裂理论等．在某一初始破裂压力 p_f 作用下，钻孔周围岩石即可受张力而产生破裂，随即停止加压，使水压回路保持密闭，孔内水压降低，直到平衡。平衡时的压力值可称为瞬时封井压力，即相当于最小水平主应力 σ_h，也称为地层闭合压力。

$$\sigma_h = p_c \tag{8-22}$$

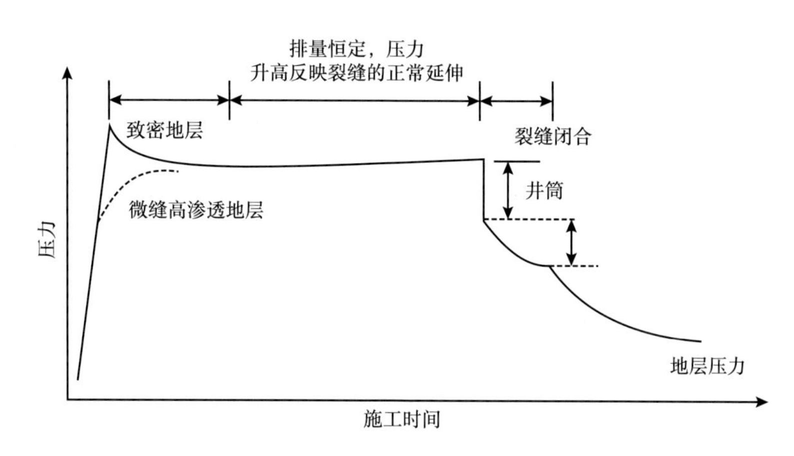

图 8-7 地层破裂试验曲线

（1）破裂压力 p_f，压力最大点，反映了液压克服地层的抗拉强度使其破裂，形成井漏，造成压力突然下降。

（2）延伸压力 p_{pro}，压力趋于平缓的点，为裂隙不断向远处扩展所需的压力。

（3）瞬时停泵压力 p_s，当裂缝延伸到离开井壁应力集中区，进行瞬时停泵，记录下的停泵时的压力。由于此时裂缝仍处于开启，p_s 应与最小水平主应力 σ_h 相等，即 $p_s=\sigma_h$。

（4）裂缝重张压力 p_r，瞬时停泵后重新开泵向井内加压，使闭合的裂缝重新张开。由于张开闭合裂缝不需要再次克服岩石的抗拉强度，因此可以认为破裂层的拉伸强度等于破裂压力和重张压力的差值，即 $\sigma_t=p_f-p_r$。

最大水平主应力可以用下列公式进行计算：

$$\sigma_H = 3\sigma_h - p_f - p_p + S_t \tag{8-23}$$

式中 S_t——岩石抗张强度，可取岩心在实验室测定获得，一般也可用初始破裂压力与重张压力之差值来计算（在观测曲线上可读出）；

p_p——流体孔隙压力，一般可用测点的静水压力来代表。

该方法可以在无需岩石力学参数的情况下直接对最大水平主应力和最小水平主应力值进行计算。然而该方程主要适用于浅层，而在应用于深层最大水平主应力时则有可能存在一定误差。

图 8-8 为收集到的压裂施工曲线（吉 40 井），从水平井的 4 个压裂段的施工曲线可以看出，瞬时停泵压力约为 64MPa，由此可以反算得到最小水平主应力方向的构造应力系数。

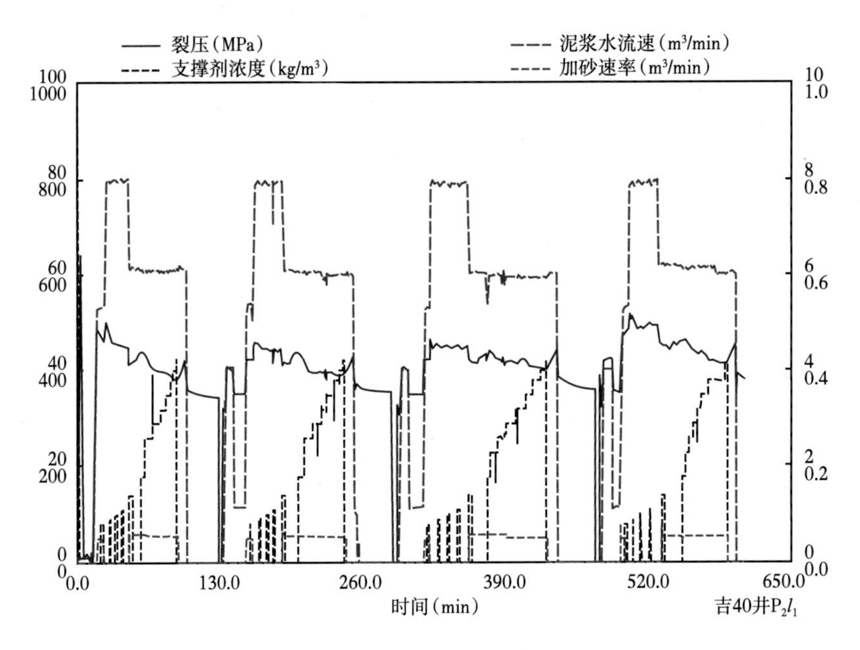

图 8-8　典型井水力压裂施工曲线（吉 40 井）

2. 成像测井和钻井工程信息结合的地应力间接测试方法

钻井过程中形成的各种诱导裂缝及井壁崩落主要受控于现今构造应力场，因此可以用其来分析现今主应力的方位。诱导裂缝主要有以下几种：Ⅰ型钻井诱导缝：由于钻井过程中钻具的机械振动而形成；Ⅱ型压裂缝：由钻井液与地应力的不平衡造成；Ⅲ型应力释放缝：钻头钻穿较致密地层时，保存在地层中的地应力释放所产生的微细裂缝。其中，钻井诱导缝与压裂缝的走向与现今最大水平主应力方向一致，而应力释放缝的走向同现今最小水平主应力方向一致。但是，需要注意的是，由于钻井过程中，钻井液密度大于孔隙压力也会形成诱导拉伸裂缝。所以为了消除钻井活动方面带来的影响，如下钻、洗井和扩眼作业，以及岩层过度破坏塞住井底钻具组合附近的环空造成的堵塞现象。"井壁崩落"是指在钻井过程中，由于带方向性的地应力使井壁的应力增大，产生强剪切力，导致井壁按一定方向发生岩石崩落而产生扩径的现象。井壁崩落椭圆的长轴方向指示了现今最小水平主应力方向。上述诱导裂缝与椭圆井眼的方位，目前均可以通过成像测井得以很好的确定。

由于井壁围岩应力集中超过岩石强度时会导致井壁发生破坏，表现为井壁的崩落和拉伸裂缝，因此通过井壁围岩破坏规律可以对最大水平主应力进行约束。诱导缝一般平行于井轴纵向延伸，成对出现，且成 180° 对称分布，在成像图上对称分布的两条黑色的条带，它们平行于井轴，延伸较长，方位基本稳定，宽窄有较小的变化，但无天然裂缝的那种溶蚀扩大现象，其走向即为现今最大水平主应力的方向。井眼崩落在成像图上表现为沿井轴方向"双轨"痕迹（黑色），其方向与现今最小水平主应力方向一致。应力释放裂缝与诱导压裂缝都属于诱导裂缝，有时两者不好鉴别，因它们基本都是高角度裂缝，且走向与最大水平主应力方向一致，唯一的差别是应力释放裂缝只有一组，而压裂缝则有三组（一组张性缝，两组共轭剪切缝）。图 8-9、图 8-10 为收集到的典型成像测井井壁崩落数据（J174 井）。

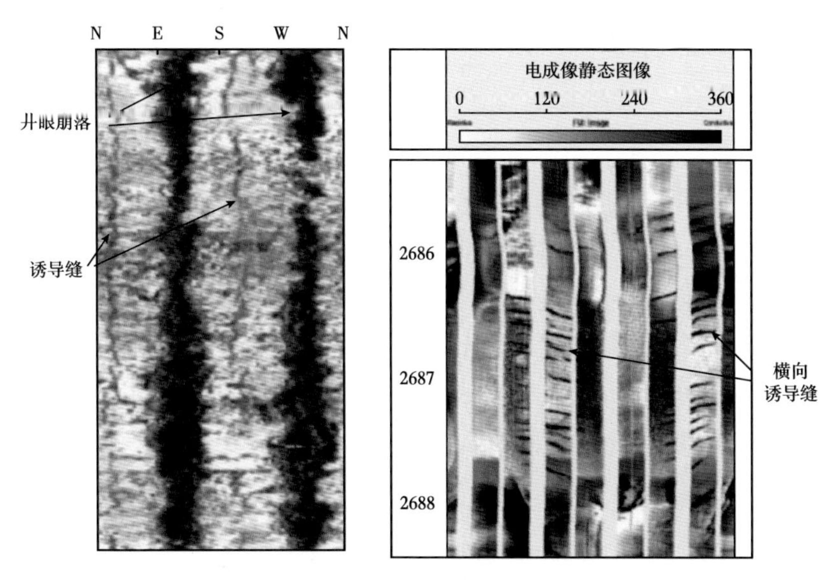

图 8-9 成像测井解释“钻井诱导缝”和“井壁崩落”示意图

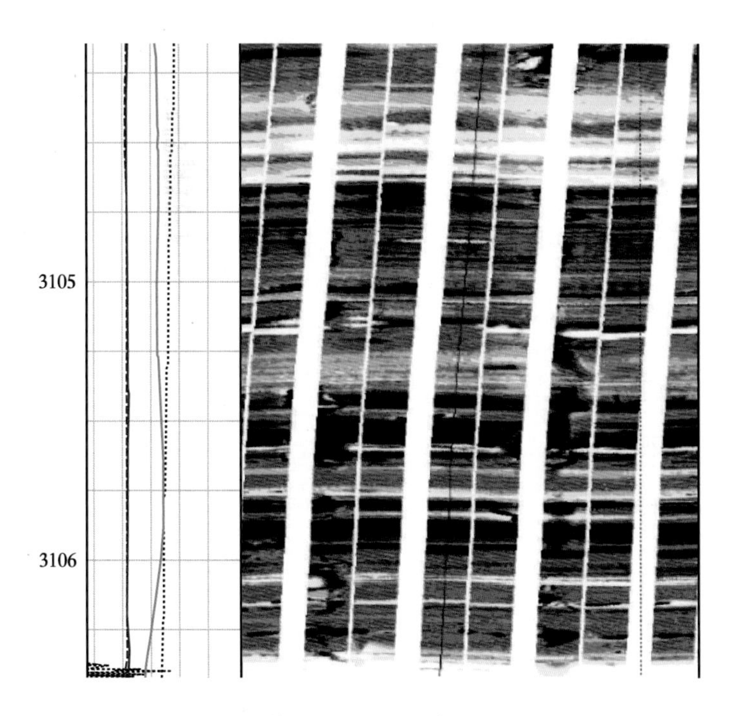

图 8-10 成像测井解释井壁崩落缝（J174 井）

第四节 研究实例分析

为建立地应力有效模型，首先需要选择适合的估算地应力的模式，然后要确定模型中的各参数。利用现场收集的小型压裂数据，可以通过闭合应力直接得到测点的最小水平主应力，结合破裂压力，成像测井等相关数据得到最大水平主应力。利用获取的最大水平主应力、最小水平主应力计算结果可以对地应力模型中的相关系数进行反求。其中，地应力计算需要地层孔隙压力，一般可通过现场实测资料得到（如 DST 或 MDT 测试资料）。如果实测资料，可根据邻井的压力系数来求取，或利用等效深度法的地层压力值来计算。吉木萨尔芦草沟组构造应力系数见表 8-3。采用表中构造应力系数展开地应力评价。

表 8-3　吉木萨尔芦草沟组现场收集闭合应力数据

构造应力系数	α	ε_H	ε_h
平均	0.60	0.000977	0.000558

吉木萨尔芦草沟组典型井的三向应力计算结果如图 8-11 所示，从地应力评价结果来看最大（calSH，单位 MPa）、最小水平主应力（calShh，单位 MPa）以及两向应力差随深度增加逐渐增大，最大水平主应力和最小水平主应力波动主要是受岩性控制。

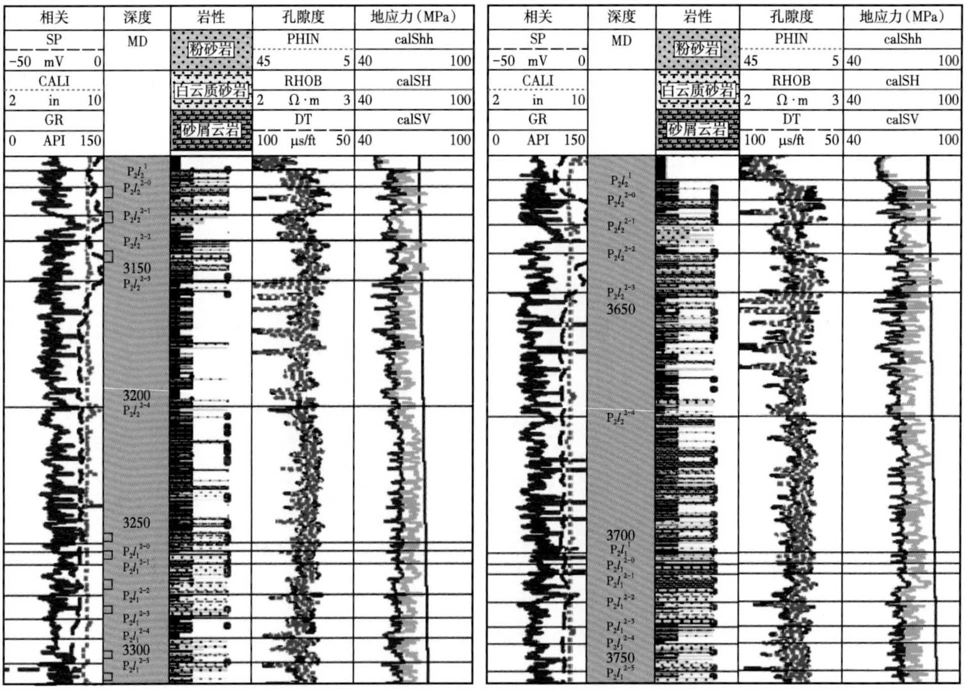

（a）J174井　　（b）J32井

图 8-11　三向应力解释单井成果图

注：calSH—最大水平主应力，MPa；calShh—最小水平主应力，MPa；calSV—两向应力差，MPa；DT—声波时差曲线；RHOB—密度曲线，g/cm³；PHIN—中子曲线，μs/ft

计算 60 余口井的水平最大和水平最小两向主应力差，发现芦草沟组两向水平应力差较低（3.5~10.0MPa 之间），其中多数井两向水平应力差都在 5MPa 左右。

统计单井芦草沟组的地应力，分 6 个小层分别绘制了最大水平主应力、最小水平主应力和两向应力差平面分布图。以上“甜点” $P_2l_2^{2-2}$ 层和下“甜点” $P_2l_1^{2-2}$ 层说明地应力变化特征（图 8-12、图 8-13）。

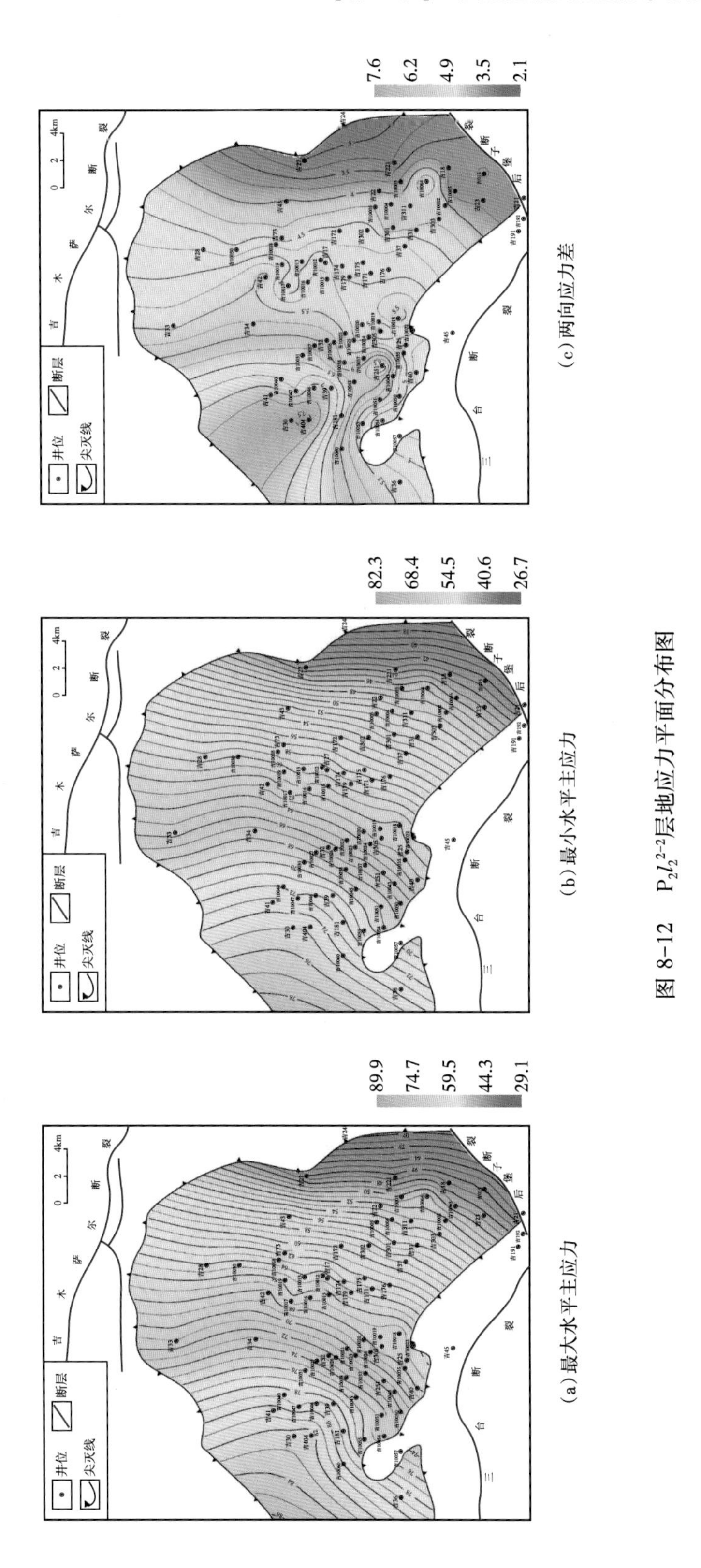

(a)最大水平主应力

(b)最小水平主应力

(c)两向应力差

图 8-12 $P_2l_2^{2-2}$层地应力平面分布图

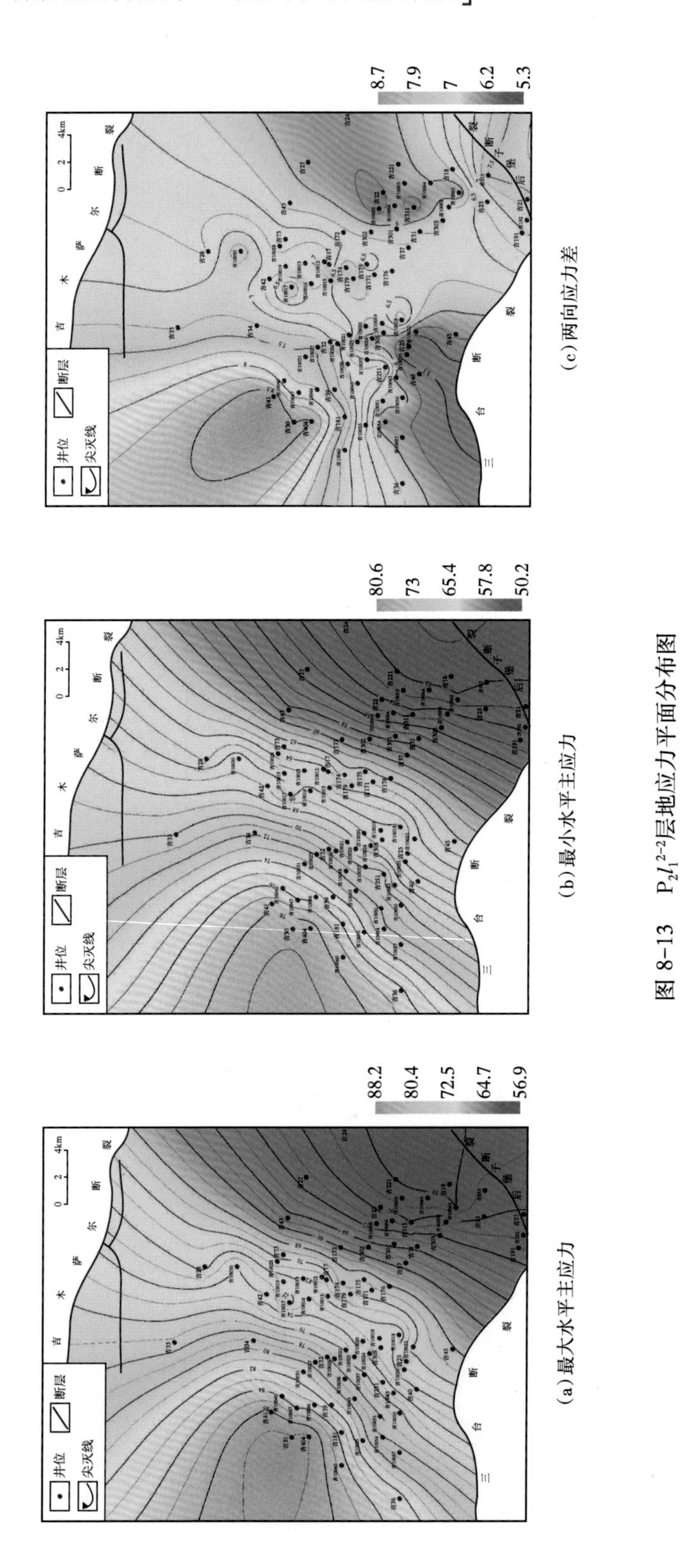

(a)最大水平主应力

(b)最小水平主应力

(c)两向应力差

图 8-13 $P_2l_1^{2-2}$层地应力平面分布图

通过结果发现：吉木萨尔芦草沟地区整体为正断层控制，整体上最大水平主应力和最小水平主应力自西向东呈现逐渐下降的趋势，其中东部最小水平地应力最低，破裂压力较小，压裂难度较低。两向水平应力差也自西向东呈现逐渐下降的趋势，两向应力差高值区位于研究区中部和西部，较高的地应力差意味在压裂过程中较不易形成复杂形态的裂缝。相比于上“甜点” $P_2l_2^{2-2}$ 层，下“甜点”的水平地应力均偏大，下“甜点”的应力差分布在6.0~9.0MPa之间，明显高于上“甜点” $P_2l_2^{2-2}$ 层（3.5~7.5MPa）。

第九章　页岩油“甜点”综合分类及评价

第一节　页岩油试油产能影响因素分析

页岩油产能受多种因素的共同控制，储层物性及含油性决定了地下页岩油的丰度，赋存状态及可动性决定着有多少油可以流动，而工程因素决定着页岩油储层的可改造程度，能极大地提高页岩储层的渗流能力，同时原油性质也影响页岩油流动的难易程度。这些因素共同影响着页岩油的开发，决定着页岩油产能及生产动态。因此，需要研究这些因素对页岩油产能的控制，优选出对产能控制最明显的参数，指导页岩油“甜点”分级评价。通过分析可压裂系数、脆性指数、有效孔隙度、渗透率、可动油孔隙度、含油饱和度、原油黏度、原油密度等对产能的影响，认为页岩油产能主要受工程因素和地质因素和流体性质三方面的影响。

一、工程因素单因素分析

页岩油储层属于低孔隙度、特低渗透率储层，在自然条件下难以流动，不具有商业开采价值，需要借助于大型压裂及水平井钻探技术，才能实现经济有效开发。通过压裂在页岩地层中产生大量微裂缝，可有效提高地层的渗流能力，基质中流体通过微裂缝可流动到井眼中，进而实现有效开发。通常情况下，地层脆性高、可压性越好，压裂后形成微裂缝效果越好，试油产能越高。如图 9-1 所示，脆性指数与单位厚度日产量成一定的负相关关系（不符合地质规律），而可压指数与单位厚度日产量之间呈正相关的趋势。

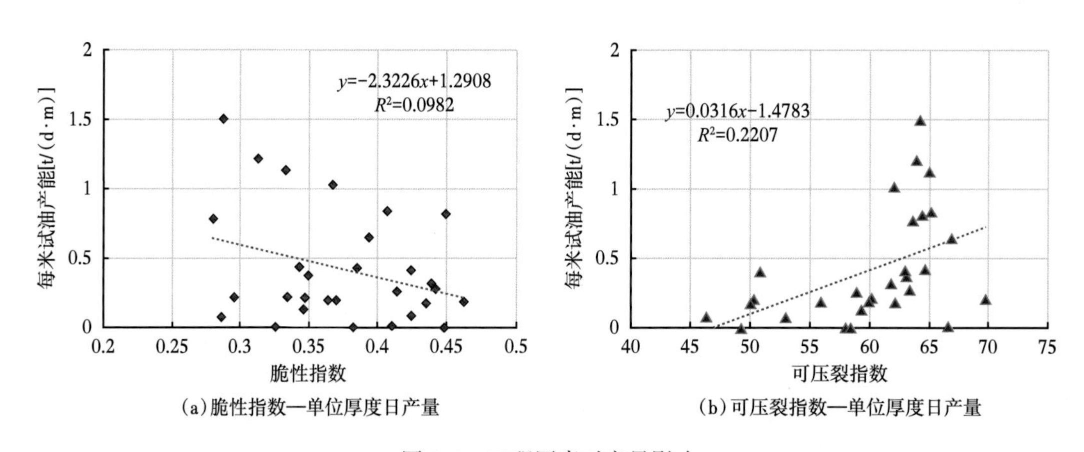

图 9-1　工程因素对产量影响

二、地质因素单因素分析

地质因素包括有效孔隙度、渗透率、含油饱和度、可动油孔隙度等。统计试“甜点”

段内相关参数的平均值，与单位试油产能分析进行对比，发现地质因素均与试油产能呈明显相关性（图 9-2），相关性均明显高于工程因素的影响，说明对于吉木萨尔凹陷芦草沟组页岩油而言，地质因素对产能的影响更大，这也与该区可压性整体较高有关。在地质因素中，可动油孔隙度与试油产能的相关性最高，其次为渗透率和含油饱和度，有效孔隙度的相关性最低，说明页岩油可动性对产能贡献最大，含油丰度的影响也大于孔隙度的影响。

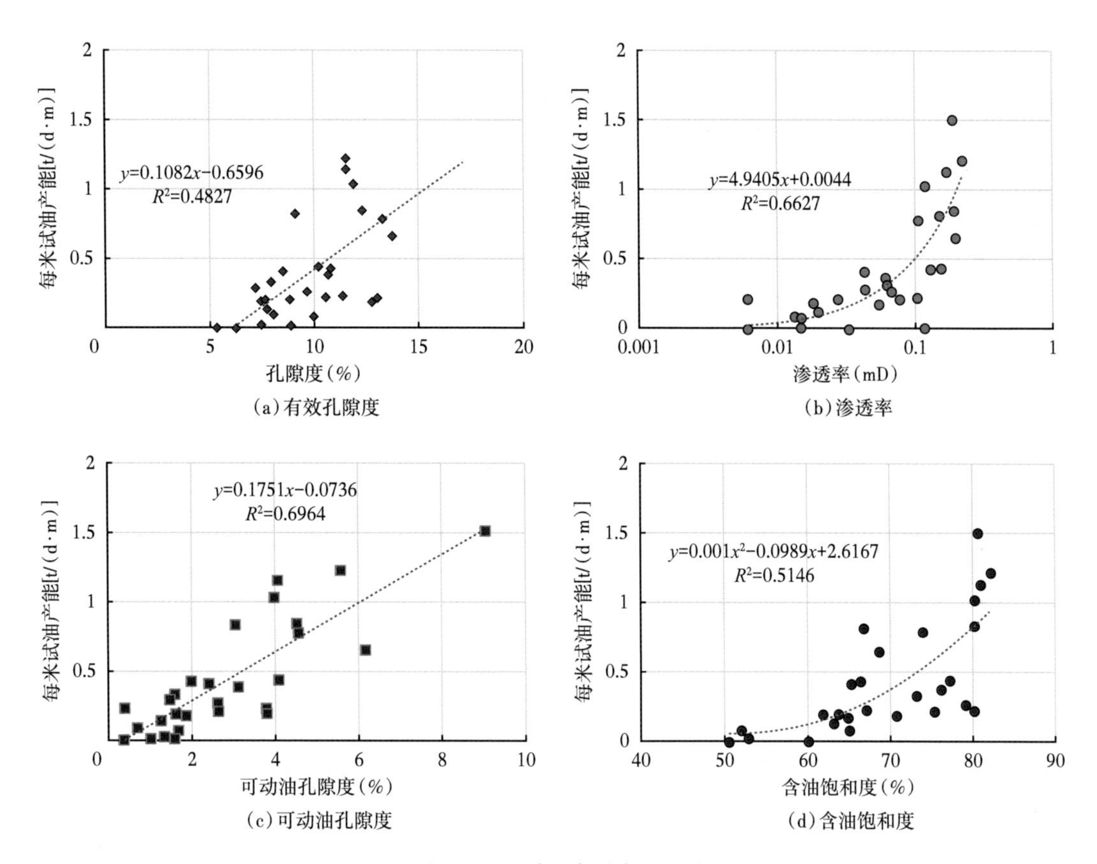

图 9-2 地质因素对产量影响

三、流体性质单因素分析

吉木萨尔凹陷芦草沟组页岩油具有原油密度、黏度、凝固点“三高”的特点。根据50℃原油黏度、原油密度、原油凝固点与试油日产油量相关分析，单位厚度日产量与原油密度和50℃黏度具有一定的负相关关系；凝固点与单位厚度日产量呈一定的正相关关系（图 9-3）。原油密度越大、黏度越高，地层条件下页岩油的可流动性变弱，不利于页岩油的开发。

综上所述，吉木萨尔凹陷芦草沟组页岩油试油产量主要受地质因素的控制，其次为工程因素和流体性质。在地质因素中，与可动性指标关系最好，其次为含油丰度，有效孔隙度最差。

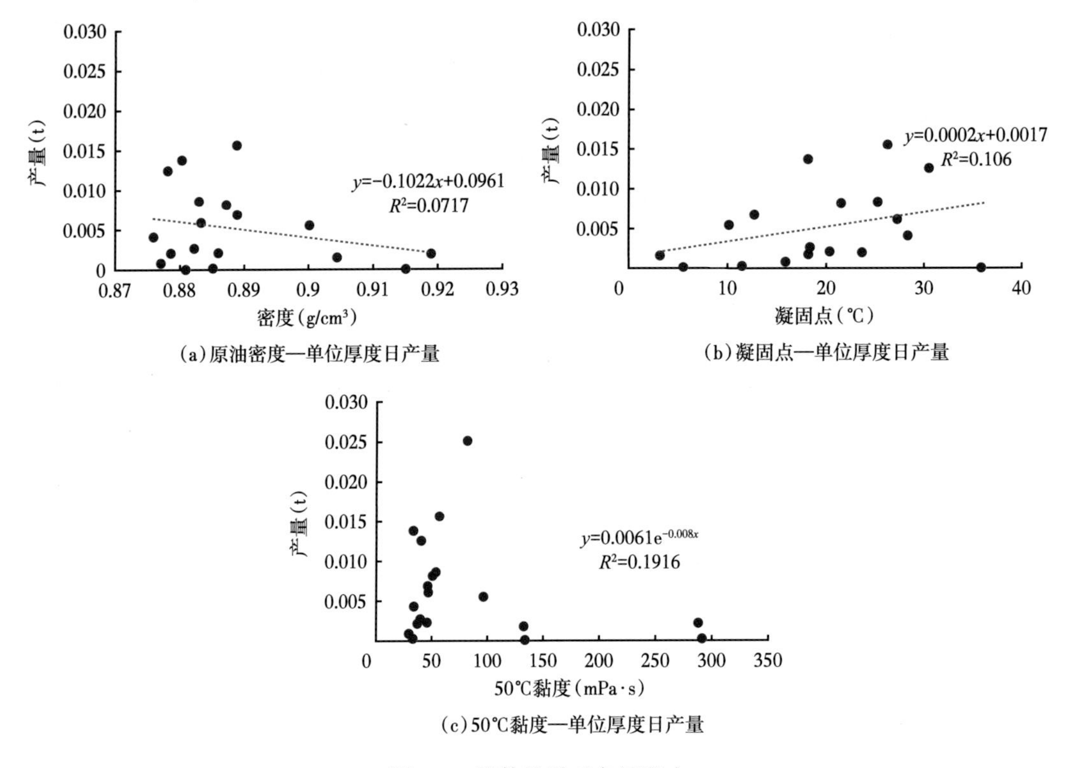

(a)原油密度—单位厚度日产量

(b)凝固点—单位厚度日产量

(c)50℃黏度—单位厚度日产量

图 9-3　流体性质对产量影响

第二节　页岩油“甜点”综合评价

一、评价指标的优选

在全面分析影响被评价事物特性因素的基础上，结合理论分析与专家经验形成因素集，进而建立评价指标。油气储层的生产能力是各种因素综合作用的反映，影响产能的因素主要有两大类：一类是储层自身条件，主要包括储层的厚度、岩性、物性、含油性及流体性质；另一类是外部环境条件，主要包括生产方式及酸化、压裂等改造措施。

表 9-1、表 9-2 列出了各因素与试油产能间相关系数及分析，吉木萨尔凹陷芦草沟组页岩油单位厚度试油产量与可压裂指数、有效孔隙度、渗透率、可动油孔隙度、含油饱和度、单位厚度Ⅰ类、Ⅱ类“甜点”比例均成正相关关系，与脆性指数、原油密度和 50℃ 黏度成负相关关系。

表 9-1　吉木萨尔凹陷页岩油关键井产能影响因素相关关系分析表

子因素		函数关系	相关系数
地质参数	孔隙度	y=0.1082x−0.6596	0.4827
	渗透率	y=4.9405x+0.0044	0.6627
	可动油孔隙度	y=0.1751x−0.0736	0.6964
	含油饱和度	y=0.001x^2−0.0989x+2.6167	0.5146
	单位厚度Ⅰ类、Ⅱ类“甜点”厚度	y=1.4592x^2−0.1655x+0.1454	0.6018

续表

子因素		函数关系	相关系数
工程因素	可压裂指数	y=0.0316x-1.4783	0.2207
	脆性指数	y=-2.3226x+1.2908	0.0982
流体性质	原油密度	y=-0.1022x+0.0961	0.0717
	50℃原油黏度	$y=0.0061e^{-0.008x}$	0.1916

表 9-2 吉木萨尔凹陷页岩油产能评价参数数据

井号	试“甜点”段(m)	单位厚度日产量[t/(d·m)]	含油饱和度(%)	可动油孔隙度(%)	可压裂指数
J10035	3451.0~3446.5	1.027	80.2	39.86	62.149
J10035	3465.5~3458.0	0.843	80	45.18	65.246
J301	2773.5~2776.5	1.507	80.6	90.78	64.271
J305	3411.5~3444.0	1.137	80.9	40.69	65.049
J25	3403.0~3425.0	1.217	82	55.98	64.032
J303	2598.0~2604.0	0.782	73.9	45.37	63.667
J303	2580.0~2595.0	0.373	76.1	30.96	63.174
J39	3855.0~3828.0	0.261	79	26.56	58.912
J305	3565.0~3588.0	0.427	66.3	19.78	63.046
J302	2840.0~2845.0	0.65	68.5	61.42	66.991
J173	3088.0~3109.0	0.437	76.9	40.48	64.733
J174	3255.0~3314.0	0.408	65.2	24.17	50.910
J10017	3352.5~3343.0	0.215	75.2	4.12	50.408
J33	3664.0~3717.0	0.324	73	16.02	61.906
J10037	3603.0~3590.0	0.223	67	38.01	60.289
J36	4209.0~4255.0	0.816	66.8	30.28	64.478
J176	3028.0~3063.0	0.195	61.8	15.95	56.103
J174	3116.0~3146.0	0.179	64.7	38.09	50.085
J10065	2446.5~2398.0	0.135	63	12.72	59.344
J181	3961.0~3955.0	0.188	70.8	18.61	62.249
J10060	4119.0~4114.5	0.196	63.6	26.16	60.012
J172	2920.0~2970.0	0.088	52	7.17	46.472
J23	2309.0~2385.0	0.006	53	10.34	58.022
J10055	3934.5~3927.0	0	59.9	3.68	49.345
J10050	3707.0~3702.0	0	50.6	15.86	58.539
J171	3074.0~3102.5	0.076	65	1.692	53.098

选取已获取工业油流、分析测试资料齐全的吉 37 井、吉 174 井等 15 口关键井进行分析，初步选定产能参数（单位厚度试油日产油量）、地质参数（可动油孔隙度、含油饱和度）、工程因素（可压裂指数）作为综合评价指标，以单位厚度试油日产油量为母因素、其他参数为子因素进行相关分析。

为了能分析被评判事物与其影响因素之间的关系，需要用某个能够定量地反映被评判事物性质的数量指标，这种按照一定的顺序排列的数量指标称作关联分析的母序列。则有母序列：

$$\left\{X_t^{(0)}(0)\right\},\ t=1,2,\cdots,n \tag{9-1}$$

子序列是从一定程度上影响或决定被评判事物性质的各子因素数据的有序排列。则有子序列：

$$\left\{X_t^{(0)}(i)\right\},\ i=1,2,\cdots,\ m;\ t=1,2,\cdots,\ n \tag{9-2}$$

根据母序列、子序列，可以构成如下的原始数据矩阵：

$$X^{(0)}=\begin{bmatrix} X_1^{(0)}(0) & X_1^{(0)}(1) & \cdots & X_1^{(0)}(m) \\ X_2^{(0)}(0) & X_2^{(0)}(1) & \cdots & X_2^{(0)}(m) \\ \vdots & \vdots & \cdots & \vdots \\ X_n^{(0)}(0) & X_n^{(0)}(1) & \cdots & X_n^{(0)}(m) \end{bmatrix} \tag{9-3}$$

单位厚度日产油量无疑是表征油气井生产能力的最佳参数，因此将单位厚度日产量看作母因素，将可动油孔隙度、含油饱和度、可压裂指数看作是子因素（表 9-2）。

二、评价指标标准化

为了消除各参数的物理意义以及参数量纲间的差异，首先要对原始数据进行标准化处理。数据变化处理的方法有初值化处理、归一化处理、均值化处理、极大值标准化等处理方法。本次分析采用极大值标准化的数据处理方法，使得每项评价指标成为无量纲、标准化的数据。根据各参数意义的不同，极大值标准化数据处理方法主要分为两种情况：（1）评价指标与母因素成正相关关系，即评价指标数据值越大，反映储层产能越高的指标，如有效厚度、有效孔隙度、渗透率、可压裂指数，用单个参数数据除以本评价指标的最大值；（2）评价指标与母因素成负相关关系，即评价指标数据值越大，反映储层产能越低的指标。通过统计吉木萨尔凹陷页岩油关键井各项评价指标数据，利用极大值标准化方法获得标准化数据（表 9-3）。

表 9-3 吉木萨尔凹陷页岩油产能评价参数标准化数据

井号	试“甜点”段（m）	单位厚度日产量［t/（d·m）］	含油饱和度（%）	可动油孔隙度（%）	可压裂指数
J10035	3451.0~3446.5	0.681	97.78	43.91	92.77
J10035	3465.5~3458.0	0.560	97.56	49.77	97.40
J301	2773.5~2776.5	1.000	98.29	100.00	95.94
J305	3411.5~3444.0	0.754	98.66	44.82	97.10
J25	3403.0~3425.0	0.808	100.00	61.67	95.58
J303	2598.0~2604.0	0.519	90.12	49.98	95.04
J303	2580.0~2595.0	0.248	92.8	34.10	94.30
J39	3855.0~3828.0	0.173	96.34	29.26	87.94
J305	3565.0~3588.0	0.283	80.85	21.79	94.11

续表

井号	试“甜点”段（m）	单位厚度日产量[t/（d·m）]	含油饱和度（%）	可动油孔隙度（%）	可压裂指数
J302	2840.0~2845.0	0.431	83.54	67.66	100.00
J173	3088.0~3109.0	0.290	93.78	44.59	96.63
J174	3255.0~3314.0	0.271	79.51	26.62	76.00
J10017	3352.5~3343.0	0.143	91.71	4.54	75.25
J33	3664.0~3717.0	0.215	89.02	17.65	92.41
J10037	3603.0~3590.0	0.148	81.71	41.87	90.00
J36	4209.0~4255.0	0.542	81.41	33.36	96.25
J176	3028.0~3063.0	0.130	75.37	17.57	83.75
J174	3116.0~3146.0	0.119	78.90	41.96	74.76
J10065	2446.5~2398.0	0.089	76.83	14.01	88.59
J181	3961.0~3955.0	0.125	86.28	20.50	92.92
J10060	4119.0~4114.5	0.130	77.56	28.82	89.58
J172	2920.0~2970.0	0.058	63.41	7.90	69.37
J23	2309.0~2385.0	0.004	64.63	11.39	86.61
J10055	3934.5~3927.0	0	73.05	4.05	73.66
J10050	3707.0~3702.0	0	61.71	17.47	87.38
J171	3074.0~3102.5	0.05	79.27	18.64	79.26

三、评价指标权重计算

衡量各评价指标在决定储层产能高低时的重要程度，就是计算各指标相对于储层产能的权重值。标准化后的评价参数数据可以利用式（9-4）计算出各子因素与母因素（日产油量）之间的灰关联系数，进而确定各个子因素评价指标与母因素指标的灰关联度，将灰关联度进行归一化处理，处理后的数据结果即为各评价指标相对于储层产能评价时的权重系数。

1. 灰关联系数的计算

同一观测时刻各子因素与母因素之间的绝对差值为：

$$\Delta_t(i,0)=\left|X_t^{(1)}(i)-X_t^{(1)}(0)\right| \tag{9-4}$$

同一观测时刻各子因素与母因素之间的绝对差值最大值为：

$$\Delta_{\max}=\max_i \max_t\left|X_t^{(1)}(i)-X_t^{(1)}(0)\right| \tag{9-5}$$

同一观测时刻各子因素与母因素之间的绝对差值的最小值为：

$$\Delta_{\min}=\min_i \min_t\left|X_t^{(1)}(i)-X_t^{(1)}(0)\right| \tag{9-6}$$

母序列与子序列的关联系数为：

$$L_t(i,0)=\frac{\Delta_{\min}+\xi\Delta_{\max}}{\Delta_t(i,0)+\xi\Delta_{\max}} \tag{9-7}$$

其中，$L_t(i, 0)$为关联系数，ξ为分辨系数，通常$\xi\in[0.1, 1]$，本次分析取0.5，其作用是为了削弱由于最大绝对差数值太大而造成数据失真的影响，进而提高灰关联系数之间的差异显著性。经计算，吉木萨尔凹陷芦草沟组页岩油关键井储层产能评价参数关联系数数据见表9-4。

表9-4　吉木萨尔凹陷页岩油产能评价参数关联系数数据

井号	试“甜点”段（m）	单位厚度日产量[t/(d·m)]	含油饱和度（%）	可动油孔隙度（%）	可压裂指数
J10035	3451.0~3446.5	1	37.95	33.33	37.56
J10035	3465.5~3458.0	1	77.07	33.33	33.42
J301	2773.5~2776.5	1	100.00	54.32	33.33
J305	3411.5~3444.0	1	33.33	39.73	41.40
J25	3403.0~3425.0	1	33.52	33.33	39.35
J303	2598.0~2604.0	1	91.90	36.07	33.33
J303	2580.0~2595.0	1	78.85	33.82	33.33
J39	3855.0~3828.0	1	76.77	33.33	35.88
J305	3565.0~3588.0	1	83.45	38.51	33.33
J302	2840.0~2845.0	1	53.70	41.31	33.33
J173	3088.0~3109.0	1	68.47	34.30	33.33
J174	3255.0~3314.0	1	98.19	33.33	34.89
J10017	3352.5~3343.0	1	79.95	33.33	38.84
J33	3664.0~3717.0	1	90.17	34.43	33.33
J10037	3603.0~3590.0	1	58.14	35.98	33.33
J36	4209.0~4255.0	1	50.23	43.58	33.33
J176	3028.0~3063.0	1	88.47	36.19	33.33
J174	3116.0~3146.0	1	52.70	33.33	34.76
J10065	2446.5~2398.0	1	88.68	36.97	33.33
J181	3961.0~3955.0	1	83.41	35.28	33.33
J10060	4119.0~4114.5	1	70.75	37.23	33.33
J172	2920.0~2970.0	1	93.94	35.56	33.33
J23	2309.0~2385.0	1	79.72	40.16	33.33
J10055	3934.5~3927.0	1	90.08	33.52	33.33

续表

井号	试“甜点”段（m）	单位厚度日产量[t/（d·m）]	含油饱和度（%）	可动油孔隙度（%）	可压裂指数
J10050	3707.0~3702.0	1	71.44	41.45	33.33
J171	3074.0~3102.5	1	73.17	33.33	33.34

2. 关联度的计算

各子因素与母因素之间的关联度为：

$$r_{i,0}=\frac{1}{n}\sum_{t=1}^{n}L_t(i,0) \tag{9-8}$$

式中 $r_{i,0}$——子序列 i 与母序列 0 的灰关联度；

n——序列的长度，即评价指标的个数。

关联度 r 的取值范围在 0.1~1 之间，子因素与母因素之间的关联度越接近 1，则该子因素对主因素的影响越大。将标准化后的数据在计算机内进行处理，计算出各指标对日产油量的关联度：r =（1.000，0.0.37，0.73，0.34），根据关联度排序，可以看出对储层产能的影响由大到小依次是可动油孔隙度、含油孔隙度、可压裂指数。

3. 权重系数的计算

将获得的关联度进行归一化处理，得到的结果就是各项评价指标相对于储层产能评价时权重系数，归一化表达式为：

$$a_i=r_{i,0}/\sum_{i=1}^{m}r_{i,0} \tag{9-9}$$

式中 a_i——归一化后的权重系数。

根据计算得出 3 个指标的权重系数分别为 a =（0.51，0.25，0.24），根据权重系数可以得出各评价指标的相关关联序：可动油孔隙度＞含油孔隙度＞可压裂指数。

根据权重系数所得相关关联序可以看出：地质因素（可动油孔隙度和含油饱和度）对产量的权重系数最大，研究区芦草沟组页岩油试油产量主要受控于可动油孔隙度和含油饱和度，即页岩油储层可动性及含油性对产能的贡献最大，其次为可压性。

四、分类评价标准

对每个评价指标数据经过极大值标准化处理，即得到单项评价指标，根据上述各参数的权重系数与所得的单项评价指标相乘，就可以得到单项指标的权衡分数，将每个试油小层的各个评价指标的单项权衡分数相加，即为每个试油小层产能的综合权衡评价分数，称为“储层产能综合评价 Q 因子”（表 9-5）。

$$Q=0.51U_1+0.25U_2+0.24U_3 \tag{9-10}$$

式中 U_1、U_2、U_3——分别为标准化后的可动油孔隙度、含油饱和度和可压裂指数，标准时选取极大值分别为 9.1%、82% 和 67，最小值均为 0。

表 9-5 吉木萨尔凹陷页岩油产能评价综合权衡评价分数

井号	试“甜点”段（m）	含油饱和度（%）	可动油孔隙度（%）	可压裂指数	综合评价因子	“甜点”类型
J10035	3451.0~3446.5	24.87	22.26	22.14	0.6927	Ⅱ
J10035	3465.5~3458.0	24.81	25.23	23.24	0.7329	Ⅰ
J301	2773.5~2776.5	25.00	50.70	22.89	0.9860	Ⅰ
J305	3411.5~3444.0	25.09	22.73	23.17	0.7099	Ⅰ
J25	3403.0~3425.0	25.43	31.27	22.81	0.7951	Ⅰ
J303	2598.0~2604.0	22.92	25.34	22.68	0.7094	Ⅰ
J303	2580.0~2595.0	23.60	17.29	22.50	0.6340	Ⅱ
J39	3855.0~3828.0	24.50	14.83	20.99	0.6032	Ⅱ
J305	3565.0~3588.0	20.56	11.05	22.46	0.5407	Ⅱ
J302	2840.0~2845.0	21.25	34.31	23.86	0.7941	Ⅰ
J173	3088.0~3109.0	23.85	22.61	23.06	0.6952	Ⅰ
J174	3255.0~3314.0	20.22	13.50	18.13	0.5186	Ⅲ
J10017	3352.5~3343.0	23.32	2.30	17.96	0.4358	无效
J33	3664.0~3717.0	22.64	8.95	22.05	0.5364	Ⅲ
J10037	3603.0~3590.0	20.78	21.23	21.48	0.6349	Ⅱ
J36	4209.0~4255.0	20.71	16.91	22.97	0.6059	Ⅱ
J176	3028.0~3063.0	19.17	8.91	19.98	0.4806	Ⅲ
J174	3116.0~3146.0	20.07	21.27	17.84	0.5918	Ⅱ
J10065	2446.5~2398.0	19.54	7.10	21.14	0.4778	Ⅲ
J181	3961.0~3955.0	21.94	10.39	22.17	0.5451	Ⅱ
J10060	4119.0~4114.5	19.73	14.61	21.38	0.5571	Ⅱ
J23	2309.0~2385.0	14.23	18.24	17.16	0.4962	Ⅲ
J171	3074.0~3102.5	30.29	23.86	15.40	0.6955	Ⅰ

综合评价因子与试油产能间关系，结合前文所述含油性分级标准（图 9-4），将“甜点”划分为Ⅰ类“甜点”、Ⅱ类“甜点”、Ⅲ类“甜点”和无效“甜点”。

其中，Ⅰ类“甜点”的综合评价因子为 $Q>0.7$，通常可动油孔隙度 $\phi_{可动}>4\%$，含油饱和度 $S_O>70\%$，孔隙度 $\phi>11\%$；Ⅱ类“甜点”综合评价因子 Q 范围为 0.55~0.70，通常可动油孔隙度 $2\%<\phi_{可动}<4\%$，含油饱和度 $65\%<S_O<70\%$，孔隙度 $8<\phi<11\%$；Ⅲ类“甜点”综合评价因子 Q 范围为 0.45~0.55，通常可动油孔隙度 $1\%<\phi_{可动}<2\%$，含油饱和度 $52\%<S_O<65\%$，孔隙度 $6.5<\phi<8\%$；无效“甜点”综合评价因子 $Q<0.45$，通常可动油孔隙度 $\phi_{可动}<1\%$，含油饱和度 $S_O<52\%$，孔隙度 $\phi<6.5\%$（表 9-6）。

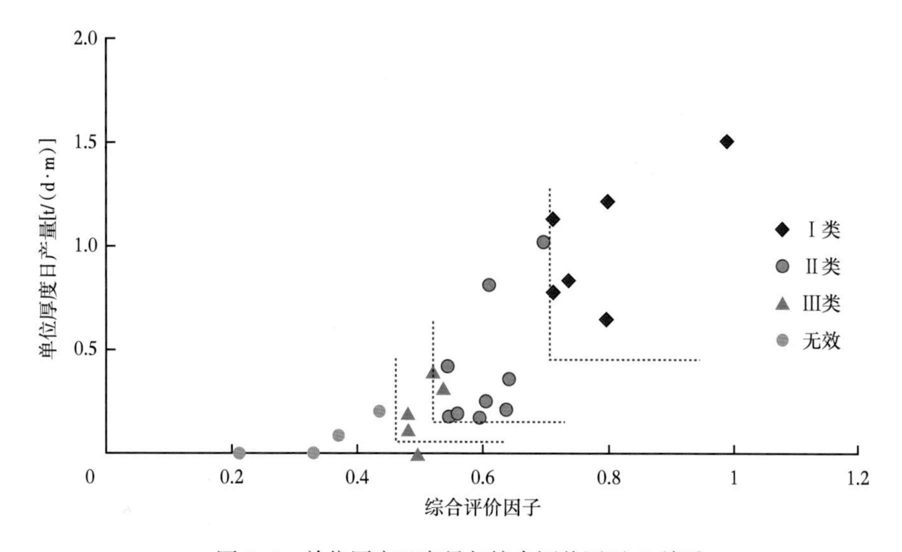

图 9-4 单位厚度日产量与综合评价因子 Q 关系

表 9-6 页岩油“甜点”分类评价标准

“甜点”类型	综合评价因子 U	可动油孔隙度（%）	含油饱和度（%）	可压裂指数 FI	单位日产量[t/(d·m)]
Ⅰ	＞0.7	＞4	＞70	＞63	＞0.7
Ⅱ	0.55~0.70	2~4	65~70	59~63	0.2~0.7
Ⅲ	0.45~0.55	1~2	52~65	50~59	0.06~0.20
无效	＜0.45	＜1	＜52	＜50	＜0.06

五、页岩油“甜点”分类结果分析

利用含油饱和度、可动油孔隙度及可压裂指数解释结果，可实现综合评价因子计算，进而实现页岩油“甜点”类型识别。图 9-5 展示了 J10025 井、J173 井和 J10060 井三口井的“甜点”分类结果，与试油产能对比，分析“甜点”识别精度。

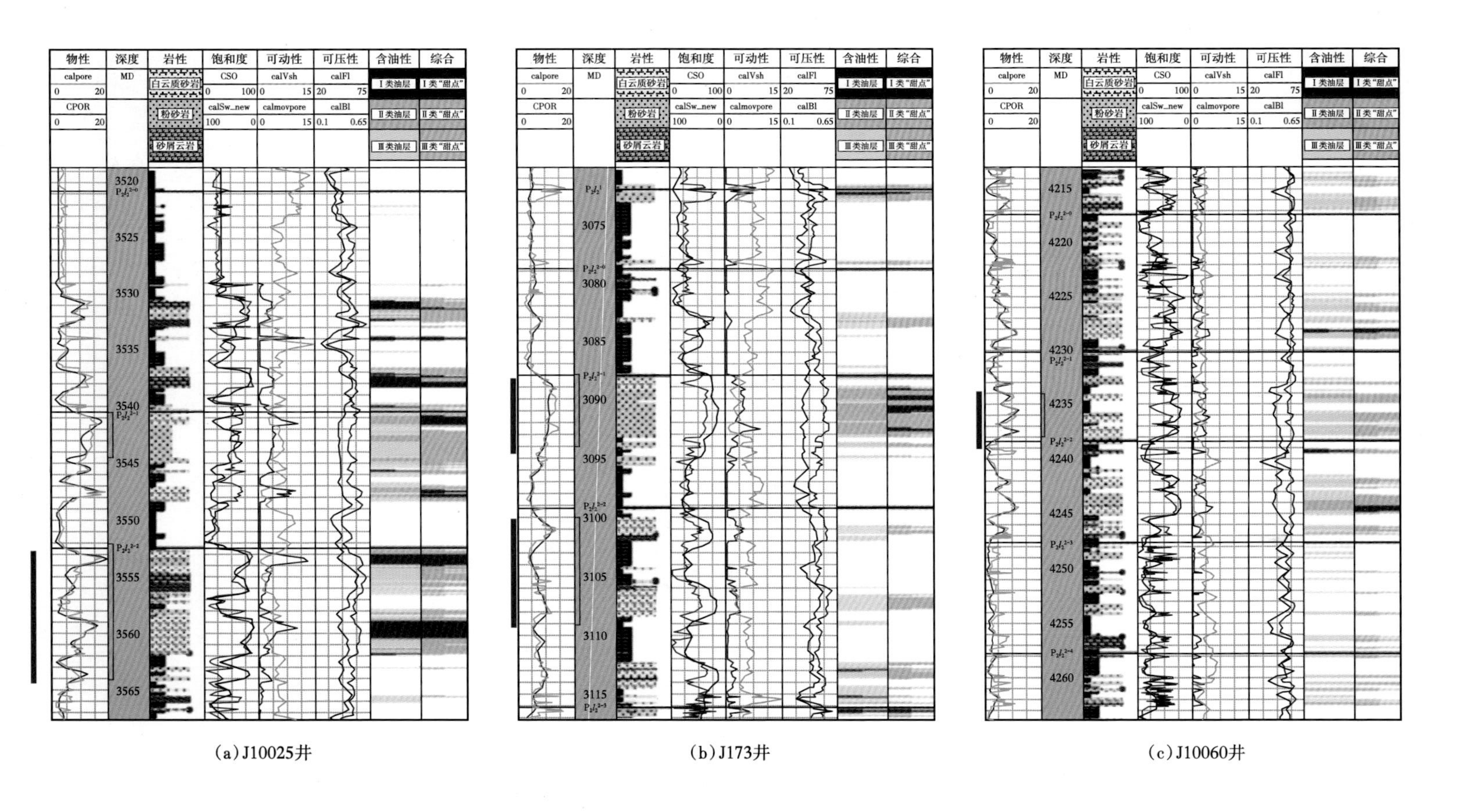

图 9-5 综合“甜点”分类评价结果对比

注：calpore—测井孔隙度，%；CPOR—核磁有效孔隙度，%；CSO—核磁含油饱和度；calSw—测井含水饱和度；calVsh—泥质含量，calmovpore—测井可动油孔隙度，%；calFI—可压性指数；calBI—脆性指数

J10025 井 $P_2l_2^{2-3}$ 以白云质粉砂岩和粉砂岩储层为主，含油饱和度大于 70%，“甜点”类型属于Ⅰ类和Ⅲ类，该层段内射孔 12m，压裂后产能为 16.05t/d，单位厚度产能为 1.34t/（d·m）。该层段内可压性指数大于 65，综合评价为Ⅰ类“甜点”和Ⅱ类“甜点”，与试油产能吻合。

J173 井对 $P_2l_2^{2-2}$ 和 $P_2l_2^{2-3}$ 进行合试，其中 $P_2l_2^{2-2}$ 为粉砂岩，含油饱和度中等（62%），整体属于Ⅱ类“甜点”，而 $P_2l_2^{2-3}$ 以白云质粉砂岩储层为主，含油饱和度低于 55%，整体属于Ⅳ类“甜点”；$P_2l_2^{2-2}$ 对合试产能起主要贡献，合试总产能为 6.56t/d，$P_2l_2^{2-2}$ 射孔厚度为 6m，单位厚度日产能约为 1t/（d·m），与“甜点”类型有些不符。$P_2l_2^{2-2}$ 的可压性指标较高，综合分类为Ⅰ类“甜点”和Ⅱ类“甜点”，与试油产能吻合。这也说明综合“甜点”不仅考虑了“甜点”类型，还引入了可压性指标，更能反映试油产能情况。

J10060 井压裂层段位于 $P_2l_1^{2-2}$，对应白云质粉砂岩和粉砂岩储层。压裂段对应Ⅲ类“甜点”，主要因为可动油孔隙度低。压裂段射孔厚度为 4m，试油产能 1.27t/d，平均日产能达 0.32t/（d·m）。综合评价为Ⅱ类“甜点”，与试油产能相吻合。

第三节 页岩油“甜点”分布特征

基于单井“甜点”类型识别结果，统计Ⅰ类＋Ⅱ类“甜点”厚度，利用沉积相图进行趋势约束，得到页岩油“甜点”的平面分布（图 9-6 至图 9-11）。下面分别对 6 个主力小层“甜点”分布特征进行分析。

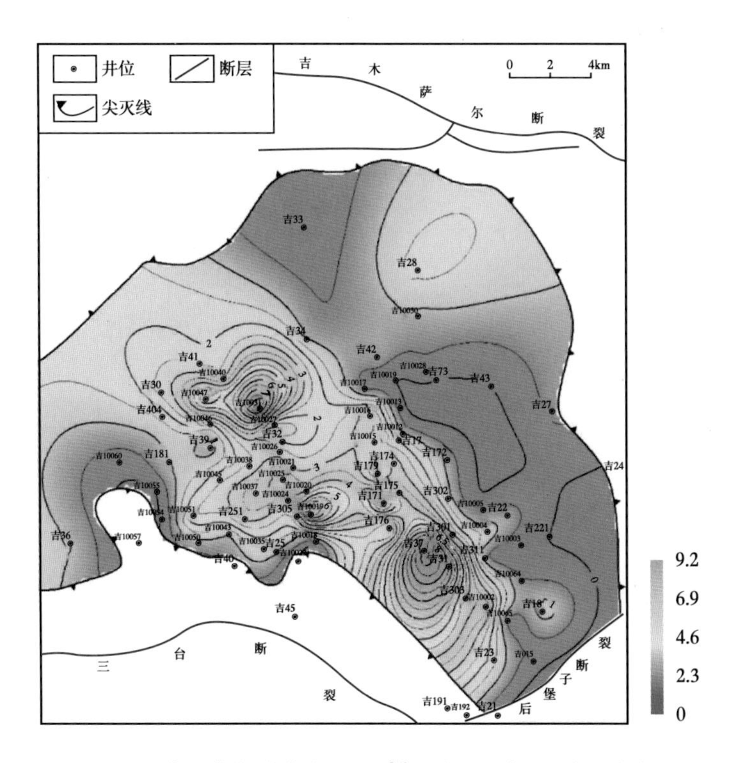

图 9-6 吉木萨尔芦草沟组 $P_2l_2^{2-1}$ Ⅰ类＋Ⅱ类“甜点”分布

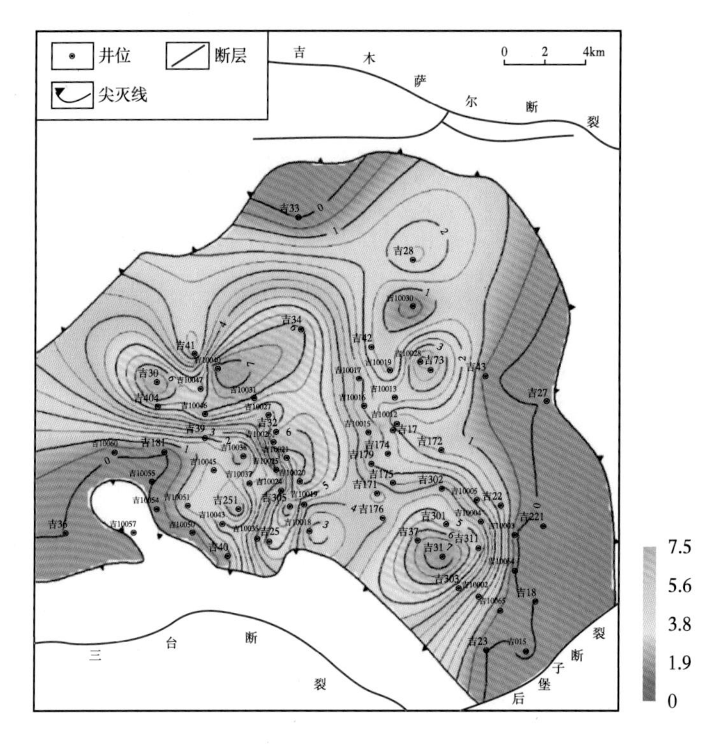

图 9-7 吉木萨尔芦草沟组 $P_2l_2^{2-2}$ Ⅰ类+Ⅱ类“甜点”分布

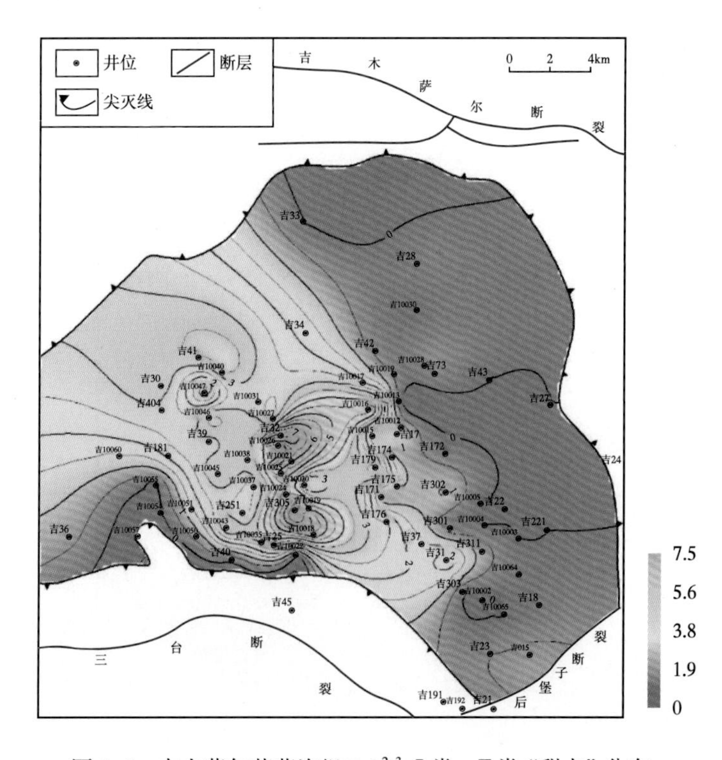

图 9-8 吉木萨尔芦草沟组 $P_2l_2^{2-3}$ Ⅰ类+Ⅱ类“甜点”分布

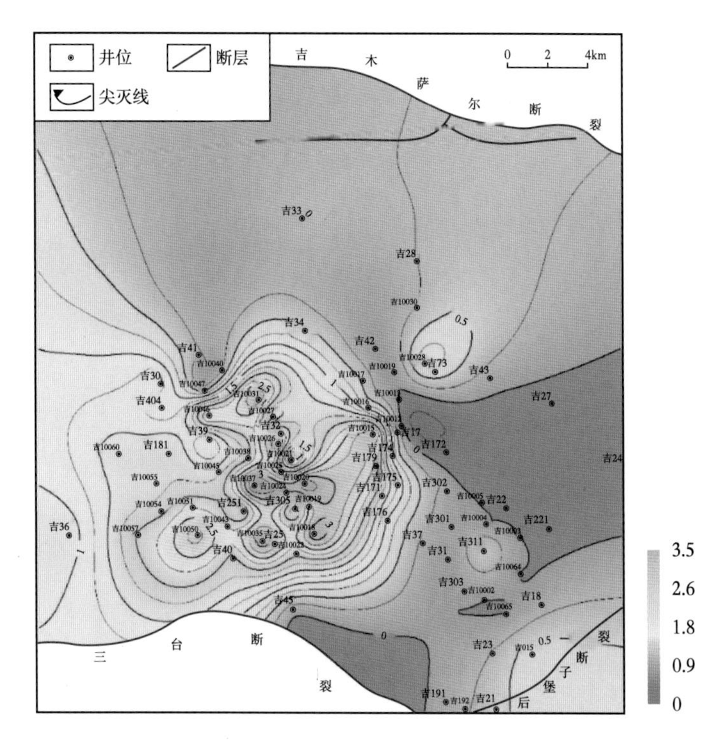

图 9-9 吉木萨尔芦草沟组 $P_2l_1^{2-1}$ Ⅰ类+Ⅱ类“甜点”分布

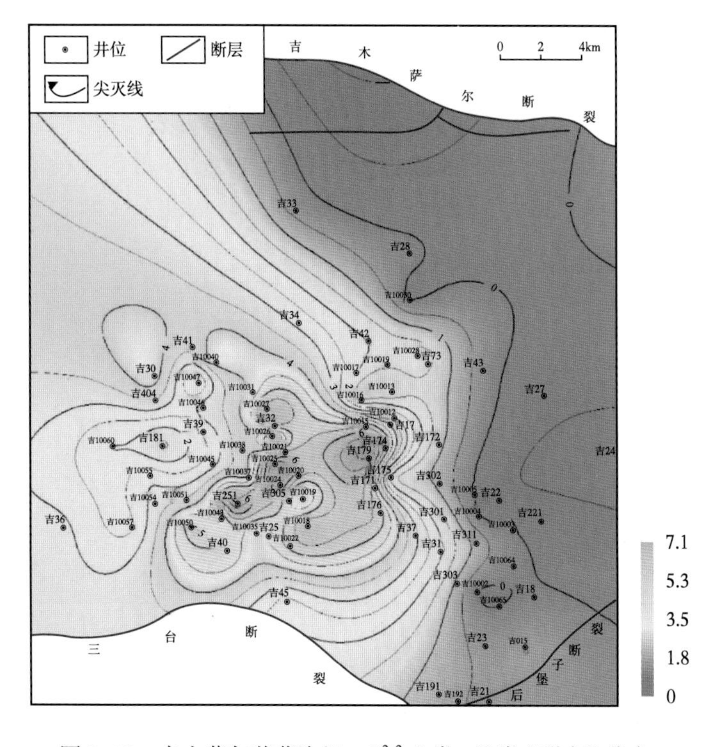

图 9-10 吉木萨尔芦草沟组 $P_2l_1^{2-2}$ Ⅰ类+Ⅱ类“甜点”分布

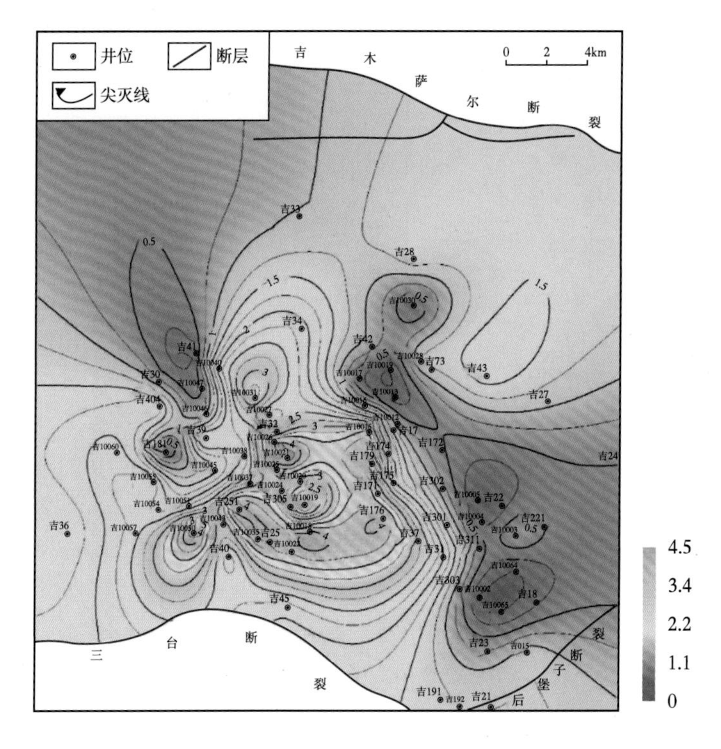

图 9-11　吉木萨尔芦草沟组 $P_2l_1^{2-3}$ Ⅰ类+Ⅱ类“甜点”分布

上“甜点” $P_2l_2^{2-1}$：Ⅰ类+Ⅱ类“甜点”主要分布在研究区南部，“甜点”高值区分布在J31井、J171井、J10025井、J10031井等井附近，沿西北—东南向延伸，向东北“甜点”厚度逐渐变薄。该小层整体表现为中等孔隙度、高含油饱和度（普遍大于70%）、较高可压性（普遍＞55）、中等TOC特征，表现出岩性、物性联合控制“甜点”发育特征。含油“甜点”主要发育砂质滩坝及近源白云坪形成的白云质粉砂岩（J301井）和粉砂质云岩（J174井）上，其中远离东南部物源区形成的泥晶白云岩（J34井），物性及含油性变差（图9-12）。

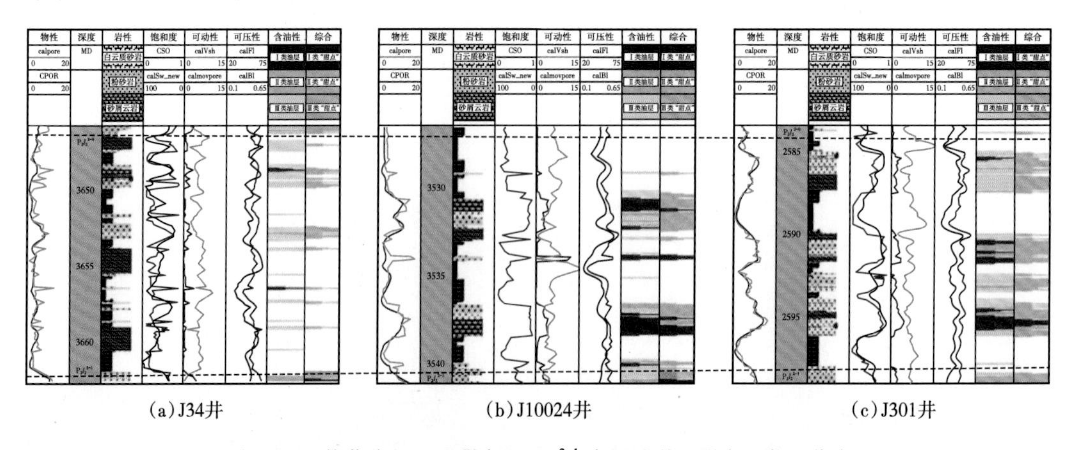

图 9-12　芦草沟组上“甜点” $P_2l_2^{2-1}$ 小层连井“甜点”类型分布

注：calpore—测井孔隙度，%；CPOR—核磁有效孔隙度，%；CSO—核磁含油饱和度；calSw—测井含水饱和度；calVsh—泥质含量；calmovpore—测井可动油孔隙度，%；calFI—可压性指数；calBI—脆性指数

上“甜点”$P_2l_2^{2-2}$：Ⅰ类+Ⅱ类“甜点”分布范围广，除东部J27井和J43井、北部J33井、西南部J36井、J251井附近不发育外，其他均较发育“甜点”，“甜点”厚度普遍大于3m，最大值可达8m，“甜点”高值区位于J31井、J305井、J32井、J10040井、J30井和J28井附近，整体呈现由东北向、西南向中间厚度增加趋势。该层整体表现为高孔隙度（普遍＞10%）、含油饱和度差异大（范围40%~80%）、可压性中等、低TOC等特征，含油性受孔喉结构和源储匹配关系控制，属于厚层型源储组合，含油性要稍差于其他薄互层型，含油饱和度整体呈现由东北向西南增加趋势。因此该层“甜点”受岩性（粒度）和含油性控制，具有粒度粗、含油丰度高，优质“甜点”发育。“甜点”岩性（图9-13）主要对应水下滩坝及分流河道主体部位的粉砂岩（J305井、J32井），主体边部形成的泥质粉砂岩（J174井、J10025井、J181井）通常粒度偏细，尽管物性好，但黏土含量高、含油性及可动性变差。

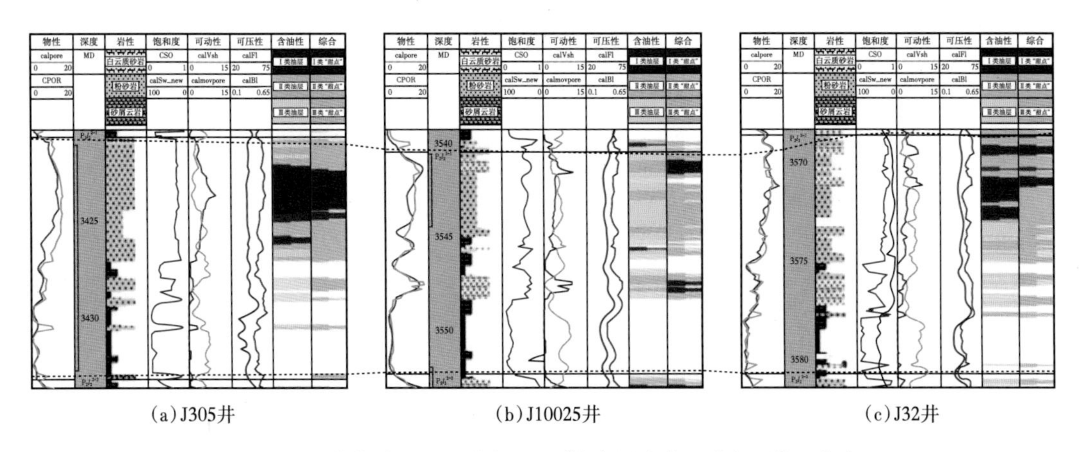

(a) J305井　　(b) J10025井　　(c) J32井

图9-13　芦草沟组上“甜点”$P_2l_2^{2-2}$小层连井“甜点”类型分布

注：calpore—测井孔隙度，%；CPOR—核磁有效孔隙度，%；CSO—核磁含油饱和度；calSw—测井含水饱和度；calVsh—泥质含量；calmovpore—测井可动油孔隙度，%；calFI—可压性指数；calBI—脆性指数

上“甜点”$P_2l_2^{2-3}$：Ⅰ类+Ⅱ类“甜点”分布较局限，主要发育在工区中部和西北部，高值区（J305井、J32井）呈近南北向展布，东部（J302井等）基本不发育，整体由中部向两侧逐渐变薄。“甜点”岩性主要对应砂质滩坝及云砂坪形成的白云质粉砂岩和粉砂质云岩等，具有高孔隙度、中等TOC的特征，表现出薄互层源储组合，含油饱和度较高（62%~85%）。该层“甜点”主要受物性和黏土含量控制，远离物源、黏土含量增高，物性及可动性变差，因此“甜点”主要集中在近源沉积沙坝、白云坪形成的白云质粉砂岩（J10025井）、砂屑白云岩（J32井）上（图9-14），而远离物源沉积白云坪等形成的泥晶白云岩（J174井）、白云质粉砂岩（J301井）等黏土含量高，导致“甜点”不发育。

下“甜点”$P_2l_1^{2-1}$：Ⅰ类+Ⅱ类“甜点”主要分布在研究区西南部，高值区（J25井、J179井）呈现西南—东北向展布，向两侧逐渐变薄，这与盖层沉积微相分布基本吻合。相比于上“甜点”，$P_2l_1^{2-1}$的甜点厚度及规模减小，整体表现出单层厚度小、TOC高、中等孔隙度，属于薄互层型组合，含油饱和度值普遍较高（60%~75%）。因此该小层“甜点”主要受物性和黏土含量控制，三角洲前缘沉积的分流河道及远沙坝物性最好，为“甜点”发育的优势岩相类型。甜点岩性主要为水下分流河道、远沙坝沉积的白云质粉砂岩（J10024井）和粉砂岩（J10020 井），而远源席状砂和白云坪沉积形成的白云质粉砂岩（J10046 井、J176 井）（图 9-15）、泥晶白云岩（J42 井）物性及含油性变差。

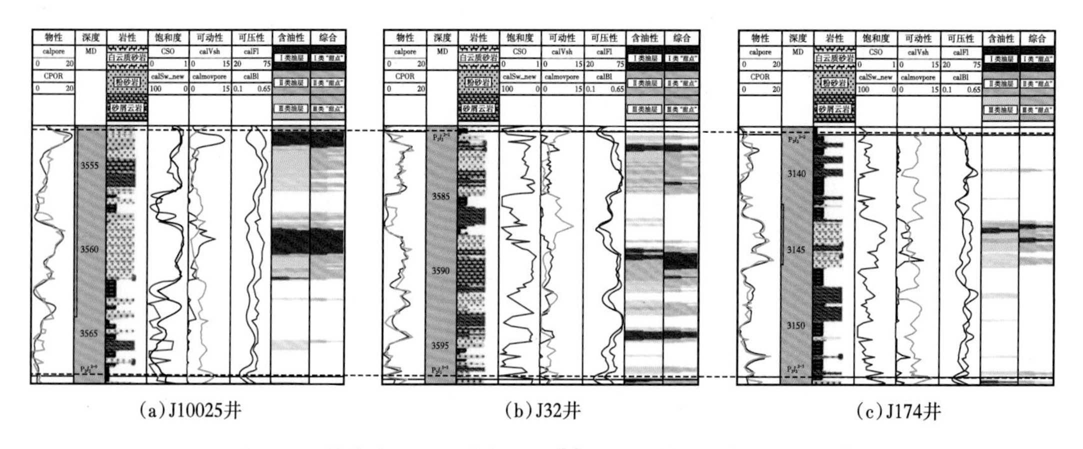

(a) J10025井　(b) J32井　(c) J174井

图 9-14　芦草沟组上"甜点" $P_2l_2^{2-3}$ 小层连井"甜点"类型分布

注：calpore—测井孔隙度，%；CPOR—核磁有效孔隙度，%；CSO—核磁含油饱和度；calSw—测井含水饱和度；calVsh—泥质含量；calmovpore—测井可动油孔隙度，%；calFI—可压性指数；calBI—脆性指数

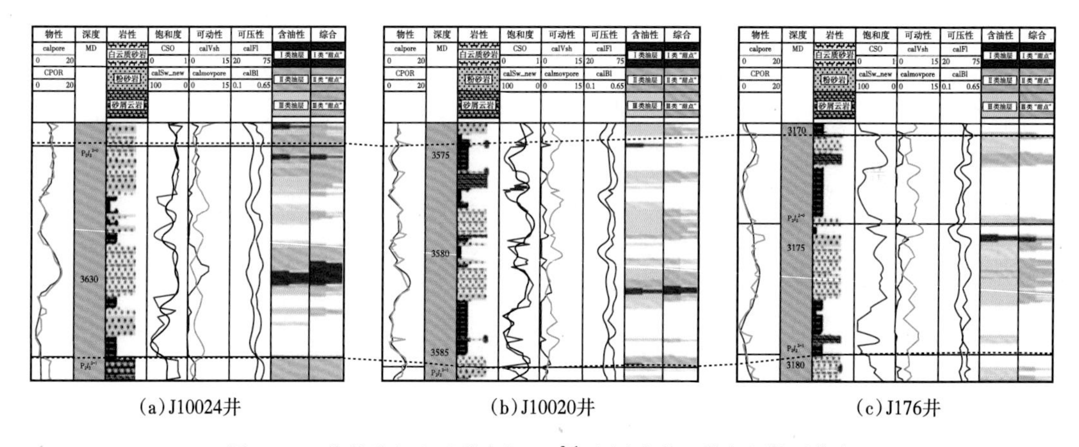

(a) J10024井　(b) J10020井　(c) J176井

图 9-15　芦草沟组上"甜点" $P_2l_1^{2-1}$ 小层连井"甜点"类型分布

注：calpore—测井孔隙度，%；CPOR—核磁有效孔隙度，%；CSO—核磁含油饱和度；calSw—测井含水饱和度；calVsh—泥质含量；calmovpore—测井可动油孔隙度，%；calFI—可压性指数；calBI—脆性指数

下"甜点" $P_2l_1^{2-2}$：Ⅰ类+Ⅱ类"甜点"分布与 $P_2l_1^{2-1}$ 具有一定继承性，但厚度和规模更大，甜点厚度最大可至 7m，分布范围向东北部进一步扩大，高值区位于 J305 井、J174 井、J30 井等井附近。该小层单层砂体厚度变大，仍以薄互层组合为主，含油饱和度较高（普遍大于 60%）。"甜点"发育主要受控于岩性及物性，近源三角洲前缘分流河道及远沙坝沉积的白云质粉砂岩（J10024 井）、粉砂岩及白云坪沉积的粉砂质云岩（J174 井）等为"甜点"主要岩性，而向东北部陆源输入较少，形成的白云质粉砂岩（J10017 井）及泥晶白云岩（J33 井、J404 井）泥质含量高（图 9-16），物性及含油性均降低。

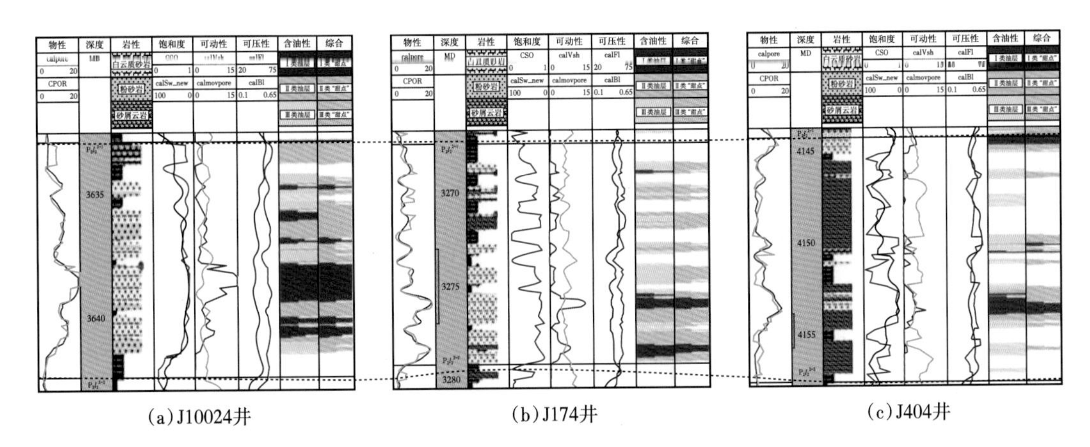

(a) J10024井 (b) J174井 (c) J404井

图 9-16 芦草沟组下“甜点” $P_2l_1^{2-2}$ 连井“甜点”类型分布

注：calpore—测井孔隙度，%；CPOR—核磁有效孔隙度，%；CSO—核磁含油饱和度；calSw—测井含水饱和度；calVsh—泥质含量；calmovpore—测井可动油孔隙度，%；calFI—可压性指数；calBI—脆性指数

下“甜点” $P_2l_1^{2-3}$：Ⅰ类+Ⅱ类“甜点”分布与 $P_2l_1^{2-2}$ 具有一定继承性，但厚度变小，“甜点”厚度最大可至4.5m，分布范围基本相近，整体表现出由西南向东北逐渐减薄变化，西南部三角洲前缘分流河道及远沙坝沉积仍控制着“甜点”的平面分布。该小层“甜点”单层厚度较大，孔隙度高，邻层TOC值高，属于薄互层组合类型，具有较高含油饱和度（普遍大于65%）。整体上“甜点”受岩性和物性的控制，近物源输入，陆源碎屑含量高，物性好、黏土含量少，远离物源则粒度、物性及黏土含量均变差。因此，平面上“甜点”主要分布在西南部三角洲前缘分流河道和远沙坝沉积形成的白云质粉砂岩（J10035井、J176井）中，远源席状砂及白白云坪形成的白云质粉砂岩（J32井）及泥晶白云岩（J41井）黏土含量相对高，不利于“甜点”发育（图 9-17）。

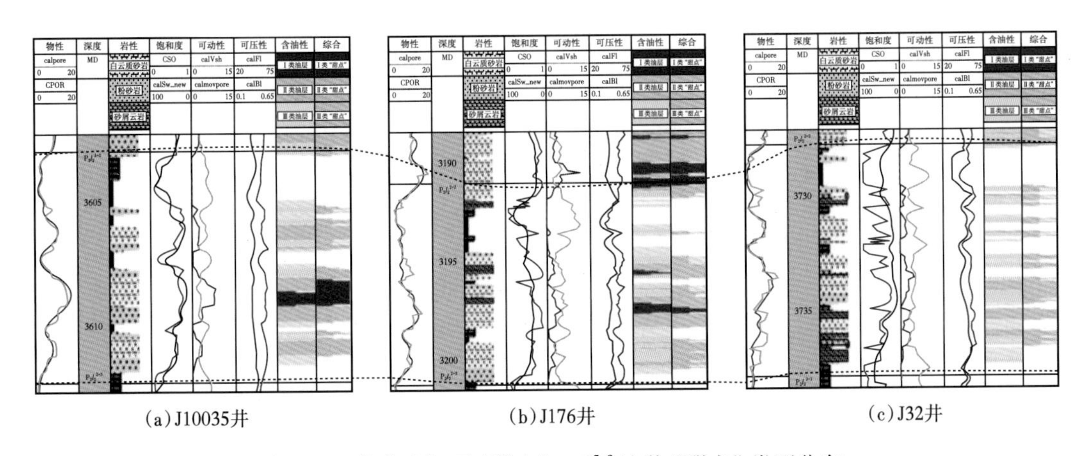

(a) J10035井 (b) J176井 (c) J32井

图 9-17 芦草沟组下“甜点” $P_2l_1^{2-3}$ 连井“甜点”类型分布

注：calpore—测井孔隙度，%；CPOR—核磁有效孔隙度，%；CSO—核磁含油饱和度；calSw—测井含水饱和度；calVsh—泥质含量；calmovpore—测井可动油孔隙度，%；calFI—可压性指数；calBI—脆性指数

第十章 结 论

笔者针对吉木萨尔芦草沟组页岩油岩性复杂、“甜点”识别难度大等问题，开展了页岩油储层关键地质/工程参数的解释方法研究，重新认识页岩油“甜点”对应的参数特征，建立“甜点”分类标准，并预测不同类型“甜点”的空间展布规律。

（1）复杂岩性测井识别方面：针对芦草沟组岩性复杂、频繁交互、常规岩性识别方法精度低的问题，通过常规测井曲线组合，提取出分别反映岩石骨架密度信息、粒度和渗透性的三个敏感组合参数（三孔隙度幅度差 dL_1、密度—声波幅度差 dL_2 和电阻率幅度差 dL_3），进而实现七类主要岩性（砂屑白云岩、泥晶白云岩、白云质粉砂岩、粉砂岩、泥质粉砂岩、白云质泥岩和页岩）的测井精细识别，测井判别岩性与岩心观察及核磁测井解释结果较为吻合，单井识别精度在 75%~90% 之间，均值在 80% 以上。

（2）页岩油储层参数解释方面：分岩性建立模型是提高该区页岩油储层参数解释精度的关键。分白云岩、砂岩类和泥岩类分别建立黏土含量、孔隙度及渗透率解释模型，物性解释与岩心分析及核磁解释结果对比精度均大于 80%；通过岩—电实验，认识到不同岩性样品在饱和度指数 n 上差异明显，通过建立 n 评价模型、地层水电阻率—孔隙度之间关系，明显提高了阿尔奇公式解释含水饱和度的精度，与密闭取心分析结果对比精度大于 80%，且与核磁测井解释趋势吻合。

（3）微观孔隙结构及物性分级评价方面：页岩油样品以纳米级孔隙和孔喉占主导，发育七类孔隙（以溶蚀孔、晶间孔为主）和三种孔喉连通关系（大孔—细喉、短导管状、树形孔隙网络），物性明显受孔径/孔喉大小控制，随物性变差，粒间孔及粒间溶蚀孔比例降低，晶间孔明显增多；基于压汞分形理论，将页岩油储层孔隙空间划分为微孔（＜ 15nm）、小孔（15~100nm）、中孔（100~1500nm）和大孔（＞ 1500nm）四类，通过聚类分析将页岩油储层划分为 4 类（物性分级），孔隙度界限为 5%、8%、12%、14%。不同类型储层在孔隙类型、孔喉连通关系等方面具有明显差异。

（4）含油性评价及分级方面：结合研究区地质特征及源储组合关系，认识到页岩油丰度受孔喉半径及源储组合关系共同影响，页岩油充注孔喉半径下限不大于 15nm，厚层型源储组合含油丰度明显低于相同孔隙度的薄互层组合。引入含油孔隙度参数，根据含油级别、试油产能、孔喉结构—含油丰度的分段性，将含油性划分为四类，含油性界限与物性分级界限具有较好的一致性。

（5）页岩油可动性评价及储层分级。认识到束缚水对页岩油可动性的影响较大，利用束缚水状态下饱和油驱替实验能较合理反映页岩油的可动性，可动比例分布范围宽，明显受孔径分布及黏土含量影响，Ⅰ类储层和Ⅱ类储层可动效率最高；根据驱替效率与 R_{50} 间关系，确定页岩油可动孔喉下限为 20nm，大于 70nm 时可动性明显变好，可作为页岩油能否可动及可动性好的分界，分别对应核磁测井截止值为 11ms、35ms。联合孔隙度、黏土含量实现了可动油孔隙度的定量解释模型，解释结果与 85ms 截止值核磁孔隙度相当。

（6）岩石力学及可压性评价方面。研究发现该区芦草沟组岩石表现出中等和强脆性特征；弹性参数法计算脆性值与强度参数法和全应力应变计算值具有较好一致性，一定程度上反映了吉木萨尔致密岩石的脆性特征；芦草沟组最大水平主应力和最小水平主应力都存在自西向东逐渐递减趋势，两向水平地应力差中等（约在 3.5~10.0MPa 之间）；基于黏土含量、最小水平主应力和脆性指数组合权重建立可压性评价模型，并利用现场产量数据进行验证，发现脆性计算结果和产量吻合关系一般，而可压性评价结果则与产量吻合度高；由工区西部、中部向东部可压性逐渐变差，下“甜点”可压性指数要高于上“甜点”。

（7）“甜点”综合分类及评价方面。认识到可动油孔隙度、含油饱和度、可压性指数是影响页岩油产能的主要因素，三者权重系数分别为 0.51、0.25 和 0.24；联合这三个因素，构建综合评价因子，实现页岩油综合“甜点”分类评价。将页岩油油层划分为三类，综合评价因子的界限分别为 0.45、0.55、0.7。认识到页岩油“甜点”分布受沉积微相控制，近物源沉积形成的白云质粉砂岩、白云岩、粉砂岩等岩性，储层物性、含油性、可动性及可压性得到良好匹配，“甜点”发育比例较高，而远源沉积的泥晶白云岩或薄层粉砂岩，物性及黏土含量高，难以形成有效“甜点”。

参考文献

曹怀仁 . 2017. 松辽盆地烃源岩形成环境与页岩油地质评价研究［D］. 广州：中国科学院大学（中国科学院广州地球化学研究所），166.

车长波，杨虎林，刘招君，等 . 2008. 我国油页岩资源勘探开发前景［J］. 中国矿业，17（9）：1-4.

陈国军，高明，李静，等 . 2014. 核磁共振测井在致密油储层孔隙结构评价中的应用［J］. 天然气勘探与开发，37（3）：41-44.

陈云华 . 2008. 沉积地球化学的研究现状和发展趋势［J］. 内蒙古石油化工（1）：12-14.

邓宏文，钱凯 . 1993. 沉积地球化学与环境分析［M］. 兰州：甘肃科学技术出版社.

冯增昭 . 1993. 沉积岩石学［M］. 北京：石油工业出版社.

冯增昭 . 1994. 沉积岩石学（第二版）［M］. 北京：石油工业出版社 .

何幼斌，王文广 . 2011. 沉积岩与沉积相［M］. 北京：石油工业出版社 .

霍进，支东明，郑孟林，等 . 2020. 准噶尔盆地吉木萨尔凹陷芦草沟组页岩油藏特征与形成主控因素［J］. 石油实验地质，42（4）：507-512.

姜在兴，张文昭，梁超，等 . 2014. 页岩油储层基本特征及评价要素［J］. 石油学报，35（1）：184-196.

焦堃，姚素平，吴浩，等 . 2014. 页岩气储层孔隙系统表征方法研究进展［J］. 高校地质学报，20（1）：151-161.

金力钻，孙玉红，杨铁梅 . 2015. 页岩气储层测井解释模型建立与评价方法研究［J］. 石油化工高等学校学报，28（4）：43-48.

金章东，沈吉，王苏民，等 . 2002. 岱海的“中世纪暖期”［J］. 湖泊科学，24（3）：209-216.

靳源 . 2017. 鄂尔多斯盆地南部长 7 页岩油形成条件及资源评价研究［D］. 北京：中国石油大学（北京）.

匡立春，孙中春，欧阳敏，等 . 2013. 吉木萨尔凹陷芦草沟组复杂岩性致密油储层测井岩性识别［J］. 测井技术，37（6）：639-642.

赖锦，王贵文，黄龙兴 . 2015. 致密砂岩储集层成岩相定量划分及其测井识别方法［J］. 矿物岩石地球化学通报，34（1）：233-242.

赖仁，查明，高长海，等 . 2016. 吉木萨尔凹陷芦草沟组超高压形成机制及演化特征［J］. 新疆石油地质，37（6）：637-643.

李宝毅，王建鹏，徐银波，等 . 2012. 断陷和坳陷盆地富有机质泥岩测试参数及研究意义［J］. 世界地质，31（4）：778-784.

李锋燕，柴利娜，王曙光，等 . 2019. 多尺度微观结构分析技术在风积砂矿物形态与粒度分布表征中的应用——以西北地区典型沙漠风积砂为例［J］. 土地开发工程研究，4（4）：14-21.

李书琴，印森林，高阳，等 . 2020. 准噶尔盆地吉木萨尔凹陷芦草沟组混合细粒岩沉积微相［J］. 天然气地球科学，31（2）：235-249.

李松臣，位蕊，李兆惠 . 2018. 页岩气储层测井解释评价技术方法分析［J］. 国外测井技术，39（4）：35-39.

李玉喜，张金川 . 2011. 我国非常规油气资源类型和潜力［J］国际石油经济，19（3）：61-67.

廖广志，肖立志，谢然红，等 . 2007. 孔隙介质核磁共振弛豫测量多指数反演影响因素研究［J］. 地球物理学报，50（3）：932-938.

刘宝珺 . 1980. 沉积岩石学［M］. 北京：地质出版社 .

刘标，姚素平，胡文瑄，等 . 2017. 核磁共振冻融法表征非常规油气储层孔隙的适用性［J］. 石油学报，38（12）：1401-1410.

刘春莲，秦红，车平，等 . 2005. 广东三水盆地始新统布心组生油岩元素地球化学特征及沉积环境［J］. 古地理学报，7（1）：125-136.
刘冬冬，张晨，罗群 . 2017. 准噶尔盆地吉木萨尔凹陷芦草沟组致密储层裂缝发育特征及控制因素［J］. 中国石油勘探，22（4）：37-47.
刘沣，刘昭君，柳蓉，等 . 2007. 抚顺盆地始新统计军屯组油页岩地球化学特征及其沉积环境［J］. 世界地质，2007，26（4）：441-446.
刘国恒，黄志龙，姜振学，等 . 2015. 湖相页岩液态烃对页岩吸附气实验的影响——以鄂尔多斯盆地延长组页岩为例［J］. 石油实验地质，37（5）：648-659.
刘琼 . 2013. 页岩气储层测井评价方法研究［D］. 北京：中国地质大学（北京）.
刘一衫 . 东晓虎，闫林，等 . 2019. 吉木萨尔凹陷芦草沟组孔隙结构定量表征［J］. 新疆石油地质，40（30）：285-289.
刘招君，孟庆涛，柳蓉 . 2009. 中国陆相油页岩特征及成因类型［J］. 古地理学报，11（1）：105-114.
刘招君，孟庆涛，柳蓉，等 . 2009. 抚顺盆地地始新统计军屯组油页岩地球化学特征及其地质意义［J］. 岩石学报，25（10）：2340-2350.
柳波，吕延防，赵荣，等 . 2012. 三塘湖盆地马朗凹陷芦草沟组泥页岩系统地层超压与页岩油富集机理［J］. 石油勘探与开发，39（6）：699-705.
罗蛰潭，王允诚 . 1996. 油气储层的孔隙结构［M］. 北京：科学出版社 .
马永生，王烽，牟泽辉，等 . 2012. 中国石化非常规油气资源潜力及勘探进展［J］. 中国工程科学，14（6）：22-30.
毛俊莉 . 2020. 辽河西部凹陷页岩油气成藏机理与富集模式［D］. 北京：中国地质大学（北京）.
穆永利，陈建，张丽华 . 2015. 致密油储层测井评价及研究［J］. 长江大学学报（自科版），12（32）：21-26.
彭雪峰，汪立今，姜丽萍 . 2012. 准噶尔盆地东南缘芦草沟组油页岩元素地球化学特征及沉积环境指示意义［J］. 矿物岩石地球化学通报，31（2）：121-127.
沈吉，张恩楼，夏威岚 . 2001. 青海湖近千年来气候环境变化的湖泊沉积记录［J］. 第四纪研究，21（6）：508-513.
宋青春，邱维理，张振春 . 2005. 地质学基础 4 版［M］. 北京：高等教育出版社 .
唐友军，文志刚 . 2006. 岩石热解参数及在石油勘探中的应用［J］. 西部探矿工程（9）：87-88.
田华，张水昌，柳少波，等 . 2012. 压汞法和气体吸附法研究富有机质页岩孔隙特征［J］. 石油学报（3）：419-427.
田兴旺，杨岱林，钟佳倚 . 2021. 基于 CT 成像技术的白云岩储层微观表征——以川中磨溪—龙女寺台内地区震旦系灯影组四段为例［J］. 沉积学报，39（5）：1265-1274.
王宝军，施斌，蔡奕，等 . 2008. 基于GIS的黏性土SEM图像三维可视化与孔隙度计算［J］. 岩土力学，29（1）：251-255.
王才志，尚卫忠 . 2003. 应用奇异值分解算法的核磁共振测井解谱方法［J］. 石油地球物理探，38（1）：91-94.
王浩力 . 2019. 松辽盆地南部嫩江组泥页岩地球化学特征及页岩油资源评价［D］. 大庆：东北石油大学 .
王剑，李二庭 . 2020. 准噶尔盆地吉木萨尔凹陷二叠系芦草沟组优质烃源岩特征及其生烃机制研究［J］. 地质论评，66（3）：755-764.
王璟明，肖佃师，卢双舫，等 . 2020. 吉木萨尔凹陷芦草沟组页岩储层物性分级评价［J］. 中国矿业大学学报，49（1）：172-183.
王为民，李培，叶朝辉 . 2001. 核磁共振弛豫信号的多指数反演［J］. 中国科学（A 辑），31（8）：730-736.
王伟，赵延伟，毛锐 . 2019. 页岩油储层核磁有效孔隙度起算时间的确定——以吉木萨尔凹陷二叠系芦草沟组页岩油储层为例［J］. 石油与天然气地质，40（3）：550-557.

王小军，杨智峰，郭旭光，等 . 2019. 准噶尔盆地吉木萨尔凹陷页岩油勘探实践与展望［J］. 新疆石油地质，40（4）：402-413.
王艳琴 . 2011. 岩心观察描述基础［J］. 内蒙古石油化工，37（20）：49-50.
王忠东，肖立志，刘堂宴 . 2003. 核磁共振弛豫信号多指数反演新方法及其应用［J］. 中国科学（G），33（4）：323-332.
翁爱华，李舟波，莫修文 . 2003. 低信噪比核磁共振测井资料的处理技术［J］. 吉林大学学报（地球科学版），33（2）：232-235.
吴浩，张春林，纪友亮，等 . 2017. 致密砂岩孔喉大小表征及对储层物性的控制——以鄂尔多斯盆地陇东地区延长组为例［J］. 石油学报，38（8）：876-887.
吴红烛，黄志龙，杨柏松，等 . 2014. 马朗凹陷低熟页岩油地球化学特征及成烃机理［J］. 吉林大学学报，44（1）：56-66.
吴少波 . 2001. 博格达山前凹陷上二叠统乌拉泊组沉积相及沉积模式［J］. 沉积学报，19（3）：333-339.
吴胜和，蔡正旗，时尚明 . 2011. 油矿地质学第 4 版［M］. 北京：石油工业出版社 .
葸克来，操应长，朱如凯，等 . 2015. 吉木萨尔凹陷二叠系芦草沟组致密油储层岩石类型及特征［J］. 石油学报，36（12）：1495-1507.
肖忠祥，肖亮，张伟 . 2008. 利用毛管压力曲线计算砂岩渗透率的新方法［J］. 石油物探，47（2）：205-208.
徐祖新，张义杰，王居峰，等 . 2016. 渤海湾盆地沧东凹陷孔二段致密储层孔隙结构定量表征［J］. 天然气地球科学，23（1）：102-110.
许运新，等 . 1994. 砂岩油田岩心描述与用途［M］. 哈尔滨：黑龙江科学技术出版社.
杨峰，宁正福，王庆，等 . 2014. 页岩纳米孔隙分形特征［J］. 天然气地球科学，25（4）：618-623.
杨正明 . 2012. 特低—超低渗透油气藏特色实验技术［M］. 北京：石油工业出版社 .
殷志强，秦小光，吴金水，等 . 2009. 中国北方部分地区黄土、沙漠沙、湖泊、河流细粒沉积物粒度多组分分布特征研究［J］. 沉积学报，27（2）：343-351.
于庆磊，唐春安，唐世斌 . 2007. 基于数字图像的岩石非均匀性表征技术及初步应用［J］. 岩石力学与工程学报，26（3）：552-559.
曾花森，霍秋立 . 应用岩石热解数据 S_2—TOC 相关图进行烃源岩评价［J］. 地球化学，2010，39（6）：574-579.
曾维主 . 2020. 松辽盆地青山口组页岩孔隙结构与页岩油潜力研究［D］. 北京：中国科学院大学 .
曾允孚，夏文杰 . 1986. 沉积岩石学［M］. 北京：地质出版社 .
张金川，金之钧，袁明生，等 . 2003. 油气成藏与分布的递变序列［J］. 现代地质（3）：323-330.
张金川，林腊梅，李玉喜，等 . 2012. 页岩油分类与评价［J］. 地学前缘，19（5）：322-331.
张开仲 . 2020. 构造煤微观结构精细定量表征及瓦斯分形输运特性研究［D］. 徐州：中国矿业大学（徐州）.
张少敏，操应长，朱如凯，等 . 2018. 湖相细粒混合沉积岩岩石类型划分：以准噶尔盆地吉木萨尔凹陷二叠系芦草沟组为例［J］. 地学前缘，25（4）：198-209.
赵澄林，朱筱敏 . 2001. 沉积岩石学（第三版）［M］. 北京：石油工业出版社 .
赵靖舟，王芮，耳闯 . 2016. 鄂尔多斯盆地延长组长 7 段暗色泥页岩吸附特征及其影响因素［J］. 地学前缘，23（1）：146-153.
朱筱敏 . 2008. 沉积岩石学 4 版［M］. 北京：石油工业出版社 .
邹才能，杨智，崔景伟，等 . 2013a. 页岩油形成机制、地质特征及发展对策［J］. 石油勘探与开发，40（1）：14-26.
邹才能，张国生，杨智，等 . 2013b. 非常规油气概念、特征、潜力及技术——兼论非常规油气地质学［J］. 石油勘探与开发，40（4）：385-399.

Anovitz L M, Cole D R. 2015. Characterization and analysis of porosity and pore structures[J]. Reviews in Mineralogy and Geochemistry, 80 (1): 61-164.

Aplin A C, Macquaker J S H. 2011. Mudstone diversity: origin and implications for source, seal, and reservoir properties in petroleum systems[J]. AAPG Bulletin, 95 (12): 2031-2059.

Bai B J, Elgmati M, Zhang H, et al. 2013. Rock characterization of Fayetteville shale gas plays[J]. Fuel, 105(3): 645-652.

Chen Q, Zhang J, Tang X, et al. 2016. Rwlationship between pore type andpore size of marine shale: An example from the siniari-cambrian formation, upper Yangtze region, South China[J]. International Journal of Coal Geology, 158: 13-28.

Clarkson, C. R, Solano, et al. 2013. Pore structure characterization of North American shale gas reservoirs: Using USANS/SANS, gas adsorption, and mercury intrusion[J]. Fuel, 103 (1): 606-616.

Coates G, Xiao L Z, Prammer M. 1999. NMR logging principles & applications [M]. Houston: Halliburton Energy Services Publication: 1292132.

Cox R, Lowe D R, Cullers R L. 1995. The influence of sediment recycling and basement composition on evolution of mudrock chemistry in the Southwestern United States[J]. Geochimica et Cosmochimica Acta, 59 (14): 2919-2940.

Dewers T A, Heath J, Ewy R, et al. 2012. Three-dimensional pore networks and transport properties of a shale gas formation determined from focused ion beam serial imaging[J]. International Journal of Oil Gas and Coal Technology, 5 (2-3SI): 229-248.

Folk R L. 1974. Petrology of sedimentary Rocks[M]. Austin, Texas: Hemphill Publishing company.

Han Y J, Mahlstedt N, Horsfield B. 2015. The Barnett Shale: Compositional fractionation associated with intraformational petroleum migration, retention, and expulsion [J]. AAPG Bulletin, 99 (12): 2173-2202.

Jarvie D M. 2012. Shale Resource Systems for Oil and Gas: Part 2—Shale-oil Resource Systems [J]. AAPG Memoir, 97: 89-119.

Jia B, Tsau J S, Barati R. 2019. Areview of the current progress of CO_2 injection EOR and caroon storage in shale oil reservoies[J]. Fuel, 236, 404-427.

Keller L M, Holzer L, Wepf R, et al. 2011. 3D geometry and topology of pore pathways in Opalinus clay: Implications for mass transport [J].Applied Clay Science, 52 (1-2): 85-95.

Keller L M, Schuetz P, Erni R, et al. 2013. Characterization of multi-scale microstructural features in Opalinus Clay[J]. Microporous and Mesoporous Materials, 170 (4): 83-94.

Kiepper A P, Casilli A, et al. 2014. Depositional paleoenvironment of Brazilian crude oils from unusual biomarkers revealed using comprehensive two dimensional gas chromatography coupled to time of flight mass spectrometry[J]. Organic Geochemistry, 70: 62-75.

Li M, Chen Z, Cao T, et al. 2018. Expelled oils and their impacts on Rock-Eval data interpretation, Eocene Qianjiang Formation in Jianghan Basin, China [J]. International Journal of Coal Geology, 191: 37-48.

Liu B, Wang H L, Fu X F, et al. 2019. Lithofacies and depositional setting of a highly prospective lacustrine shale oil succession from the Upper Cretaceous Qingshankou Formation in the Gulong sag, northern Songliao Basin, northeast China [J]. AAPG Bulletin, 103 (2): 405-432.

Liu C, Tang C S, Shi B, et al. 2013. Automatic quantification of crack patterns by image processing [J]. Computers & Geosciences, 57 (4): 77-80.

Liu C, Wang Z, Guo Z, et al. 2017. Enrichment and distribution of shale oil in the Cretaceous Qingshankou Formation, Songliao Basin, Northeast China [J]. Marine and Petroleum Geology, 86: 751-770.

Loucks R G, Reed R M, Ruppel S C, et al. 2012. Spectrum of pore types and networks in mudrocks and a descriptive classification for matrix-related mudrock pores[J]. AAPG Bulletin, 96 (6): 1071-1098.

Peters K E, Walters C C, et al. 2005. The Biomarker Guide: Biomarkers and Isotopes in Petroleum Exploration and Earth History[M]. Cambridge, UK, Cambridge University Press.

Pittman E D. 1992. Relationship of porosity and permeability to various parameters derived from mercury injection capillary pressure curves for sandstones[J]. AAPG Bulletin, 76 (2): 191-198.

Pommer M, Milliken K. 2015. Pore types and pore-size distrbutions across thermal maturity, Eagle Ford Formation, southern Texas[J]. AAPG Bulletin, 99 (9): 1713-1744.

Sing K S. 1985. Reporting Physisorption data for gas/solid system with special reference to the determination of surface area and porosity[J]. Pure and Applied Chemistry, 4 (57): 603-619.

Sondergeld C H, Ambrose R J, Rai C S, et al. 2010. Micro-Structural studies of gas shales[C]. SPE Unconventional Gas Conference, Pittsburgh, Pennsylvania, USA.

Sonnenberg S A, Pramudito A. 2009. Petroleum geology of the giant Elm coulee field, willston Basin[J]. AAPG Bulletin, 93 (9): 1127-1153.

Tucker M E. 2003. Sedimentary Rocks in the Field (Third edition) [M]. West Sussex: Wiley.

Tucker M E. 2011. Sedimentary Petrology (3rded) [M]. New Jersey: Wiley-Blackwell.

Wang Y, Zhu Y, Liu S, et al. 2016. Pore characterization and its impact on methane adsorption capacity for organic-rich marine shales[J]. Fuel. 181: 227-237.

Xu H, Zhou W, Cao Q, et al. 2018. Differential fluid migration behaviour and tectonic movement in Lower Silurian and Lower Cambrian shale gas systems in China using isotope geochemistry[J]. Marine and Petroleum Geology, 89: 47-57.

Ye Y, Luo C, Liu S, et al. 2017. Characteristics of Black Shale Reservoirs and Controlling Factors of Gas Adsorption in the Lower Cambrian Niutitang Formation in the Southern Yangtze Basin Margin, China[J]. Energy & Fuels, 31 (7): 6876-6894.

Zhang Q, Dong Y, Liu S, et al. 2017. Shale Pore Characterization Using NMR Cryoporometry with Octamethylcyclotetrasiloxane as the Probe Liquid[J]. Energy & Fuels, 31 (7): 6951-6959.

Zhao Y, Liu S, Elsworth D, et al. 2014. Pore Structure Characterization of Coal by Synchrotron Small-Angle X-ray Scattering and Transmission Electron Microscopy[J]. Energy & Fuels, 28 (6): 3704-3711.

Zhou S W, Yan G, Xue H Q, et al. 2016. 2d and 3d nanopore characterization of gas shale in longmaxi formation based on FIB-SEM [J]. Marine & Petroleum Geology, 73: 174-180.

Zou C N. 2017. Unconventional Petroleum Geology, 2nd edition[M]. Walfliam: Elsevier.

Zou C N, Zhu R K, Chen Z Q, et al. 2019. Organic-matter-rich shales of China[J]. EarthScience Reviews, 189, 51-78.